高性价比水泥装备动态集锦

（2012～2013版）

谢克平　编著

中国建材工业出版社

图书在版编目（CIP）数据

高性价比水泥装备动态集锦／谢克平编著．—北京
：中国建材工业出版社，2012.7
ISBN 978-7-5160-0155-4

Ⅰ.①高…　Ⅱ.①谢…　Ⅲ.①水泥—机械设备②水泥
—化工设备　Ⅳ.①TQ172.6

中国版本图书馆 CIP 数据核字（2012）第 132591 号

内容简介

该书为水泥生产用户提供了高性价比装备的信息和途径及识别产品质量好坏的方法，出版后将成为水泥生产企业设备采购和管理的重要工具书。

该书汇集全国优秀的水泥装备生产企业及供应商信息，产品涉及水泥生产的全部装备，其中包括物料处理与储存装备、粉磨装备、热工装备、输送装备、动力装备、环保装备、耐磨耐高温材料、润滑装备、电气装备、计量仪表与自动化、质量检验装备、设备维护与检修工具。该书将动态地反映现代水泥装备情况，为水泥生产企业提供高性价比设备选型的最优方案。读者对象：水泥生产企业技术人员、采购人员、生产人员。

高性价比水泥装备动态集锦（2012～2013 版）
谢克平　编著
出版发行：中国建材工业出版社
地　　址：北京市西城区车公庄大街 6 号
邮　　编：100044
经　　销：全国各地新华书店
印　　刷：北京雁林吉兆印刷有限公司
开　　本：710mm×1000mm　1/16
印　　张：20
字　　数：390 千字
版　　次：2012 年 8 月第 1 版
印　　次：2012 年 8 月第 1 次
定　　价：68.00 元

本社网址：www.jccbs.com.cn
广告经营许可证号：京西工商广字 8052 号
本书如出现印装质量问题，由我社发行部负责调换。联系电话：（010）88386906

倡导选用高性价比水泥装备

在有关方面的大力支持下，谢克平先生以他长期使用水泥装备的体会以及对于装备技术的使用经历，在不断学习先进装备技术的基础上，历经两年多的时间，编撰了《高性价比水泥装备动态集锦》一书，邀我为此作序。

一方面，随着新型干法水泥的生产能力供大于求，水泥企业之间的竞争将越加激烈。为了提高企业的运转水平，降低生产成本，必须采购高性价比的装备，已经成为越来越多企业的共识。但面对众多装备，其性能难以分辨，如何才能避免以高价购置低档装备，水泥生产企业迫切需要有了解各类装备性能的渠道，呼吁有更多的资料供其参考。

另一方面，很多水泥企业购置装备采取议标操作，缺乏对性能的全面比较，使生产高性能装备的制造商无法占有优势，被迫转向生产低性能的产品，造成社会资源的严重浪费，装备质量难以提高。因此高性价比装备制造商业迫切需要社会媒体予以宣传。

谢克平先生的这本书正好为水泥企业与高性价比装备企业之间搭建了一个互为有效“认识”的沟通桥梁，中国建材工业出版社和作者本人对于水泥行业和企业的健康发展也是做了一件十分有意义的事情。为此，我愿意以一个老水泥工作者的身份将此书推荐给产业广大读者。

雷前治

2012 年 7 月

前　　言

本书所说的高性价比，不是物美价廉。当然价格低是我们追求的目标，但以牺牲设备性能和质量的低价格，也不是本书提倡的。本书提倡的高性价比设备是不管贵贱，能给生产企业带来更多的效益和实惠。

2010 年底建成投产的新型干法水泥生产线近 1300 条，其中日产 4000 吨规模以上的生产线将有 400 多条。为该类型生产线服务的装备制造厂家也发展壮大。但是，现有的水泥企业不一定都在使用性价比最高的装备，而性价比高的装备也没有在良莠不齐的市场中占主导地位。这正是导致我国水泥生产效率尚未完全发挥的重要原因之一。

水泥生产企业怎样才能采购到高性价比的装备?

从大多数水泥生产企业的角度看，他们没有获得高性价比装备的信息途径，甚至没有掌握识别产品质量好坏的方法。面对水泥装备的国标或部标，面对制造厂家信誓旦旦的质量保证，他们常常没有时间或能力判断产品性能的高低，有时甚至被所谓的业绩所迷惑。任何水泥企业都想购置高性价比的装备，只是由于面对相对高的价格时，他们没有办法向上级、甚至向自己解释清楚这种高价的装备是否物有所值，最后只好以低价购买装备，而走入买低不买好的误区。

从水泥装备制造商角度看，大多国产产品不是达不到高性能，而是性能不稳定，面对国内市场的采购议标，他们不能、也不愿为性能稳定在高档次上做出更多投入，这在追求名牌效应的道路上将越走越窄。因为当买方价格压得偏低时，这类企业为了与低性能产品的制造商竞争，只好选择降低价格也降低装备性能的途径。

两方面的综合结果就是:

（1）水泥企业节省了购置中的一次性投资，但在最终生产成本中付出的将是数倍，乃至数十倍、百倍的高额代价。

（2）制造商的装备水平很难提高，本来一些能生产高性价比装备的制造商，为了参与低水平竞争，反而在开发与制造更低性价比的装备。降低价格的同时也降低了装备的品质。

无论从水泥生产者角度，还是从水泥装备制造商角度，市场必须要大力营造公平、公开、透明的竞争氛围，要让水泥企业在购置装备时能明确识别高性价比的参照标准，这样才能使水泥生产所用的装备质量迅速提高，也才能不断地提高水泥生产企业的运转水平及效益。与此同时，提高了高性价比产品在市场上透明度，才会使其具有竞争力，所有制造商也才愿意投资生产高性价比的产品。

在确定本书书名时，作者确实动了一番脑筋。之所以称“装备”，是泛指所用的设备与材料，包括消耗材料。之所以称“动态”，是因为任何技术都在不断发展，市场也在不断变化。因此本书的内容从一开始编写，就注定要不断追踪市场中各装备的引领技术。但由于信息的不对称，使得本书的内容决不会一成不变，它应该以动态的眼光，每两年更新一次，以尽可能地保证内容的准确。之所以称“集锦”，本书仅仅是对所了解到并判定为高性能的产品做一番集中展示而已，可能会挂一漏万，但本书将不断地补充与完善。

为了实现这个目的，本书对每类产品都力求向读者提供如下内容：该类装备的高性能标准；用户检验与识别这类高性能标准的方法；卖方在合同中必须承诺的条件；制造商为实现高性能标准所必须具备的条件；证明该装备高性能的用户使用报告。水泥生产企业与装备制造商制定价格之前，必须对以上五方面内容进行确定，才会共赢。与此同时，本书还对某些装备提出其使用条件，避免用户使用不当所带来的尴尬，这是本书与一般广告在内容上的重要区别。

本书得到了广大优质装备制造商的支持，在每一类产品中只推荐性价比最高的 1 ~2 家制造商，虽然推荐有可能不完全符合市场实际，但是它是根据该类产品高性能标准比较而得，并未征求和按照制造商的意愿确定，这是本书与一般广告在来源上的区别。

本书也得到相当数量水泥生产企业的鼎立支持，也诚恳地盼望用户在今后装备的订购与使用中，不断累积和传递资料，一起共同搜集高性价比装备的信息，使本书更加接近真实。这是本书与一般广告在发展上的区别。

历经两年多时间，在众多志同道合者的鼎力支持和帮助下，总算初步完成了本书的编写工作，除了众多能提供高性价比产品的制造商的热情支持、接待与引见外，以张超先生为首的“水泥人网”投入了大量人力、物力直接参加市场调查；《水泥新世纪导报》聂纪强主编给予具体指导与联系；“中国水泥网”也对某些企业调研给予帮助；更有大量水泥同行提供信息和资料、陪同考察，他们有崔信明、董光泽、徐大业、渠华、汪江杰、卢宝山、徐红卫、王军梅、曹常富、王坚等；还有本书由李玉兰完成校对工作，在此向他们深深鞠躬、表示诚挚感谢。

最后，作为一名水泥行业的“老兵”，祝愿越来越多的水泥生产企业在用到高性价比装备以后，取得越来越多的效益；更欢迎各届朋友，不论是制造商，还是使用者，都能及时将了解到的比本书提出的性能标准更高的装备发表出来，供大家交流。也恳请广大同仁与我联系和交流。

2012. 2

目　　录

第1部分　订购与验收高性价比装备的总体要求

第2部分　订购装备的具体要求

绪论——如何订购高性价比水泥装备

新型干法水泥企业若想进一步提高经济效益，尽管千头万绪，提高设备的完好运转率是最为基础的工作之一。为达此目的，除了管理上要加强对设备的维护外，购置到高性价比的装备是首要条件。

这里之所以强调高性价比的装备，是因为传统订货的指导思想常常是以价格低廉选定供货商，弱化了对装备质量的比较。因为价格比较——简单明了，质量比较——缺乏标准。所以，高性价比指标不易具体落实。这种订购装备理念的结果是，订到的装备价格虽然便宜，但订货所节约的资金由于装备性能和质量较低，必然导致生产成本的更多付出。

1　设备质量对生产效益的影响

1.1　高的设备质量对水泥生产企业的影响

设备质量好的指标，是指同样维护条件下使用寿命长、故障率低，俗话说是“经使唤”。该质量指标可以使水泥生产企业在以下方面获得效益：

（1）影响设备运转率

当前，我国大多预分解窑年运转率低于90%，仅就企业内部因素而言，在扣除工艺更换窑衬、堵塞、结圈或结“雪人”等故障因素之外，其余因素就是设备故障的停机，如果主机发生一次恶性重大事故，就可以使全线停产半个月以上，再加上频发的设备小故障也会导致全线停车，影响全年窑运转率少则5%，多则20%以上，直接影响总产量。

影响设备运转率是众所周知的影响产量的因素，但是下面的影响往往被人忽略。

（2）影响设备单产

企业常见的情况是当设备已经带有重大隐患，却还要坚持运行。比如，预热器撒料板损坏，只好减料运行，否则就会造成塌料；篦冷机大梁已有弯曲或是篦板已有漏料，只能被迫减产。所有这些都表明设备是带病运转，虽然未影响运转率，但是因影响单产而使效益降低，其危害不亚于停车损失。设备管理者应该明确，设备没有停机并不一定就是在最好效益下运行。

(3) 影响设备的稳定运行

设备如果长期在满负荷条件下运行，当原燃料稍有波动时，这种满负荷就会成为超负荷，一旦超负荷就易造成设备事故。所以，面对越不稳定的原燃料，设备就需要越大的富裕能力。

任何一条生产线中并不会每台设备的富裕能力都一致，处于瓶颈状态的设备就会充当超负荷角色，这类设备很难长期稳定运行。同行都有共识，系统不稳定都会给产、质量、能耗带来极大负面影响。

(4) 影响设备维修工作量及维修成本

显然，能使用一年的配件与两年寿命的配件相比，仅此工作量与费用就要相差一半。

1.2 高的设备质量应该追求节能水平

同样一类设备，在完成同样负荷工作量时，所消耗的电能或热能的量不会相同，这才是设备性能的高级追求。大至煅烧熟料的煤耗、粉磨水泥的电耗，不同的窑型、粉磨装备能耗差别很大，导至传统回转窑及管磨机将退出历史舞台，小至皮带机的辊筒，它的摩擦力都会影响整条皮带输送机的电耗。

除了设备自身的原理类型决定其能耗水平以外，设备可操作的准确与灵敏度，满足工艺上选取最佳参数的能力，也决定了能耗高低。比如，煤粉秤不准，使窑内喂煤量无法均匀，不但不可能高产，而且还要多耗煤；再如，将某些调节型阀门当截止阀使用，无法关严漏风，增加电耗热耗；如此之类的设备缺陷在很多企业比比皆是。它们虽未造成全线停车，但关键的性能未发挥，系统就是带病运行。

这些隐性损失是影响企业效益的重头，不应在水泥生产企业管理中忽视。如果以每千克熟料多消耗 20 大卡热计算损失，日产 5000t 熟料生产线，一个月就要多消耗热值为 5000 大卡的实物煤 600t。假若原煤售价为每吨 500 元，就增加成本 30 万元，如果按每吨熟料盈利 20 元计，相当于每月少生产熟料 1.5 万吨，相当于减产 1/10。同样，设备带病运转影响熟料质量的损失也可计算。当企业管理人员理解了这种潜在损失的惊人之后，才会更深刻地认识到提高装备性价比是何等重要。

2 高性价比装备的优势所在

2.1 装备质量的概念

谈到装备质量，应该有两个档次的衡量标准：一是满足使用要求的基本质量标准；二是性能与价格相对应的能力，即性价比的质量标准。

基本质量标准较为简单，按照国家相关标准或部门标准检验即可。该标准可避免鱼目混珠，只要掌握“珍珠”与“鱼目”之间的区别即可。

性价比的质量标准要相对复杂，在基本质量标准满足后，仍有质量优劣及售价高低的比较。好比虽然同是珍珠，但质量差距很大，只有鉴定品相，才能确定价格的合理，这就是性价比。既要避免低价但品相更低，也要避免盲目追求高品相而价位更高。这种经济效益计算的比较，并非是一朝一夕所能掌握的。

2.2 如何计算装备的性价比

在某一同类产品中，性能好而价格低，或者性能差而价格高。无疑前者性价比高，只要买价格低的产品就对了。但更多情况是，性能好价格也高，性能差的价格低，这就需要采购者对知识和技术的掌握，就不能简单以价格取舍。比如，某些进口设备与国产设备相比，性能是好，但价格更高，是否值得。为此，推荐一种简单的性价比计算方法：

计算某装备的性价值：它由三部分组成，该装备的价格与采购费用 A；使用该装备时单位产品的能耗费用 B；每一年对该装备的维护费用及维修时间所影响的生产效益 C，可按设备使用寿命系数折算，一年寿命为1；如果不足一年，或长于一年，则除以寿命系数 η（寿命8个月，η 为 $8/12=0.667$；寿命一年半，η 为 $18/12=1.5$）。三项之和就是该装备的性价值。对于带病尚能运转的装备，需要加上带病运转比正常运转减少的效益差 D 与带病运转率 ξ 乘积（ξ 介于1与0之间，正常无病运转为0）。

计算某装备性价值的公式为：
$$A+B+\frac{C}{\eta}+\xi D$$

性价值最低的装备就是性价比最高。所谓“能带病运转的装备”是指此装备带病运转时企业仍有效益的情况。如果无效益还要运转，则不在此讨论之列。

3 两种不同的装备订购思想

在当今装备采购工作中，常见两种不同的思路和做法：

3.1 以压缩费用为第一目标

很多企业领导在下达采购任务时只控制价格，选择价格最低的供应商签订合同，这样大家都好交待，尤其当企业处于微利时，至少可避免上当于质次价高的产品。基本建设的关键装备都是一次性订购，一旦上当，损失巨大，难以挽回。但是，如此采购思想的结果并不乐观，不仅水泥生产装备质量故障百出，而且制造商制造水平也越做越低。

3.2 以采购高性价比装备为最高目标

实现此目标难度较大，但它是最负责任领导的思路。其难度在于，不同商品有不同的性能，作为用户个体，具体采购人员不可能全部掌握这些装备的性能，无法知道其寿命与能耗等技术概念，因此，上述的性价比无法计算，甚至制造商作为内行也不计算、比较、宣传。

以上两种不同采购思想是不同建厂理念、不同企业文化的反映，也必将导致不同的经济效益。前种理念是希冀相同投资实现更大规模、更多建厂的目标，以增大生产能力，追求企业集团产能最大化，这种观念在国内投资中常见；后者理念是企盼形成同样产量时的最低消耗水平，从长远看，企业发展健康，取得的效益最佳，这种理念在外资企业中常见。

3.3 以满足私利为条件

无论上述任意一种理念，都难免会有经办人员以满足私利为采购条件，这种做法只能降低装备性价比，混淆了产品质量上的竞争。这种社会现象流行从另一方面反映出优质装备的标准不够透明，逼迫或鼓励制造商销售策略变得如此不规范。

4 几种流行的采购方式比较

4.1 招标与议标的利弊

议标是国内企业采购装备的通用做法。即：邀请能够供货的数个厂家，同时向业主交出投标书，由业主组织标书审定，一般是在技术中标的单位中选出两个商务条件最好的供货商，再从中压一次到数次价格，往往以低价厂商价格下压质量看好的供货商。其结果是两种可能：供货商宁可放弃合同，也不愿放弃高质量标准而降低价格；但更可能此供货商为了签到合同，只好降价，但与此同时就要降低配置的质量标准，或减少加工程序，凡是合同没有的内容都可以成为降低成本的手段，实际降低了供货质量。这就是“买的没有卖的精”的道理。

与国际上通用的招标方式相比，无标底又无招标中介，不但省去费用与程序，业主似乎有更大的主动权，低价也不会成为废标。水泥生产企业自认为省钱购到了满意产品。实际上，他们必将以缩短使用周期和更高生产成本而付出代价。

主观上这种议标采购方式不利于优质产品占领市场。国外在华投资的水泥企业往往用公开招标的办法高价订购进口设备，设备投资常常是国内同规模生产线的两倍以上，但投资效果也截然不同。当然，投资高并不一定效益好，但至少可表明目前的议标并非有利于用户。

4.2 长期战略合作伙伴的建立

水泥生产企业对于需要长期采购的装备，与信誉较高的供货商主动建立诚意合作，包括经由贸易公司等中间商运作，是一种明智做法，既可降低采购成本，也可节省采购程序和时间。

为了战略合作，不仅卖方要坚持质量要求承诺，买方更要兑现付款条件，如果买方总以为迟付款或少付款是占便宜，最终会失去更多能够信赖的供货商。

市场经济发育后，就会出现以贸易公司为形式的中间商，他们既不是制造商也不是使用者，却在买卖设备与配件。凡能够在市场上立足的中间商，必然要具备资金及信誉的优势。他们要选择质量及信誉可靠的制造商作为货源，即要寻找高性价比产品作为销售对象。这种中间商可以成为长期合作的伙伴。

4.3 发挥集团批量采购优势

作为水泥集团可以发挥采购优势，因为是批量采购，不仅价格可以优惠，质量可以有相对保障，而且采购费用降低。很多供货商以能与大集团打交道感到高兴，不仅市场大，影响大，而且付款信誉高。因此他们会以较低价格及更为可靠的质量交付产品。

但是作为买方仍然要以对高性价比的质量作为追求目标，而不是以最低价格衡量采购效果。物流人员要时刻学习不断进步的技术，任何装备的性价比不可能永远停留在一个水平。

4.4 大包与总包方法

现在很多项目建设是以工程总承包的方式进行，其中也包括设备采购，从而使业主方的基建管理人员设置较为精干。这种方式的优势是，由于总承包公司是专业采购，他们对市场设备质量状态较为清楚，制造商也不敢轻易蒙骗他们。但他们毕竟不是装备的直接使用者，更重视价格的天平，对质量的要求只满足所谓的经验。所以，如业主方无使用装备经验的人予以把关，仍旧无法保证装备的高性价比。

4.5 广告介绍与相互推荐

当今的广告市场，谁付广告费就为谁宣传，谁花钱多就宣传谁，似乎广告越铺天盖地，其产品质量越好。实际上，更多广告用语中充满了形容词，缺少让用户掌握及判断产品特性的定量内容，用户无法获取检验或识别产品质量高低与真伪的标准。因此，仅看广告介绍，用户不能肯定买到货真价实的产品，但却肯定要为厂商分担巨额的广告费用。

对于相互推荐的厂商，同样要重视该产品使用业绩的考察。

还有一种目前较为流行的会议广告，召开某种专业会议时，经常邀请一些制造商予以赞助，会议组织者的报答是赞助商可以在会议上介绍其产品。但如果会议内容不能吸引水泥企业参加，广告效果就会大打折扣；相反，发布广告的制造商若产品性价比不高，也同样降低会议质量。会议组织者应当选择在性价比上有竞争力的制造商作为支持者，制造商也必然要选择质量较高的会议作为赞助对象。会议的组织者与水泥装备制造商彼此相互依存。

4.6 设计院指定装备制造厂商的利与弊

国内几大名设计院都在努力开发自己的机械与电气产品作为独家销售包揽市场。他们往往依靠向建设单位增加设备供应范围以弥补设计费的收入，以设计时间短为由，减少设备厂家提供资料的过程，缩小水泥企业选择设备制造商的余地。当然，由设计单位直供的设备也有国内名列前茅的产品，但毕竟这种供货方式因缺乏竞争性，客观上会保护落后：一是价格垄断，二是服务不好，三是技术改进慢。有时，设计院将一些设备制造商直接揽入战略合作，“短、平、快”地占领市场；或者还有其他一些不公开地合作方式。但所有这些方式并不利于提高产品质量，因为设计院并不是最终用户。

有的大设计院利用自己掌握配件图纸及资金的优势，成立配件成套公司，这是市场发育的结果，是企业所需要的。但是，如何提高配件质量的性价比，仍然是关键课题。

4.7 通过网络信息订购设备配件

随着信息时代的到来，最新发展出一种全新的网上购物，现在开始用于装备与配备件订购，成为用户与制造商之间的最新交易模式。这种交易的可靠性往往要依靠网站的中介第三方信誉，而它的信誉不仅需要有网站的自身规模及实力，更要有一定水平的专家做技术支撑，并获得银行的信用额度计划的支持，还可以实行区域库存联盟。为此，用户可以快速得到高性能的配备件，而大大压缩采购成本与风险。因为是新生事物，有待于实践证实。

5 如何订购到性价比高的装备

尽管为现代水泥企业服务的装备制造厂商迅猛发展、数量众多。但是，大多水泥企业不一定能选到高性价比装备；同时，高性价比装备厂商并没有都能占到统治地位。这两个现状正是水泥生产企业设备完好运转率不高的原因之一。

为了改变这种现状，水泥生产企业与高性价比装备制造商需要在如下方面共同努力：

（1）熟悉该装备在生产中容易出现故障的薄弱环节

很多新型干法水泥企业在生产中会碰到各类故障，深悟在装备制造中的薄弱环节，但企业采购人员并不清楚，而技术人员不一定有发言权，所以，建立装备使用档案，让采购人员深入生产一线，与技术人员有共同语言，这是订购到高性价比装备的前提。

（2）了解衡量高性能装备的具体标准

凡是生产高性价比装备的供货商应该有信心向用户提供如下信息，而不是满足一般广告中的宣传，这是性价比低的制造商无法提供的。

①让用户学会计算该类装备的性价比；

②告诉用户掌握识别装备的高性能简单方法；

③制造商为保证实现高性能所独具的生产手段或条件；

④提供用实践数据证明已经取得优异效果的用户使用报告；

⑤供货合同中敢于承诺与宣传完全一致的特有性能及保证值；

上述信息无非明确告诉用户：这种产品的性价比是否最高？它是如何实现的？用户怎样识别？如何用实践证明它？如何保证用户能得到这种优势？

本书也是在寻求所有装备的高性能，而且是以动态标准不断比较。

（3）对高性价比装备制造商的考察与调研

①考察高性价比装备的制造与使用效果

用户完全可以通过实地考察证实供货商提供的信息，或是到制造厂考察，了解该企业所拥有的制造能力及控制质量的手段；或是对成功使用的用户考察，了解使用效果，但需要制造商派人陪同，否则用户不愿接待。不排除不同人考察结论大相径庭的可能，这其中求实态度、技术功底与扎实分析问题的能力非常关键。

②不断收集新的高性价比装备信息

任何高性价比装备都要依靠技术进步，因此，技术人员要关注本行业及相关行业的技术发展动态。业主方工作人员应当虚心听取对前来介绍产品性能的供货商对新产品的介绍。对于有科学根据的新产品，可以先试后买，成功后付款。新产品的制造商，应该有充分的把握，让第一个用户尝到甜头。

(4) 用户应该建立使用档案，按照性价比计算方法比较出选用的装备是否成功。

6 扩大高性价比装备市场的条件

6.1 建立公平、公正、透明的竞争氛围

市场很需要一种无论是由政府质量监管部门、相关产业协会、学会，还是由消费者团体、媒体等社会机构，能创造出公平、公开、透明的竞争氛围，评价产品的性价比在同行中的地位，并按照上述的五大信息内容予以衡量。只有此时，所有制造高性能装备的厂商才可能愿意为提高质量投资，生产出更高性价比的产品，不但使用户受益，而且在市场竞争中获胜。

6.2 对高性价比装备的宣传要去伪存真

很多企业愿意引用通过 ISO 质量认证的优势，予以概括宣传自己的装备。其实，ISO 的认证并不难通过，人人都心知肚明，这种优势在国内已经越来越快地丧失，因为，获取认证的企业并不一定需要按照 ISO 的科学态度去管理与组织生产，相反，却夹杂很多应付检查的虚假内容和形式，增加了产品质量成本和不可靠性。

企业做广告应避免内容雷同，内容中的厂商历史、规模介绍、获得荣誉及证书、领导评语、合影等，这些与产品性价比没有太大关系的内容，都可以尽量压缩，代之而有的是能印证产品性能的相关数据。

6.3 用特有的高性价比打造知名品牌

人们生活中购置日用商品都有较强烈的品牌意识，即产品价格虽然高，但老百姓会说一个字："值"！比如：奔驰车的价格高，为什么没有人用桑塔纳的价格压奔驰车呢，而且奔驰车也不会以桑塔纳的价格推销自己，这就是市场承认的品牌意识。在工业用产品中这样的例子太少了，还需要成千上万的企业家去缔造，也需要用户认真地索求。

有些企业明明有鲜明的特点，却不知道自己的产品特点在哪里？这实际上只是缺乏对产品的总结。比如：有的企业在配料上是按订货合同价格配制的，这本来就是可以告诉用户的特点。因为高质量的配料确实能带来产品的高性能，用户则会以高价格来订购。

6.4 与用户建立战略伙伴关系

推崇3.2中介绍的流行采购方法，在长期的市场供应关系中，可以不断发现值得信赖的合作伙伴，这将大大节约双方的采购与销售成本。但与此同时要关注技术的发展趋势，高性价比的商品永远是在市场竞争中存在的。

在中国，“用户是上帝”这句从西方国家“进口”的口号还不够，还需要加上“制造商是皇帝”这句话才能准确反映双方之间的关系。因为一旦用户付款以后，“上帝”就让位于“皇帝”，很少见到制造商主动上门跟踪产品的使用情况。

6.5 用户应该制定鼓励员工购置与使用高性价比装备的制度

当前采购人员收取制造商的好处费，是性价比不高的装备生存的土壤。如果企业制定了鼓励使用高性价比装备的制度，对每批采购的装备都跟踪记录并进入档案、考核，在使用结束后计算性价比。对采购到并成功使用高性价比装备的员工，可以按照为企业创造效益的5% ~10%予以奖励；相反，购置性价比低的装备为企业造成损失，也要以同等比例进行惩罚。这种做法不仅使采购人员有了努力目标，使用人员有了积极性；而且使暗箱操作收入“阳光化”、合理化，不论是对用户、还是对制造商及社会都是有利而健康的。某些企业的这种成功做法证明这种制度非常有效。

可以用这样一句话扣回主题：我国新型干法水泥企业，只有当高性价比的装备全面武装生产线之日，才是其运转水平有希望冲入世界先进行列之时。

第 1 部分

订购与验收高性价比装备的总体要求

1　装备质量的通用标准

（1）符合经有关国家规定程序批准的设备制造图样和技术文件要求。如为高性价比装备，一定按照双方合同附件中的技术要求说明进行验收，此时国家标准只能证明是合格产品，但非高性价比装备。产品设计要符合产品特性，如产量能力、能源消耗、使用的稳定性等；对产品制作的材质及规格有明确要求。

（2）连接部位的组装质量。

（3）焊接部位的焊接质量：焊接件在焊接前应清除表面污物，焊缝的机械性能不能低于母材，所有焊接焊缝应饱满、光滑，不得有未焊透、未熔合、咬边、裂纹、夹渣、气孔对强度及外观质量的影响。

（4）凡需要检验的项目，均应提供检验报告，该报告应该由具有资质的检验部门及有资格证书的检验人员完成。

（5）主要配件的使用寿命：外购件、通用件（如电机、减速机、轴承、液压缸等）的提供厂商应该符合有关的标准规定及合同约定，并出具相应的合格证书。

（6）设备外观表面不应有凹凸不平、粗糙损伤之处，防锈与涂漆应符合行业标准《水泥机械涂漆防锈技术条件》（JC/T 402）的规定；产品的包装要求应满足运输过程中不受损坏为原则，特别是对组装面的保护。

2　验收装备质量的程序

首先应该检查包装箱是否破损，如有损坏应该与送货运输单位共同检查设备的损坏及丢失情况，进口设备应该邀请海关及商检部门派人共同检查。

开箱时应该与箱内的装箱单进行核对，如果箱内有相关出厂质量检验单、设备装配图纸、产品说明书等资料时，应进行登记，由企业的档案室统一保管，使用者履行借用手续。如果箱内缺少相关资料，应该即刻与供货商联系，直到得到圆满答复为止。

按照供货商提供的图纸及质量检验单对设备逐件验收外形尺寸、外观质量及数量，如有不符之处，应进行记录、拍照等取证工作。设备的内在质量应有供货商的各种化验或检验合格证、材质合格证，对关键部件有必要取样送达国家授权的相关部门复检或抽检。

对于窑、磨等重大主机设备，水泥生产企业有必要派专人到制造厂家对关键工艺进行监造，了解该设备外协件（如电机、减速机、轴承等）的供应渠道是否与合同要求一致，参加对各工序质量的检验。而且按照惯例，这种由水泥生产企业的监造并不能减轻制造商对设备质量的任何责任。

3　材料质量的选用原则

（1）应该清楚任何材料的组分含量。能表明原料来源及控制配方能力。

（2）材料的加工工艺明确，包括成型工艺、热处理工艺、机械加工工艺。

（3）掌握材料的严格使用条件及应用范围。

（4）了解材料的使用寿命及维修条件与成本。

4　选用新研制、开发装备的原则

（1）对于水泥生产企业而言，任何新技术领域中研制、开发、生产及应用的装备，都应重视实际的使用效果，这是检验技术或装备先进的唯一标准，只有在使用业绩可靠真实的基础上才可推广选用。不论什么权威机构推荐，或是哪位名家论证，也不论是国内还是国外，至少要有一个成功案例，并且应用条件清楚，才可以选用。

（2）对于第一次试用的技术和装备，可以采用制造者与使用者共同进行生产性试验的方式合作，而且应由制造研发者付出更大的代价与风险。签订合同时，使用单位可不付预付款，只有当试用成功后，使用者应该从获得的效益中支付给制造者报酬。这是生产企业作为“第一个吃螃蟹者”应该坚守的底线。

（3）任何技术人员面对新技术装备不仅要有对伪技术的警惕识别能力，更应该对新技术具有敏感的接受能力，毫不迟疑地推广应用。既不能轻易被假冒“新技术”欺骗，也不能紧抱着陈旧的知识与经验，采取保守态度。在试用中，技术人员应当认真观察并记录使用过程的变化参数，用数据累积总结成功与失败的成因。最后应与制造方共同提交试用的使用报告。

（4）一切以企业效益为衡量标准，只要投入后最长不超过三年便能回收投资的项目，不论是基本建设，还是技术改造，都应积极推广。但对新技术产品更要重视正确的使用条件与方法，违背这个原则的试验不能作为判断依据。

第 2 部分

订购装备的具体要求

第 1 章　物料处理与储存设备

1.1　破碎机和移动式破碎机

（1）选型分类

反击式破碎机：反击式破碎机可以破碎抗压强度达 250MPa 以内的脆性矿石，粗碎机型的破碎比 10 ~ 30，可以满足单段破碎系统使用。它与锤式破碎机相比，因为打击件的金属利用率较高，因此对矿石金属磨蚀性的适应能力也高，但是对黏湿料的适应能力，以及产品粒度组成的均齐性都不及锤式破碎机。

锤式破碎机：锤式破碎机可以破碎抗压强度在 200MPa 以内的脆性矿石，粗碎机型的破碎比达 60，可以满足单段破碎使用。锤式破碎机有单转子和双转子两类，双转子型主要用于金属磨蚀性较低矿石的破碎，当矿石水分超过 8%，或者矿石中含土量较高时，它最为适用。

齿辊式破碎机：齿辊式破碎机是适于较低强度物料的破碎机，其破碎比一般不大于 6。由于它配有剔泥装置，因此对黏湿料的适应能力很强，由于齿辊是低速运转，磨损慢，机件寿命较长。对软石灰石、白垩、黏土、粉砂岩、页岩等较软物料的破碎，一般选用它。

（2）锤式破碎机高性能的标准

1）工艺方面的性能

①破碎比应大于 40，在要求破碎产品同等粒度情况下，允许入机物料粒度加大，有利于减少二次爆破及满足单段破碎的布局。与两段破碎比较，不仅工艺简单，而且单位破碎能耗可降低达 30% 左右。

②控制产品的粒度能力高，调整粒度的装置方便合理。不但控制产品超大径的粒度小于 5%，而且过细粒度的产品也少，即物料的过破碎比要小。可通过液压装置实施调整，有利于工艺线整体节能。

③具有自动排铁功能，或装飞轮过载保护（剪断保险销），或有安全离合器，保证设备运行安全不受金属异物的威胁。

④能更大范围地适应含水量较高的物料，并可以利用废气通过设备作为烘干热源。

⑤有较好的系统配套要求，尤其是与喂料设备能力、位置及筛分的配置，

不仅可以更广泛地利用矿山资源创造条件，而且可以大幅度增产，降低消耗。

2）机械方面的性能

①材质要求：主轴用合金结构钢（40CrMo）锻造，弯扭合成应力要低于 $55N/mm^2$ 并调质热处理，硬度不低于 HB217 ~ 255；外壳体不低于 Q235；锤头不低于 ZGMn13-B。

②结构组装要求：零部件结合面的边缘应整齐匀称，不应有明显错位；衬板与壳体接触的圆弧面应光洁规整，衬板装配面不允许有拔模斜度；机构设计要求更换锤头及衬板无需拆卸转子且方便。

每个锤头重量既不能过大，还要使锤头端部的圆周速度小于 40m/s，否则锤头磨损过快。同时，为运行平衡，锤头之间的误差不得大于 0. 5kg。

大型破碎机都应设有：部分壳体的液压开闭；三角皮带自动张紧装置；锤头枢轴抽出装置；转子支撑应选用自动调位球面滚柱轴承。

③所配用轴承、电机、减速机均为名牌产品，使用寿命应大于 10 万小时。

④检验项目齐全

X 光探伤，精加工件，铸造件锤头等，焊缝，不允许有夹渣、砂眼、裂纹、气孔等缺陷。

整机进行预装空载试车，对转子、驱动部分的振速、轴承温度等进行测试；锤头组装后的动平衡测试。合格后方可出厂。

（3）制造商必须具备的条件

①制造商拥有开发、设计与研究新产品的能力；

②企业拥有机械加工的大型精密机床，有抛丸除锈设施；

③拥有检验产品、半成品质量的检测手段。

（4）合同中必须承诺的高性能内容

①必须明确原料的磨蚀性及易破性；

②规定入破碎机的物料粒度范围，破碎成品的粒度组成；

③规定供货范围、主要部件的材质组成及锤头、篦条的保证使用寿命；

④规定所配外协件的供应商及其产品型号。

（5）使用要求

①用户不应随意变更待破碎物料，尤其硬度加大时；应当严格控制进入破碎机的物料粒度，不能有超规定的粒度入机。对大型异形金属要有排除措施。

②锤头、篦条磨损到一定程度必须及时调面或更换。

★　*推荐优秀制造商*

常熟仕名重型机械有限公司

该公司具有较强的产品研发能力，特别是具有矿石破碎性能研究的能力，能适应各种矿山资源的特点，将破碎机的结构及与喂料设备统一考虑，根据矿石性质推荐合理的破碎系统，选择相应的机型和耐磨材料，确保系统先进、可靠，并能为用户出谋划策，解决关键性的难题。

（1）产品质量特点

①提高破碎装备的节能性

采取预筛分工艺，对带有20%山皮土的资源无须单独筛分，可扩大资源利用；

开发可移动的破碎设备，使采矿工序不经过汽车运输便进入破碎；带预筛分和不带预筛分的1400t/h级半移动式破碎站，已使用于境内外数个水泥厂。

防止超细过粉碎，重视产品粒度的合理控制。

②开发混合破碎系统

可以破碎石灰石与高黏湿性的黏土的混合料，合建一套破碎输送系统，其最大配比达70:30，使某些石灰石矿床得以经济开发，如果覆盖层的品质符合配料要求时，无须有废渣排放。

③改进结构有利于锤盘寿命

在单转子锤破上增加给料辊，双转子锤破上增加承击砧。喂料系统采用变频电机，并与破碎机的负荷连锁自动调节，保证破碎机在满负荷运行条件下安全运转。

为避免大块矿石连续喂入，而造成转子严重受力不均，可在喂料仓上安装摄像头，观察料位和来料情况；对电机，允许转子面对大块矿石短时间为较高丢转状态，最大限度发挥飞轮矩的作用，使电机功率消耗平稳。

④不断提高耐磨材质等级，使锤头等耐磨件的寿命高达50万吨/套。

重要提示：破碎粒径差异大的物料时，应该选用该公司研制的波动辊式给料筛分机作为破碎机的喂料设备，既可提高产量，又可延长锤头寿命（详见4.10）。

（2）质量控制手段

①进厂原料及备配件质量的控制

主轴由上海重型机械厂锻造，本厂加工，公司对主轴进行化学成分分析、超声波探伤、热处理、机械性能测试、精加工尺寸检验；

锤盘、承击砧等铸钢件由本厂制造，公司对铸件进行化学成分分析、超声波探伤、渗透探伤、热处理、机械性能测试、堆焊检验、精加工尺寸检验；

对锤头、锤轴、篦板、衬板材质进行化学分析及机械性能检测。

②出厂前的质量验收

零件加工完成后，由买方派员来厂验收合格后开始装配（但买方不承担质量检验责任），组装完毕进行试运转检测，转子进行空载荷试运转8小时，直至破碎机振动及轴承温升稳定并符合要求。

上述检测报告均在交货时交付用户。

③售后服务承诺

根据业主和总承包商的要求3天内到达指定安装工地，配合安装公司人员指导安装10天；对操作人员技术培训4天；发现问题按买方通知24小时内到达现场，凡因质量缺陷造成的零件损坏免费赔偿，协助处理非正常作业造成的事故；提供备件，锤头、篦子等磨损件时间不低于1.5月。

用户使用报告（摘录）

我公司是原广州水泥厂环保迁建项目，日产6000吨新型干法窑生产线配套矿山位于广州市花都区与南海市和顺镇之间，矿区为平地负挖，表层覆盖土平均达20m厚，主要为第四系的冲积、残坡积黏土、亚黏土、淤泥及中粗砂组成，该覆盖层含水量较大，在20%～40%之间。经勘探分析，此土可以用于水泥生产的硅质、铝质校正材料使用，这样不但可解决剥离覆盖层堆积处理难，而且资源综合利用，可大大降低原料开采成本。同时，在矿山直接掺合后，与石灰石混合破碎、运输、贮存，将解决黏湿物料易粘皮带的问题。但是，将黏土掺入石灰石一并破碎的加工方法，在国内尚无先例。此时，开发新型破碎机成为全盘工作的关键环节。为此，常熟仕名重型机械有限公司进行技术攻关，成功开发出LPC1020D22双转子单段锤式破碎机，从技术上突破了石灰石加黏湿物料的破碎工艺，保证了越堡矿山的开发利用，盘活了蕴藏于地下的丰富矿产资源，推进旧广州水泥厂环保迁建项目的顺利进展。

在此工艺中重点有如下有效改进：调整黏土切割机安装位置和喂料机前端加装链幕；修改篦子形状和篦板的后部机壳加装衬板；改换锤盘选型采用间隔挂锤方式和改选锤头形式。逐步解决了黏土分布不均、黏性物料易积料堵塞，锤头、锤盘磨损大等初期出现的问题，使破碎机生产能力迅速达产1100t/h，并挖潜至平均能力达1300t/h；破碎机主机电耗为0.44kW·h/t，辅机电耗为0.2kW·h/t；锤头的使用寿命也延长了，每副破碎量可超过200万吨。

新型破碎机的成功使用为社会及企业都创造了巨大效益：减少剥离覆盖土占地2平方公里，节约基建征地5亿元；减少外购硅质、铝质配料原料80%，每年节约资金近千万元。

广州越堡水泥有限公司　曾昀

1.1.1　移动式破碎机

随着开采面的推进，石灰石的倒运距离会越来越长，破碎机能不断地向开采面移动，是开采工艺中的重大节能技术，国外早已有应用，将破碎机成为破碎站移动系统的主机，使其与采掘点之间不用或少用汽车倒运，便于连续性开采，大大降低能源消耗及成本。

但对于大型破碎机的移动并非易事，常熟仕名重型机械有限公司已经生产出非行走式的移动式破碎机，并在四川亚东水泥公司的矿山成功使用。

1.1.2　锤头

（1）影响锤头寿命的因素

①被破碎的矿物和伴生物的物理性质

如对金属的磨蚀性、含土量、水分、粘塑性、抗压强度等。使用者应尽早对这些先天存在的性质进行全面了解，然后才能正确选型。

②破碎机自身结构

为了适应被破碎物料的性质和工艺要求，从结构设计上，要防止产生不正常磨损。转盘的转速也要适当，过高会加剧磨损。

③锤头的材质及加工工艺

以前选用高锰钢类较多，曾经为Mn13、Mn18、Mn13Cr2等材质的锤头几近淘汰，现行主流锤头以双金属复合、镶嵌粉末合金钢（包括棒状与块状）为两大流派。前者头部为Cr20MoNi，后部为普碳钢；后者为TiC经真空炉烧制而成的合金钢块镶嵌在锰钢铸件中。

④破碎机的操作

因为堆积的物料会加剧锤头磨损，在篦子与锤头之间应避免形成较大空间。使用者应对磨损的篦条及时调整，对磨损的锤头及时翻边。

（2）锤头的高性能标准

①材质与结构的合理配合

一般耐磨的材质要求有较高硬度，但硬度高的材质脆性大，锤柄易断裂。为了解决两者的矛盾，设计者改进锤头的结构，令其锤柄变短，可以缓冲对脆性的要求；或将锤头加以保护，使锤头的材质不同于锤柄。

②破碎不同硬度的原料应该选用不同材质的锤头

上述两大流派均有适应场合：双金属复合锤头的耐冲量性（$\alpha \sim 5$）虽不如粉末合金镶嵌锤头大，但能适应中小规格破碎机要求，甚至有更佳表现。而在大型破碎机中要有较高耐冲击韧性（$\alpha \sim 10$），因此能表现较高破碎吨位。

对于中等硬度的脆性石灰岩、煤与石膏，磨蚀性不高时，宜选用高锰钢锤头；对于磨蚀性较高的石灰石或含有较多砂质土时，可选用中碳合金钢锤头，如果材质中加入Ti、Re后，有助于提高耐磨性；对于含SiO_2较高的石灰石，可选用碳化钛（TiC）材质；如果硅的含量还高，可选用钨钛合金（WTiC）材质。目前有研制碳化钛渗氮技术，以求更高耐磨性能。

③安全性能好。运行中若发生任何断裂、掉块，不仅造成破碎机致命损伤，而且对后续粉磨工艺十分不利。

（3）识别高性能锤头的方法

锤头上有厂家明显标记，且为防止仿制，应设有产品编号，便于制造厂商核查。

★　*推荐优秀制造商*

1. 常熟市电力耐磨合金铸造有限公司（镶嵌粉末合金钢）

该公司在购买湖南大学研发的粉末合金技术基础上，进一步改进配方，生产此类锤头有两年多使用经历，证明确实特别适用于大规格双转子破碎机使用。

产品质量特点：

（1）采用最新镶嵌粉末合金耐磨钢技术，由于该材质的强度与韧性，延缓了镶嵌母体高锰钢的磨损，并使其能发挥在磨损过程中硬度不断增强的优势。由于该技术已经流行，其他制造商也蜂拥而上，但该厂有自己生产粉末合金技术，不仅保证质量信誉，还能确保耐磨金属加入量达 48%，而且可降低成本。其余跟随者仅 38% ~42%。

（2）镶嵌的合金的形状分块状与棒状两种（俗称“大金牙”、“小金牙”），块状镶嵌用量为 6kg，棒状镶嵌用量 3kg，使总体破碎量增大 10% ~ 20%。用户可按价格比例选择性价比最高方案。棒状镶嵌效果已与使用低合金钢的寿命相近。

（3）铸造中采用由英国进口的冒口，能确保在浇铸时有自动发热效果，可避免产生缩松现象，防止锤头出现隐性裂纹而在使用中断裂。

（4）热处理采用快冷工艺，为此用水量要增加 1.5 倍。

（5）该公司为进一步提高合金钢块的强度，准备用烧结加压炉代替普通真空炉对 TiC 的烧结。

2. 长兴军毅机械有限公司（双金属复合）

该公司为制造锤头工艺的专利申报单位（专利号 ZL2008 2 0169486.1）。其产品表现为：

（1）已从浇铸、热处理及各道工序的检验中总结出一套可行方案，确保防止复合锤头易裂易碎的现状，近两年产品的裂碎案例已小于万分之一。此效果与镶嵌合金块锤头也可有一比。

（2）该公司承诺愿对那些磨蚀性大的原料破碎挑战，凡每套锤头未达 10 万吨的破碎机均可有机会大幅度提高其耐磨寿命。

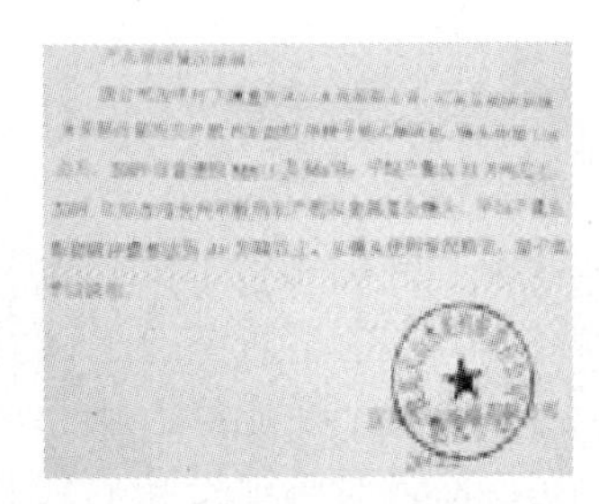

用户使用报告

我公司为中材下属宜兴天山水泥有限公司，石灰石破碎系统为常熟仕名所生产的 PCF2022 单转子锤式破碎机，锤头单重 120kg。2009 年前使用 Mn13 及 Mn18，每套锤头平均产量为 22 万吨左右，2009 年后改用长兴军毅所生产的双金属复合锤头，平均产量及每套破碎量都达到 45 万吨以上，且锤头使用情况稳定，鉴于此予以说明。

宜兴天山水泥有限公司　2012.2

1.2　均化设备

1.2.1　堆取料机

堆取料机是使进厂的大宗天然原料（如石灰石、原煤等）成分均匀的设备。如果原料成分已经足够均匀或用在线检测控制装置使成分均匀，可以不选用该设备。

（1）堆取料机的高性能标准

1）可靠性高

①使用无线控制器取代电缆及电动卷盘用于设备本体和中转端子箱之间的连接（1. 2. 1. 1 无线控制器）。

②设计合理，针对不同使用条件、环境、气候，针对不同的均化物料，采取不同的结构、刚度，既不能过重，增加运行电耗，更不能过轻，设备易变形。

③关键大梁的挠度值。

④液压系统、电气自动化设备都应选择国际知名品牌，保证可靠性，对系统进行集成。

2）均化系数高

长方形堆料场，层数多于 500 层。

3）操作灵活

遥控性强，应用无线控制器（1. 2. 1. 1），不用电缆拖动。

4）易损件比例少，使用寿命高

（3）识别堆取料机高性能标准的方法

设备外观整洁、加工精制，组装严密对中，焊缝饱满美观。

（4）制造商必须具备的条件

①制造商拥有开发、设计与研究新产品的能力；

②企业拥有机械加工的大型精密机床，有抛丸除锈设施；

③拥有检验产品、半成品质量的检测手段。

（5）合同中必须承诺的高性能内容

①规定入堆场的物料粒度范围；

②规定其供货范围、主要部件的材质组成及易损件的保证使用寿命；

③规定所配外协件的供应商及其产品型号，尤其是液压与自动化供货厂家；

④安装调试服务条款。

★　*推荐优秀制作商*

大连世达重工机械有限公司

（1）产品特点

①可根据物料特点、工艺特性和生产能力进行设计，适应性强

可以针对严寒结冻物料、黏湿物料、细粉料等做特殊设计制造，有完整的

解决方案，并且拥有台时产量要求高、堆取量超大的产品生产运行经验。斗轮堆取料机堆料能力最大可以达到10000t/h，取料能力达到5000t/h；顶堆侧取堆取料机直径可达120m。产品类别齐全。

②结构设计先进可靠

公司同大连理工大学等多个科研院所合作，在钢结构设计方面采用有限元力学分析技术对结构优化，融合了德国克虏伯公司、夏德公司、日本三菱公司的多项技术，结合多年的运行经验，持续改进创新，开发出新一代产品。对钢结构强度和刚度严格控制，使设备走行稳定变形量小，运行寿命长。斗轮堆取料机关键部位如斗轮机构、回转机构、臂架俯仰等机构的设计制作水平均接近于国际水平。在结构的力学计算、液压系统以及电控系统等堆取料机的核心技术领域均达到目前国内同行业的领先水平，同样均化效果能耗最低，与同类产品比较，设备装机功率较低，因而能耗低5%～8%。是业内唯一能够实现集机械、液压、电气设计为一体的研发厂商。

③专利技术保证产品重量合理且使用寿命长

该公司已经获得25项堆取料机设备的专利技术。其中在堆料机结构、料耙机构、链条设计、黏性物料处理等关键环节都拥有关键专利技术。易损件寿命较高，比同类产品的备件损耗低6%以上，整机设备易损件只占设备部件的2%～3%。

④生产制造严格管控

公司建立了完整的生产制造体系和企业标准。从原材料到生产工艺处于完全可控状态下。特别规定了出厂设备演装工序，把质量关键点控制在发货前。

⑤自动化程度高

液压系统选用国际知名品牌力士乐原件，保证可靠性。电气自动化设备选择Siemens、ABB、Schneider品牌产品，对系统进行集成。在信号的数字传输、故障诊断、无线通信等方面处于国际水平。另外开发设计了多种控制方式，可实现现场手动、中控操作，并可实现无线遥控操作模式。

用户验收报告

在负荷试车运转中，机械传动各系统、液压传动状态良好，运行正常可靠，通过机房的手动、自动操作，中央控制室的指令控制运行，四台设备的各项性能指标、技术参数均达到了设计要求，满足生产要求。

中国新时代国际工程公司（厄立特里亚项目）

2011.2.19

1.2.1.1　无线控制器

传统的堆取料机设备本体和中转端子箱之间是通过控制电缆连接，电缆又要依靠可旋转电动卷盘收放，并随设备同步移动。这些运动部件都要承受频繁摩擦及粉尘粘污，故障不断，还需要电力拖动。如果使用无线控制器取代电缆及电动卷盘，不仅运行可靠，故障率大大降低，且每套堆取料机年节省电费及维修费用可达万余元。

（1）工作原理及使用

每套无线控制器含有A机和B机各一台，A机安装固定在堆场中间中转端子箱侧板上，B机安装在堆取料机控制柜侧板上。原位于控制电缆两端连接的中转端子箱与控制柜内的控制信号端子，分别对应转接到A机、B机上。此设备可调整A机、B机的频率拨码开关和密码拨码开关。

该控制器可以实现堆取料机现场状态与中控操作指令的双向传输。即A机将来自DCS系统的中控各控制指令转变为数字信号，且加密后无线传输到B机，B机再将此信号经解密还原后传输到堆取料机，堆取料机接收信号后按原有内部程序工作；反之，B机将堆取料机发出的工作状态信号无线传输到A机，A机接收后反馈到DCS系统，告之操作人员。

（2）无线控制器的高性能标准

①确保A、B两机工作频率和信号密码吻合。

②安装后全部端子和模块应该插接紧固，确保全部信号端子接触良好。

1.2.2　生料均化库

现代生料与水泥库的库底出料装置均有改善物料均化的功能，而且还要有能控制料量大小与及时开停的能力。为此，需要以下出料控制球阀和组合卸料阀两种阀门。

1.2.2.1　出料控制球阀

（1）球阀产品使用的演变经过及方向

为控制库底八通道的充气顺序，以实现下料均化，需要在每个风动通道上配备控制装置。最早用一台回转供风分配器，但由于切换风路缓慢且易卡住，便改为每个风道由电磁阀通过时间继电器控制。相当长的时间内，电磁阀的动作快捷，且成本低而被广泛使用，只是用户反映开闭的膜片易坏，导致控制失效。因此，近年开发出电动球阀，对应取代电磁阀。该球阀能满足开闭切换灵活、密闭性好、使用寿命长的优势，因此得到用户首肯而推广很快。只是它失去了电磁阀的优点——快速廉价，因此仍有改善提高的潜力。

（2）球阀的高性能标准

①开闭到位准确，绝不窜风漏风，使用可靠，并将阀位的变化同步显示给中控与现场人员。

②位置切换迅速，阀开闭一次时间不超过0.5秒钟。

③每次切换动力消耗电力少。

④元件配置使用五年之内免维护，无需更换任何元件。

（3）识别球阀高性能标准的方法

检查阀芯为不锈钢材质，且该产品不设代销或委托商。

（4）制造商必须具备的条件

企业有购置日本欧姆龙产品的渠道及相应证书。

（5）合同中必须承诺的高性能内容

①规定免维修使用寿命达五年；

②规定所配外协件的供应商及其产品型号。

★　***推荐优秀制造商***

杭州富阳恒通机电工程有限公司

该公司为该球阀的实用新型国家专利技术的发明持有单位（专利号ZL01269494.0），其质量控制水平如下：

（1）严格控制关键元件质量

球芯为不锈钢制作，确保使用过程中不会为空气中潮气锈蚀而增大动作阻力及密闭效果。执行器防护等级为IP55，且壳体材质为Q235。

阀芯与通道使用聚四氟乙烯密封圈，耐温250℃，光滑耐磨、永不变形。

球阀中寿命最短的元件为限位开关、信号开关与换向继电器等电气控制元件，均为日本欧姆龙产品，使用寿命均在100万次以上（相当于五年以上）。

电机为特种微型同步电机，不可能有过载烧坏。

（2）控制信号确保动作执行准确可靠；备有无源干接点阀位真实信号输出端子，中控室能直接获取阀位动作的准确情况，而且与现场观测一致。

（3）每台电机功率仅为200W，阀开关一次仅为0.25秒，一个下料控制周期只有8×0.25秒钟运转时间（一般每个库下配置8个球阀），按每周期2分钟计算，一天24小时720个周期，一年耗电量仅为：$\frac{330\times720\times16}{3600}\times0.2=211.2kW$。

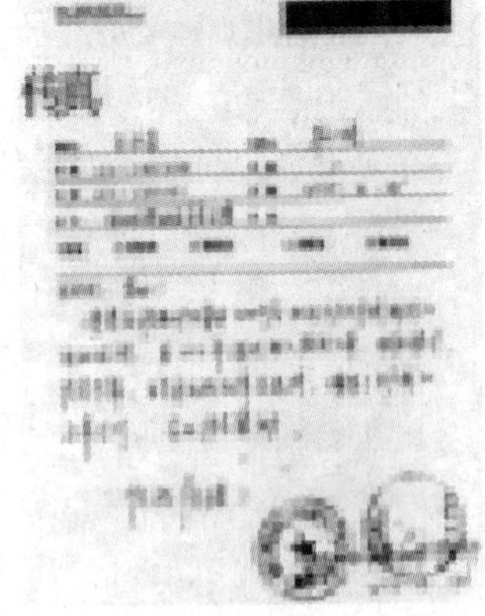

用户使用报告

王经理：您好！

贵司为淮南矿业集团2500t/d水泥干法生产线制造的电动球阀，自2004年6月份投入使用以来，性能稳定，质量可靠，至今未出现故障及返修，确保了生产线的正常运行，在此深表感谢。

顺祝商祺！

淮南矿业集团水泥项目部　2010.4.12

1.2.2.2　组合卸料阀

（1）卸料阀的分类与功能

卸料阀按用途一般分开关阀与控制流量阀两类。前者仅是全开与全关两个位置，用于检修时使用；后者则有调节流量的功能。开关阀的操作动力常是手动、气动、电动并列，流量阀则以电动为主。此类阀门在国际上以CP阀为知名产品。

（2）弧形阀的高性能标准

①气动开关阀动作灵敏，快速；供应商应该配置高质量的油水分离器，以保证使用的压缩空气无水、油相混。

制作材质优良：

阀芯均由13Mn合金钢精加工制作，以保证经久耐磨；

阀壳体为铸造件，铸造质量好，厚度不低于12mm；

轴承采用粉磨冶金球形轴承，免维护；

旋转气缸、限位装置及定位器质量必须为同家产品，确保动作相配，应选进口原装产品，方为可靠。

②手动闸阀应有良好密封性能，严格加工精度，绝不允许两侧漏料，闸板活动自如，动作轻便。闸板应采用不锈钢板，防止锈蚀。

③电动闸板阀的关键件是减速电机，应为名牌产品（详见5.6）。

★　*推荐优秀制造商*

杭州富阳恒通机电工程有限公司

（1）该公司制作的阀门基本是按CP阀的原理与质量制作。

（2）为保证气动阀气缸所用气源洁净，配套提供的油水分离器为台湾亚德客产品；电动阀的执行机构均为法国伯纳德产品。

（3）旋转气缸、限位装置与定位器等所有控制元件均应为英国Kinetrol的原装配套产品。对CP设计用的限位开关，由原有的接近开关改为施耐德产的行程开关，简化电气控制方案。

（4）阀体上增设一检修门，便于运行过程中当发现物料中混入杂物时，可以从此处清理。该门的做工精细，能确保关门后的密闭而不漏料。

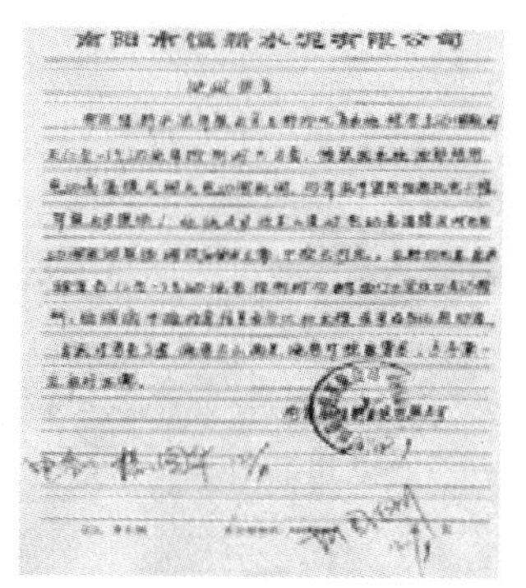
南阳市恒新水泥有限公司

（5）手动闸板轨道有滚轮，使运动的摩擦力最小，丝杠杆为黄铜材料。电动闸板的轴选用16Mo3材质。

（6）上述闸板的使用寿命保证10年。

用户使用报告

南阳恒新水泥有限公司生料均化库系统所用手动闸板阀及二合一气动流量控制阀共8套，预热器系统顶部所用电动高温锁风阀及电动闸板阀，均由杭州富阳机电工程有限公司提供。经该公司技术人员对电动高温锁风阀及电动闸板阀调试后使用正常，中控已打点。生料均化库、库底称重仓（二合一）气动流量控制阀均由西门子定位器自动控制，经调试中控给定信号百分比和反馈信号百分比相对应。窑灰计量仓2套，流量大小满足计量器称重要求，5年来一直运行正常。

南阳恒新水泥有限公司　胡国刚，电气　杨国华　2010.12.9

1.3　除金属设备

过去原料破碎设备非常需要除铁在先，但随着现代水泥粉磨设备——立磨、辊压机广泛使用，为保证磨辊及输送设备的安全，清除混入原料的各类金属块的要求更高，除金属装备越发显得重要。

1.3.1　除铁器

（1）除铁器的类型及其选择

按其卸铁方式又可分为人工卸铁、自动卸铁和程序控制卸铁等多种工作方式，由于使用场合和磁路结构不同，形成了各种系列的产品。应根据杂铁除净率要求、物料含铁情况、现场工作环境等正确选用除铁器。

①料层较厚、物料粒度较大时，宜选用超强磁除铁器；或大一级或大二级超型号选用普通除铁器；也可选用多级除铁器（后级的除铁吸力应高于前级的除铁吸力），并尽可能将除铁器安装在皮带机头部使用。

②对杂铁除净率要求较高时，也可在皮带机头部采用永磁辊筒（且驱动改为非磁性材料制作），皮带机中部装有带式除铁器（且下方的托辊改为无磁平托辊）的配合使用。

③现场环境粉尘较严重时，应选用全封闭除铁器。

④电力容量不足时，应选用永磁除铁器。

⑤物料中含杂铁较多时，应选用自卸式除铁器。

⑥皮带机带宽1400mm以下推荐选用带式永磁除铁器，皮带机带宽1600mm以上推荐选用电磁除铁器。

⑦按除铁器的吊挂位置、环境条件测定后选购。

最新式除铁器为低温超导除铁器，利用超导磁体来产生除铁所需的强大磁场，优点是在超导状态下（－269℃）有电流无电阻，电流通过超导线圈来产生超强磁场（50000Gs），具有磁场强度高、磁场深度大、吸铁能力强、重量轻、能耗低、运行节能环保等普通电磁除铁器无法比拟的优点。

（2）除铁设备的高性能标准

①磁系材料为铁氧体磁块及钕铁硬磁块，由主磁系与多个副磁系组成，吸铁能力依次递减。具有较强的除铁性能，即磁通性较高。可将铁质异物从原料中清除出来，即使铁质异物埋在物料下边，也能容易地利用除铁设备上排除出生产线。

②电磁铁的绕组与机体的绝缘电阻冷态不小于10MΩ，能承受50Hz380V交流电1分钟不被击穿。

③灵敏度可调，以确保在不清除配料中所需要铁质原料的同时，还能将混入原料的杂铁及时清除。

④采用内、外置式管道油循环散热方式，散热性能好，连续工作温升低。电磁铁的额定通电持续率由过去的50%提高到60%，提高了电磁铁的使用效率。

⑤励磁线圈经特殊工艺处理，提高了线圈的电气和机械性能，绝缘材料耐热等级达到C级，使用寿命长。

⑥为自动卸料，设置驱动电机、辊筒、带刮板的卸铁胶带等组成的卸铁机构。具有磁力大、防尘、防雨、耐腐蚀、维护费用低等优点。

⑦制作技术精湛，钢板足够厚度，保持有足够刚度，除锈上漆，表面光洁度高。

⑧噪声不超过85dB。

（3）使用条件

①应与金属探测仪共同使用，避免非磁性金属对保护对象的破坏。

②海拔高度≤2500m，环境温度－25～50℃，相对湿度≤90%（25℃），周围介质无爆炸危险、无腐蚀性气体或粉尘。

③不使用的除铁器，应保存在干燥环境中，且每年养护一次；使用的除铁器每三年检查一次。

1.3.2　金属探测器

作为除铁设备的重要补充，对不具有磁性的金属材料，如锰钢、耐热钢等，不可能依靠除铁器除去，只能采用金属探测器予以发现，或报警停车人工清除，或自动开启旁路阀门将其排出生产线。

金属探测器的高性能标准如下：

①对金属异物有较高灵敏度，能捕捉到物料深处混入的金属。

②必须配有准确的自动控制线路，确保报警停车或阀门动作。

★　推荐优秀制造商

（暂缺）

1.4　物储设备

1.4.1　钢板库

目前，用于储存大宗散装物料的大型混凝土库有被钢板库取代的趋势，对于储存水泥、生料、粉煤灰、矿渣粉等粉状物料已经有了成功应用，对储存熟料、石灰石等破碎后的粒状物料也应该有好的前景。

(1) 钢板库的类别与应用优势

当前，国内制造的钢板库有两种类型：一种是由卷板螺旋咬口制作的圆库，为德国（利浦）技术引进，它的最大直径为10m，储量最大每个8千吨，寿命可达20年；另一种为平板卷制（图1.1），焊接而成，目前最大直径30m，储量已高达8万吨，仍有发展变大的趋势，寿命预期为30年以上。

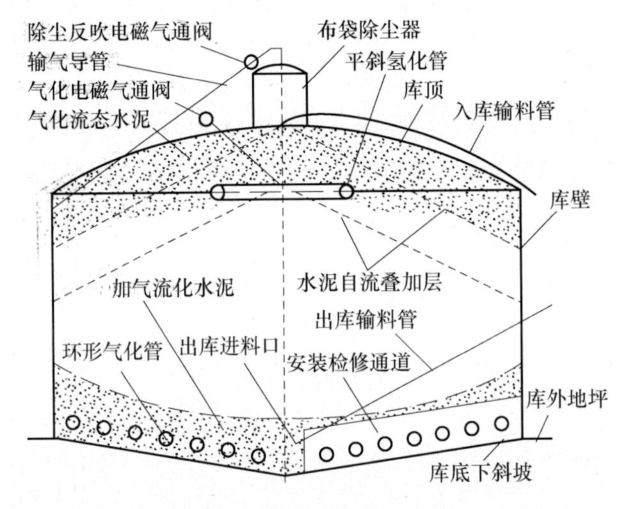

图1.1　钢板库结构示意

1）小直径利浦仓适用于配料站前的原料进厂贮存库，通过库下出库及输送设备倒运进配料站。代替传统的现场堆棚，用铲车倒运的管理，其优势是：

①有利于原料的质量控制，储存的物料避免了铲车倒运的无序状态，也避免了风雨天对原料水分的影响。

②原料存放占地少；便于总平面设计；现场整洁。

③虽然投资期会增加建设费用，但投产后远比铲车的倒运成本低。

2）大直径钢板库较传统的混凝土库有如下优势：

①造价低。因库容大、辅助设施少、地面结构基本无混凝土施工，吨储量

投资是传统库的50% ~70%。且工期短，3个月便可完成。

②储量大。现在最大库的储存量已达8万吨，而且还有继续增加的可能。

③在水泥自身含水量符合要求的情况下，水泥质量不降低。保证大部分物料在储存中与空气隔离，已有两年水泥储存时间而不降低强度等级的经历，无论与混凝土库相比，还是与袋装水泥相比，都有无可比拟的优势。

④对储存物料的质量有均化功能。混凝土库由于直径不宜过大，经常出现物料粘壁现象，不但缩小了库容，对成分也不能均化，且因易出现离析现象，反而加剧了成分的波动。粉状物料在钢板库的卸料中本身就有均化功能；粒状物料的离析现象由于断面直径大也使其弱化。

⑤节约能量。采用“一气多用”（流化、均化与出库），可以节省大量气源，水泥耗电约0.3kW·h/t。再大的库也只要一台收尘器，便可使物料入库时的扬尘排放达标。

⑥有利于自动化控制。通过对库内流速、温度、湿度、压力、料位、流量、存量等的测量，使物料的进、出库全面受控于主机的智能操作。

综上所述，大直径钢板库可以大量储存水泥，在北方地区冬季，它比倒运露天储存熟料更要合理和具有优势，使窑、磨生产能力均衡；省去每吨10元以上倒运保管费用；节约粉磨电耗；有利于企业主动掌握市场价格。

（2）钢板库的高性能标准

两种技术的核心是：

①钢板库要有整体刚度、强度，做到使用中不涨库、不爆库、不瘪库。

②对基础的处理要根据地质资料，理论上只要有3m深的稳定土层就可建造。做到既可靠又不浪费材料，即使是流沙地，基础处理的投资也只占总投资的34%；库底不会因为承重高负荷而沉降，更不会发生不均匀沉降。

③卷板小直径圆库要求有质量好的螺旋咬边机（一般为进口设备），确保咬口后为五层均匀咬边，能合理使用板材厚度，从2.0mm到4.0mm均能卷制。目前制造商大多为国内仿制咬口机，咬口时而出现四层或六层（如图1.2），且不能卷制过薄过厚板，不利节省钢材及增大储量。

图1.2　咬边机正常咬边与不合格咬边区分

焊接大直径钢板库则要求有高焊接水平，现场焊接条件要求严格。

④对于粉状物料卸料，不但以最低能耗采取气化方式，而且出库率可高达99%以上。

⑤必须采用优质钢板，即板材质量稳定。应以宝钢产品为首选。在北方严寒地区使用，应考虑选用抗拉强度高的耐低温钢板。

重要提示：并非直径越大的钢板库，钢板的厚度就越厚越好。

★　*推荐优秀制造商*

山东聊城与河南安阳是国内钢板库制造的两大基地。

1. 安阳利浦筒仓工程有限公司

该公司于1984年成立制作钢板仓，1993年与德国利浦公司合资。以制造小直径利浦仓为特色，拥有177项专利，其技术优势在于：

（1）进口28套利浦原装咬边机，不仅咬口形状规矩，而且适应钢板厚度宽。

（2）附件的自供率高。自制卡件用于各种仓体附件与仓体的连接，杜绝焊接的连接方式，避免伤及镀锌层，并保证钢板强度与防锈。自制安全排气阀配套。

（3）企业自有能独立完成土建基础设计的设计所。

（4）购置的钢板全部为上海宝钢制作。

安阳利浦筒仓工程有限公司工程回访卡

用户使用报告

现筒仓使用情况良好，未出现质量及其他问题。工程设计合理，质量可靠。

聊城山水水泥有限公司　2006. 11. 12

2. 山东华建建设集团

该集团是当今大直径钢板库制造的领军企业，虽然此技术仍在发展中，质量与性能尚有较大发展空间，但该集团的业绩已经较多。

为提高卸空率，该公司着重采取如下措施：

（1）减压仓为封闭式，起到对卸料区的控制。

（2）用流化棒代替开式空气斜槽，该棒是一种上开有若干小孔并用滤布包住的圆管。控制下料速度应该重视周边的大量下料，而中心料要有节制。

1.4.2　筒仓卸料器

当库（仓）内装存湿黏物料时，如黏土、砂岩及脱硫石膏等，常常会因物料粘结而无法卸出，只好靠人工清堵，有时还要进入库（仓）内。这不仅会造成断料，影响生产，增加劳动强度；而且可能还会发生被物料埋住的重大人身事故。

为解决此问题，最早有德国进口的筒仓卸料器，价格昂贵，根据卸料量的不同，每台150～250万元不等，极大约束了该设备的应用普遍性。近几年，国内已开发有此产品（图1.3），成本已降到原价1/3左右，使应用者越来越多。

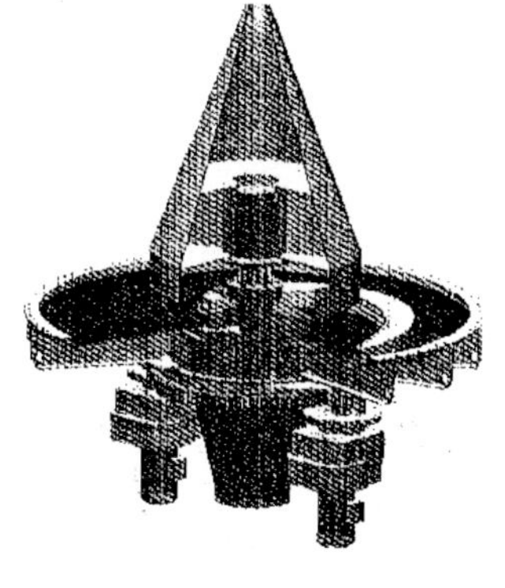

图1.3　CDV型筒仓卸料器

筒仓卸料器的高性能标准如下：

（1）物料通过率高，库（仓）的卸空率高，卸料器自身不粘结物料或堵库。为此，库壁不能对该装置有支撑，否则会降低通过率2/3以上。

（2）刮料臂及底盘均为耐磨材料，使用寿命应高于3年以上。

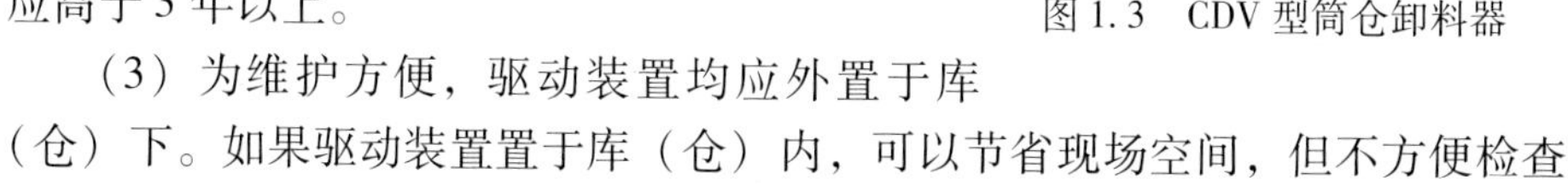

（3）为维护方便，驱动装置均应外置于库（仓）下。如果驱动装置置于库（仓）内，可以节省现场空间，但不方便检查维护。

（4）驱动刮料臂的电机功率应该适宜，以达节约能耗。

★　**推荐优秀制造商**

成都维邦工程有限公司

该公司隶属成都水泥设计研究院，由它开发的CVD型筒仓卸料器具有如下特性：

（1）该设备结构无须库（仓）壁对其有无任何支撑件，有利于物料流动。

（2）为保证自身不粘料，内部的锥形保护罩采用不锈钢制作。

（3）该装备耐磨材料选用进口Hardox400板，保证使用寿命不少于3年。

（4）该设备电机配有变频调速功能，在调节转速满足卸料量需要的同时，可以节省电能。但为此会增加配置成本。

（5）传动装置采用外置式，便于检查维护。相关轴承、减速机与电机均选配国内外的名牌产品（SEW、Flender、东力等）。

用户使用报告

成都维邦工程有限公司：

我公司4500t/d熟料水泥生产线原料配料所使用的砂岩及硫酸渣，由于两种原料粘性很强，流动性很差，极易引起堵塞，为了避免对生产的连续、稳定性造成影响，我司

有关筒仓卸料器使用情况的说明

经多方考察，最终选用了贵司生产的两台筒仓卸料器作为这两种原料的卸料设备，其中一台为ϕ3000的筒仓卸料器，用于硫酸渣卸料，另一台为ϕ3800的筒仓卸料器，用于砂岩卸料。

现我司4500t/d熟料水泥生产线投产已经一年半，根据目前的运行情况来看，贵司生产的筒仓卸料器确实能有效地解决这两种粘湿原料由于流动性差引起的堵塞、下料困难等问题。到目前为止，还未出现原料堵塞的现象，筒仓卸料器的卸料量可按照生产需要，并且可根据实际需要量进行调节，这为我司生产线生产的连续、稳定性奠定了良好的基础。

真诚希望能再次合作！

四川金顶（集团）峨眉山特种水泥有限公司

2011.3.2

1.4.3 仓壁振动器

对于钢板仓，该装备可以通过振动电机为激振源，靠高频振动和冲击力，有效消除由于内摩擦、潮解、带电、成分偏析等原因引起的搭拱、堵塞现象，使物料从仓口顺利排出，保证稳定供料的设施。产品的体积小、重量轻、高效节能、安装简单。

仓壁振动器的高性能标准如下：

（1）根据不同仓型及位置要求，设计有不同类型。合理选择振动频率与振幅，达到对仓壁钢板的冲击效果最好。

（2）振动电机的使用寿命长，并节省能源。

★ ***推荐优秀制造商***

（暂缺）

1.5 锁气喂料机

当物料出库由于是空气松动而料量难以控制时，不但影响下料量的稳定，更影响计量设施的准确发挥。为此在计量设备上方使用一台锁气喂料机便可解决此类困难。

锁气喂料机的高性能标准如下：

（1）装备简单可靠（图1.4），投资较少。能保证物料从库内流出后经该设备可以均匀稳定，消除冲料与断料现象。

（2）设计的分格轮转子的直径与转速确保生产所需要的通过量。

图1.4 LG锁气喂料机

（3）旋转部分的上下分格轮与中间的隔板之间没有硬摩擦，确保使用寿命数年如一日。

★　*推荐优秀供应商*

郑州市鸿鑫机械科技发展有限公司

该公司开发的LG型锁气喂料机为发明专利持有者（专利号为200820069684.0）。

1.6　包装机

水泥出厂方式的发展趋势，随着商品混凝土的普及及节能要求，将越来越多以散装为主。但根据不同地区特点，毕竟要有20%～50%比例的产品是靠包装出厂。因此，生产量大、准确计量的包装机仍是备受关注的主机设备。面对国内质量较差、以编织为主的复合包装袋，很难适应自动插袋作业的进口包装机。所以，唯有国产包装机才能满足这种特点，并作为发展目标。

包装机的高性能标准：

（1）包装机产量以120t/h为通用，必须保证此产量要求。

（2）计量精度高。包装成品袋装水泥的称量准确度（JC/T 818—2007）为：单袋重量：50kg；95%的袋数单袋重量误差：+0.4～－0.2kg；连续20袋总质量：1000～1004kg。

（3）现场作业清洁。不仅运行灌装没有任何粉尘，而且自动控制系统能确保包装与停装时没有任何喷灰，实现文明生产。

（4）故障率低，并易于检修。入料方式宜采用中心式，而不是侧入式。

（5）包装机的供货范围应该包括振动筛、计量中间仓（通常为圆形）、刚性叶轮给料机、自动封灰装置等进料设备；出灰斗、出灰口座、底轴承座、集灰斗和篦子板等收集漏灰设备；为接包、正包、清包、接包的输送装置；袋装机构（吊钩）；电控柜及滑环、控制电柜、计量微机等电气控制设备；出灰嘴、下灰口的收尘口等配件。它们的具体制造质量要求如下：

①振动筛的筛选面积大、产量应与包装机匹配。对于120t/h产量的包装机，筛子的电机功率应在1.5kW以上，有效面积应在3.18m^2以上。网丝应为Cr304不锈钢筛网（不是65Mn），寿命应在3年以上。

②水泥计量中间仓内设有可靠的料位开关或荷重传感器，起到控制水泥料位的作用，并且可与水泥库及输送设备的开停联锁。出口配有手动螺旋闸门。

③仓下叶轮给料机的外形尺寸应足够大，确保通过量满足生产要求。叶轮翻板为斗式结构，而不是叶片式，并有防卡装置，能防止异物卡住翻板叶片，

2～3 年内免修。

④为使叶轮给料机绝对不漏料，在其下方应设有自动封料的弧形阀或气动（电动）粉末蝶阀，并与包装机开停联锁，可以避免停机后当料仓未放空时，仍有水泥可从给料机叶片间隙下泄，轻者严重污染环境，重者会使提升机断链，或烧毁电机。

⑤主传动机构的主轴、大小齿轮均采用 40Cr 钢，且与轴承同装在齿轮箱内，配有专用加润滑脂的加油孔，确保正常使用寿命 10 年以上。回转筒要有足够高度（1.8m 以上），以保证容量满足产量，顶部大盖厚度为 36mm，以免运转中振动变形，且影响计量精度。

⑥出灰斗为优质精铸钢件，内有 8mm 衬板；出灰叶轮及轴承座为 50#铸钢，动力头应该具有良好密封性能，保证一年内不漏灰，且可增加水泥流动性，有利于提高产量。

⑦出灰口座对于 2mm 左右的铬球渣具有防卡闸板功能，出灰口座密封应选用带线橡胶，而不能用毛毡。机底轴承座用大型精密轴承，重量大而稳定。

⑧开启碰轮有注油孔，可以随时注油，保证闸板开启自如。卡钩用优质 65Mn 锰钢精铸并热处理而成，寿命可达 5000h 以上。

⑨袋装用吊钩强度高、光洁度高。便于插袋、掉袋自如；计量弹簧片、出灰嘴及支架托袋架等均可上下移动调整，并保证计量精度长期稳定。

⑩集灰斗钢板要有足够厚度（5mm）以上，才能使包装机有足够强度支撑平稳运转。篦子板要用ϕ12 圆钢制作，并在圆周加上三道横梁，防止纸袋或杂物掉进集灰斗，卡死回灰螺旋给料机。

⑪微机控制精度显示值为 20g，存储芯片 RAM 擦写寿命 100 亿次，采用先进的模糊控制理论，能克服机械振动和电磁干扰，可在 -30～50℃环境下工作。

⑫电气控制柜内动力电源与控制电源间有充分屏蔽，分路输出。柜内有两个变压器，分别供模数电磁铁电路及计量控制微机使用，极大减少对微机的干扰。采用高质量变频器完成主电机调速。

⑬电气元件为进口产品，用固态继电器代替接触器，寿命提高近 10 倍，滑环用优质钢材制作，为 8 路分路供电，禁止用滑环动力电直接控制用电，防止干扰计量。

⑭出灰嘴带销子与轴，可手动开合，方便更换胶管；出灰口下的收尘口为喇叭口形式可以开合，减少粉尘并方便维修。

重要提示：包装系统在没有实行全自动插袋作业之前，将电气运行状态送至 DCS 系统、实现远程监控的要求，不会有经济意义。

★　*推荐优秀制造商*

1. 唐山忠义机械制造有限公司

该公司的主导产品为 BHYW-8D（10D）型回转式水泥包装机。

水泥包装机由该公司2010年自行开发研制双位电磁驱动器（专利号：ZL200920217054.8）控制，在设计上结合全新的电磁、电子技术和断电二位保持状态等功能，将插袋检测、闸板开启、出料电机启动三者由微机系统智能化程序控制，具有如下优点：

（1）提高产量。闸板杠杆机构取消驼峰、撞块、连杆、卡轮、卡销等部件，插上水泥袋后电机随即启动，同时打开闸板灌装，不须经驼峰强制开启闸板，灌装位置提前，灌装行程加长，不仅结构简化、动作可靠，而且缩短灌装时间，提高产量。

（2）提高计量精度

①新式闸板杠杆机构实现了插袋即灌装，当水泥袋转到掉袋位置未灌满时，电机不停、闸板不关，继续进行填秤灌装，灌到标定重量后才停止灌装，因此根除了包装超重，为企业减少损失。

②微机系统由原来的EDI-312A型改造升级为EDI-312S型，A/D芯片选用美国德仪公司的高速芯片，数据采集量达到300Hz，I/O板选用进口固态继电器，保证数据处理准确性，提高袋重控制精度。

③回转料仓内装有RF射频导纳物位控制器，设置高料位自动控制多余物料旁溢出，以保证仓压正常。给料机供料由物位控制器控制。

④包装机可通过ZFC-100C型计数器，与装车机计数联锁。

（3）故障率低

①包装机闸板杠杆机构取消了驼峰、撞块、连杆、卡轮、卡销、卡销连杆、卡销杠杆、回位弹簧等部件，改为双位电磁驱动器控制，结构简单合理，由原来24个连接点减少为4个，机械负荷与故障率明显减少。

②灌装电机开启采用无触点的100A固态继电器，杜绝了有触点继电器触头损坏烧毁电机的可能。

③在设计上结合全新的电磁、电子技术，实现双位牵引开关闸板，具有大行程、大吸力、功耗小、热耗小、结构简单、动作可靠、维修方便等特点。一年内出现质量问题实行“三包”。

（4）现场清洁

①控制系统可通过开启闸板和电机信号，同时配合在叶轮给料机下方配置的气动（电动）粉末蝶阀与给料机开停联锁，实现不插袋不灌装，漏插袋不喷灰，不插袋电机不开启等目标控制，避免停机后水泥物料泄漏。

②为灌装时减少粉尘污染，包装机的锥体中间盘、回灰斗、接包、清包回灰斗组成收尘、回料系统，并与除尘器相连，负压运行。同时，各处喷射的回料经输送回料仓，重新利用。

该公司还将有新一代数控包装机即将投入市场，将精确驱动、精确定位的伺服电机、数控技术应用于包装机的控制，这在国内外均为引领技术。使包装生产进一步实现准确、洁净、遥控的标准。

用户反馈意见

该公司对包装机的使用、维护维修人员进行培训，服务态度好，设备运行良好。

大同冀东水泥有限公司　赵振世　2010.6.19

2. 唐山市翔云自动化机械厂

该厂生产的BHYW回转式包装机有独创技术开发能力，性能优良，市场占有率较高，而且已出口海外。具体产品特点如下：

（1）该厂可成套生产及供应BHTW回转式包装机及其配套辅机设备，在确保产量及袋重合格率的条件下，现在已开发到第五代产品，其特征为：

①在计量上采用模糊控制理论，使装袋过程中360°范围内全程计量精度和袋重控制得到监测及修正，彻底解决袋装重量误差较大的难题。

②该厂自主研发的自动封灰系统（专利号ZL200620024821），开启和关闭能在两三秒内完成。该功能可在停机时立即阻断水泥下泄通道，保持料仓的仓容、仓压，为再次开车瞬间达产创造条件。

③该厂新开发的出灰闸板防卡技术，克服了水泥含有较多杂质时所带来的包装故障，无需使用管道式等各类除铁器。

④该厂新研制出的不漏灰型动力头（专利号ZL972243623），解决了国内外高速运转的轴类密封难题，利用负压原理，确保动力头一年以上时间不会泄漏，动力头寿命可在3年以上。

（2）该厂专有产品ED13112型称重控制器，利用当今最先进的美国哈佛双总线存储芯片，每秒10万次的模数转换器，储存器的擦写寿命100亿次。从本质上区分目前流行的单片机。不仅计量跟踪准确，而且故障低、寿命长。

（3）电气设备所选为高端产品：变频器为德国力士乐制造，空气开关为ABB公司生产，中间继电器为欧姆龙产品。

用户使用情况

新疆天山水泥（集团）有限公司（5000t/d）原用其他企业的20多台8嘴回转式水泥包装机，2008年12月被该公司的包装机换掉4台，其中屯河包装换掉两台，并于2009年1月9日再次从该公司购置8台8嘴回转式水泥包装机。

屯河水泥公司　吴强

1.7　袋装水泥装车设备

1.7.1　装车输送自动转弯机

在包装机下来的袋装水泥经过皮带机输送装车中，可有多个装车通道，在每个板槽转弯处安装多台转弯机，完成准确计数并要求与其联锁。

自动转弯机的高性能标准：

（1）在多个车位的站台上，能自动向指定车位装车，降低人工劳动强度。

（2）计量准确，能按照发货数量实现机、电一体自动装车，在无连包的情况下，计数 100% 准确。

★　推荐优秀制造商

唐山忠义机械制造有限公司

开发研制的 ZWJG-800V（A）型袋转弯机构。

（1）由回转机构、门架、电动推杆、电控箱等组成。根据用户现场，可分别按左或右卸料方向安装。

（2）适用于宽度 800mm、带速为 1m/s 的皮带输送机对接。

（3）通过包装机与装车机计数联锁，根据装车前的设置袋数，自动开通与关闭转弯板槽，实现机、电一体自动装车。

1.7.2　移动式袋装装车机

水泥袋装装车机的高性能标准：

（1）保障操作人员的绝对安全，在任何条件下，即使是限位开关或控制元件失灵，都不会使人员发生伤亡事故。

（2）保证装车量在 120t/h 以上。

（3）车轮为铸钢制造，车轴为实芯钢轴。必须使用带有锥形制动功能的减速机，而不能用普通减速机。元件质量可靠，整机使用寿命保证在五年以上。

（4）操作简便，有自动计量系统，计数准确可靠。

（5）可用于汽车及火车装运。

★　推荐优秀制造商

1. 唐山市翔云自动化机械厂

（1）该厂开发的装车机安全性能极高。起重用的钢丝绳直径为 13mm，而且是两根，根除断绳的可能；升降皮带机前端有安全防护栅，避免操作中手指伸入运转皮带与辊筒中受伤；采用国外先进的锥形制动技术的减速机，只要操作一松按钮，立即停机。

（2）特制电机输出功率大，保证产量在 120～140t/h 之间，主传动减速机和行走减速机输出轴直径均为 ϕ55mm。

（3）行走车轮为 50#铸钢经机加工制造，保证十年内不会损坏；车轴为 45#

圆钢加工而成。

（4）采用装车微机计数器，利用模糊控制理论设计的软件程序和用调速皮带生产形式的硬件结构计数，不会被灰尘干扰。而不是采用红外线探头传感器计数。

2. 唐山忠义机械制造有限公司

该公司自行研发有两种水泥汽车装车机，分别为 ZQD100- L1/L 型及 PYZ650 型，以分别适应标高 5m 平台及地面轨道的不同装车现场要求。

根据现场要求，出料皮带机可以做仰俯升降，其动力采用液压和丝杠升降机两种形式。

（1）产品安全性能高

运行全过程有声、光报警装置及安全防护设施。

装车机皮带驱动动力采用带机械制动的卧式电机减速机，出料皮带采用点状花纹带，避免停留皮带上的水泥成品袋在停车时滑出皮带。

（2）装车机电控系统配套齐全，操作安全，使用方便。

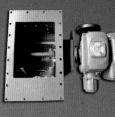

第2章　粉磨设备

2.1　管磨机

这种传统的粉磨设备，由于电耗过大，在新型干法生产中已经逐渐被立磨、辊压机或辊磨机所替代，很少单独选用。在煤粉制备中，原煤为磨蚀性较大、易磨性较差的无烟煤时，曾选用较多，但立磨技术的进步已经可以替代，只是某些业主为了节约建设资金，或认为操作可靠而选用。在水泥粉磨中，为了实现水泥粒度及形状的合理，管磨机作为与预粉磨设备配合的主机，仍在大量选用，但前景并不看好。

（1）管磨机的高性能要求

1）工艺要求

①根据粉磨的原料粒度及产品质量要求，设计长径比、仓的数量、衬板类型与钢球装载量等。

②磨尾具备吐渣能力。

③密封性能符合要求：筒体螺栓孔处不得向外有漏料、漏风处。

2）机械要求

①材质要求

筒体钢板一般选用低碳钢，如Q235、锅炉钢20G、20号优质结构钢、或低合金结构钢16Mn；中空轴应采用ZG35；衬板、篦板、隔仓板应不低于ZGMn13；球面瓦可有锡基轴承合金ZSnSb11Cu6和铅基轴承合金ZPbSb16Sn16Cu2两种。

②支承轴承

在直径允许时，传动轴承要选用滚动轴承。如果不得不用滑动轴承，应选用锌基瓦（参见3.1.7）。不但故障少，而且节能。

③组装要求

筒体最短长度不应小于1m；筒体内径D的公差不得大于$+0.002D$；筒体内径的不圆度公差不得超过$0.0015D$；筒体法兰上的钻孔与铰孔，均应分别与其配合件配合加工，并打上印记，对号装配；中空轴颈外表面应精细加工，不得有气孔、砂眼等缺陷，表面粗糙度应在1.6μm之内；轴颈R区的设计与加工合理

（详见文献［2］管理619题）；应该有的加工定位销及定位孔正确并有足够的加工精度，如磨机进料端主轴承座主体与主轴承底板之间应该有4个防止横向窜动的定位销及定位孔；检查相关连接螺栓螺母，要求法兰孔尺寸与装配位置相符，防止出现留孔尺寸小于螺栓，甚至法兰周向留孔不等分的情况。

④焊接要求

各相邻段节的纵向焊缝应错开90°以上；焊缝形成的棱角内拱外陷均不得高于1.5mm；焊缝高度，筒体内不允许高出母材0.5mm，外筒体不允许超过1.5mm；筒体焊缝处不得开人孔门；各螺孔距焊缝的距离不小于两倍螺栓的直径；人孔加固板不允许有焊缝存在；筒体全长的1/2处附近不应有圆周方向的焊缝。

⑤检验要求

筒体及两端法兰全部焊完后，应对焊缝探伤，证明焊接质量合格的前提下，将筒体进行退火处理，以消除内应力，防止出现裂缝。

（2）制造商必须具备的条件

①必须是大型机械制造企业，拥有抛丸除锈、大型立车、卷板机、筒体钻孔机、电子切割机、大型退火炉等。

②能采购优质钢板及焊接材料的能力。

重要提示：直径超过3m以上的管磨机，虽然产能增加，但单位电耗会升高。

★　*推荐优秀制造商*

江苏鹏飞集团股份有限公司（详见3.1回转窑的推荐内容）

制作磨机的质量保证条件和措施与窑基本一致，另外补充如下：

（1）主要关键件材质：大齿轮材料为ZG310-570铸钢，正火处理；小齿轮材料采用42CrMo锻件，粗车后调质处理；辐板由20G（GB 713—1997）锅炉钢板制作；中空轴材质为ZG230-450；锻件选用真空脱气钢锭锻打的二级探伤优质毛坯；小齿轮轴承选用瓦房店轴承。

（2）筒体端盖的钢板不允许采用环向拼接对焊的形式，并尽量减少钢板拼接块数。

（3）施焊前焊道磨光，染色探伤，清除油污并作150℃焊前预热，焊缝焊接前一定要加设引弧板，根据平面度情况及时翻转对称焊接，以保证加工余量能满足加工要求。施焊完毕对焊缝做非破坏性100%超声波检验，确认焊缝无质量问题后按图纸要求用立车粗车。焊条、焊丝、焊药等，必须慎重选用，以使焊后焊缝的抗拉强度及韧性与母材一致。

（4）该公司生产滑履磨机时，对滑履部分的加工要求十分讲究和严格。

（5）所有钢板在卷弯之前必须经超声波检验。超声波检验宽度至少 200mm，在与辐板焊接处及边缘处均作 100% 探测。

（6）如果滑环采用分离转运，精加工表面必须采取防锈措施，若滑环直接焊接于筒体上，必须按要求油漆、防锈及按滑履运输要求进行包装防护。

用户使用报告

关于我公司两台φ4.2m×13m 水泥磨和φ4.8m×74m 回转窑的运转情况，目前比较正常。

贵州金久水泥有限公司　2011.5.9

2.1.1　管磨机轴瓦改轴承

（1）滚动轴承取代滑动轴承的优势

①节电

由于滚动轴承消耗的电机功率只占配套电机功率的 0.5% ~1%，大大降低了工作电耗，只是滑动轴承的 1/16，启动电流也比正常电流从滑动轴承的 5~6倍降至 2 倍，所以，改造后电机电流可以下降 10% ~20%，可将电机改选小一号，改造后单位水泥电耗可下降 5~6kW·h/t。

②节油

润滑方式改为润滑脂完成，年耗油仅为几十千克。不但可省掉原有的稀油站，节油达 80% ~90%，而且因不会漏油，也不需要冷却水，极大改善环境卫生。

③节水

专用轴承的摩擦阻力减小的结果是运行中产生的热量降低，即使轴承温度达到 130℃也不用水冷却，每小时节水 4~6t，年节水 3~5 万 t。

④免维护

这种专用轴承安装方便，置于原轴承座上即可，除每 1~2 天注一次润滑脂之外，无须任何维护，提高磨机承载能力，使用寿命可长达 6 万小时（相当于 8 年），不会因轴承故障而停机。滚动轴承的内圈、外圈、保持架和滚动体四大件都能方便更换、拆洗，正常使用几年无需拆卸。

⑤增加生产能力

如果磨机研磨体的充填量是受到原电机功率限制，改造后的电机输出功率变大，为增加装入 15% ~20% 研磨体提供可能，为此磨机可进一步提高产量、降低电耗。

⑥延长配套设施寿命

由于输出功率减少，所有原配电设施、减速机、大小齿轮的使用寿命都会到 8~12 年。

改造费用相当原磨机造价的 1/4，而改造后所获经济效益当年便可回收。

（2）滚动轴承类型的最优方案

①外球面调心轴承最适合

因为球磨机的特点是筒体跨距大、重载、低速运行，其轴承座支承不但要满足中空轴回转要求，还要有调心作用。但目前采用滚动轴承用做管磨机的支承代替“球面瓦”时，有相当数量是属于普通标准系列“直径加大”的双滚柱内球面调心轴承（图2.1左），显然，这种滚柱受力集中，易磨损，并与轴承内、外圈接触面积大，摩擦阻力增大，使用寿命短。为此，应该选用双滚柱、外球面调心球磨机专用轴承；将磨机的回转由双排滚柱、调心改为轴承外圈的外球面，不同的部位分别承担，使摩擦阻力减到最少、省力，使轴承的承载受力分散、合理，延长了轴承整体使用寿命。根据这种轴承的受力原理，它能同时满足管磨机筒体的轴向伸缩、径向膨胀、定位、调心四大功能。

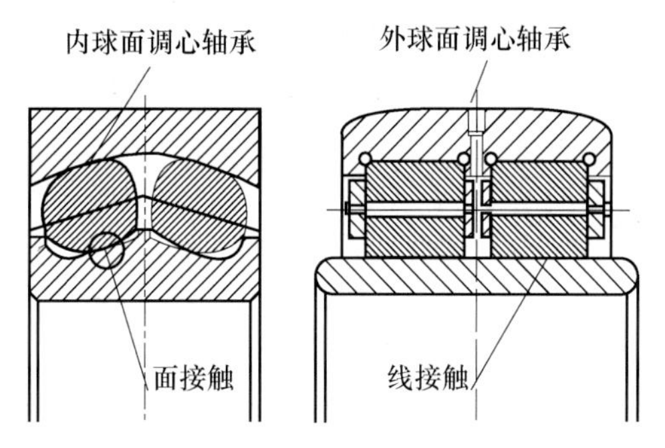

图2.1　内球面调心与外球面调心轴承区别

该轴承滚柱与内、外圈的接触为线接触时，摩擦阻力最小，使用寿命会延长。为能方便现场组装、拆卸，把整体轴承做成分体组合式结构。由于外圈不转动、只起调心的作用，其底部小于1/3圆的范围内产生磨损，每年检修时只需转动1/3圈，便能增加轴承使用寿命。该轴承采用润滑脂润滑，顶部注油方式，每1～2天加一次油。这种润滑方式在两排滚柱的中间形成了一条明显油路，由上而下润滑、由内向外排污油，同时起到自动密封作用，可有效阻挡外部粉尘入侵轴承内部。

②其他各类标准轴承在球磨机主轴承上使用，都存在如下不能克服的缺点：

选用双列调心轴承，轴承规格大、造价高、安装困难。

选用短圆柱滚动轴承，需配置球面轴承座，加工部件复杂、成本高；

选用调心球轴承，承载能力小、造价高；

选用内锥孔轴承，轴向定位困难，制造技术与加工水平难以满足。

上述轴承还有维护检修不便的共同缺点，虽比巴氏合金瓦的滑动轴承有较大进步，但仍不够理想。

③LMGU下半环外套圈双列调心滚动轴承，有如下问题：

整圈加工成半圈时变形量很大，工作时会造成外圈底部两三个轴承滚柱支承的局部受力、应（重）力集中，磨损较快、使用寿命短。

轴承滚柱回转运动是靠内、外圈的轨道槽导向，现外圈只有半圈轨道，滚柱和保持架极易出轨或卡槽。

由外壳缝隙渗入的粉尘能直接落入轴承滚柱上，对其研磨，加剧轴承的损坏。为此拆洗，既费工时，还影响设备正常运转。

（3）改造及使用要求

①目前最大改造磨机规格为φ4.2m×13m，凡原使用空心轴、球面瓦的磨机（即φ3.2m以下的磨机）轴瓦都可改为轴承。磨机规格越大，效果越显著。

鉴于φ3.8m×13m以上的磨机中空轴铸件质量问题较多，因而无法改造。

②改造中安装磨机中空轴与滚动轴承时，必须要求采取凸台式安装方法及稀油润滑轴承座，这是保证改造后磨机运行良好的必要条件。

③改造后的润滑要求

按润滑效果，使用润滑脂定期加油要优于稀油润滑，降低运行成本。

根据设备工作及环境温度选择润滑脂类型：在－10℃～60℃时，使用合成钙基润滑脂ZG-3H；在－25℃～150℃时，使用合成锂基润滑脂ZL-3H；润滑脂的添加量为含油区的三分之二；φ2.2～3.2m以上磨机宜采用高温黄油，既能保证润滑、还能起到极好的防尘密封作用。

④磨机专用轴承温度实测高达130℃，现在已经有五年以上不用水冷却的应用案例。

⑤改造前对磨机的基础地基耐力进行核实，必须按设计要求施工，两个轴承座的中心高度应保持在技术规范数值内。

⑥凡是采用中空轴传动的磨机，都可配用调整外套，再装配滚动轴承，改造可在3日内完成；原配套电机不变；改造方可自己配套功率因数调整装置；传动方式、磨机基础尺寸、磨机中心高度都无需变化，也不需要更换原设备上的任何零部件，包括轴承座在内。

★　*推荐改造厂家*

徐州高新建材机械研究所

（1）该公司拥有较强的机械加工能力，是制造磨机等大型水泥设备的制造基地，是洛阳中信公司的重要合作伙伴。

（2）在管磨机改造滚动轴承中，坚持用外球面调心轴承技术，取得较好的社会效益，得到改造企业的认可。

（3）采用新型的“顶部注油”方法，实现对外来粉尘的自动密封。

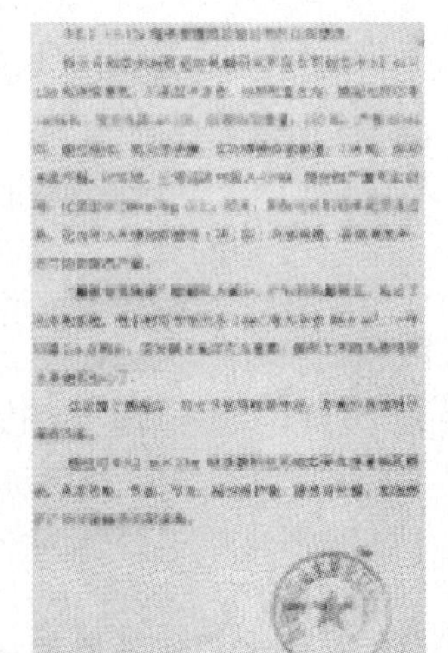

用户使用报告

φ3.2m×13m轴承管磨机在我公司的应用情况

我公司购徐州高新建材机械研究所壹台节能型φ3.2m×

13m 轴承管磨机。主要技术参数、标准配置为：额定电机功率 1600kW、额定电流 139A，研磨体装载量 120t，产量 42～46t/h。通过使用，现为开流磨，实际研磨体装载量 126t，启动电流平稳，时间短，正常运转电流＜100A，现台时产量可达 65t，比表面积 $380m^3/kg$ 以上。对此，原配电动机功率还明显过剩，现在可以再增加研磨体（球、段）的装填量，提高填充率，还可提高磨机产量。

“磨机专用轴承”摩擦阻力减小，产生的热量降低，免去了水冷却系统，每小时可节省用水 $3.6m^3$，一年则是 2.6 万吨水，这对缺水地区尤为重要，操作工不再为停电缺水易烧瓦担心了。

还去掉了稀油站，一年可节省两吨润滑油，并减少废油对环境的污染。

通过对ϕ3.2m×13m 轴承管磨机使用，感觉确实要比普通轴瓦磨机具有节电、节油、节水、减少维护量，提高台时产量的特点，是值得推广的节能减排的新设备。

西安祁连山水泥有限公司

2008.6.26

2.1.2　水泥磨内喷水装置

随着磨机规格的大型化，磨外喷水效率低下的缺点显露无疑，而且为生产环境所不耻。随着国内磨内喷水技术的进步，筒体淋水应当尽快淘汰。

磨内喷水可分为磨头喷水、磨尾喷水，或同时喷水。磨尾喷水最为有效，用出磨水泥温度或出磨的废气温度控制喷水量；当入磨物料温度≥80℃时，才使用磨头喷水。

系统由以下几部分组成：恒压水站，混合通道，雾化装置及喷头，压缩空气组件和系统 PLC 自动控制等部件。这些部件的可靠性是磨内喷水技术的关键核心问题。

（1）磨内喷水装置的高性能标准

①采用先进的接头装置使磨外固定水路与回转的磨机内管路接通，实现磨内喷水。

②采用单介质雾化技术。即利用水压的能量使喷水雾化，喷水时不用压缩空气，不喷水时才用少量压缩空气防堵喷头。单介质雾化技术的优点是简化雾化原理。

③数字化水量调控技术，全自动控制程序，避免人工干扰的不可靠性。

（2）新型磨内喷水装置回转接头的开发

为大型水泥磨内喷水降温的关键喷水装置是回转接头，对它的要求是结构简单，维护要求低，密封效果好。

1）回转接头的结构与工作原理

它是在磨机主传动轴上固定一个回转轮，在回转轮外圆柱面上均布数个单向阀，其出口汇聚到出水（气）管。单向阀只允许介质单向进入而禁止返回泄漏。回转轮外轮缘部位配有相同半径的弧形密封托瓦，在密封托瓦中心部位

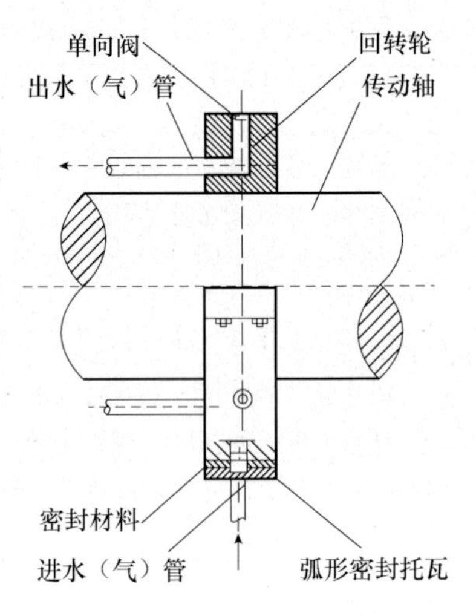

图2.2　新型磨内喷水回转接头

设有一封闭的弧形槽，进水（气）管与该弧形槽相通。弧形槽将确保回转轮旋转的任意位置上都有单向阀与之相通。密封托瓦与回转轮的滑动接触面为密封材料，保证使用寿命内密封效果不变。借用输送介质的液压复合弹力把密封托瓦紧密贴合在回转轮上，并用水对密封托瓦进行润滑和冷却。压力水（气）通过进水管进入密封托瓦上的弧形槽，并通过回转轮上的单向阀进入到出水管，从而实现回转接头功能。

2）新型回转接头特点（图2.2）

①能适应超大功率磨机要求

当传动轴直径为φ1220mm时，回转轮直径可达φ1800mm。

②安装调整方便

回转轮可分成两个半圈制造，与传动轴套装，半天时间便可完成。

③密封件使用寿命长

密封件用特殊塑料密封材料制作，摩擦系数很低，在有水润滑时，理论摩擦系数只有万分之几，阻力矩很小，摩擦功耗很低，使用一年后的实际磨损厚度只有0.9mm。据此推算，密封瓦使用寿命可达11年以上，而且它是采用圆弧形密封结构，即使密封材料磨完，其密封用的外形几何尺寸仍未改变，保证密封长期有效，不存在磨损导致间隙扩大的可能。

④适应较低的回转精度和较大的轴向窜动

由于实际旋转密封面是圆柱弧形面的几分之一，托瓦又是液压复合弹力支承，因此，它能准确补偿回转轴及回转轮径向跳动所产生的误差，而回转轮的轴向有限窜动也不会影响回转接头的密封效果。

⑤适用于不同压力的水或压缩空气需要。

重要提示：磨内喷水后一般不利于助磨剂的使用。

★　*推荐优秀制造商*

合肥水泥研究设计院

该院研发的喷水系统的优势在国内独一无二，除了回转接头外，还有如下特点：

（1）采用全自动程序控制

喷水系统与粉磨系统的主通风机连锁，喷水与否与磨机的主电机连锁，将收尘器的出口温度加入到喷水的控制过程中，不仅系统自动观测出料温度及进料温度，而且根据预先设定温度自动决定喷水与否及大小，避免结露可能；系统自动测量喷水的压力及运行状态，全面保护及智能全自动运行，实现“傻瓜”操作；由于采用全进口品牌的电控元件和质量控制管理，系统的可靠性高，运行非常稳定。

（2）独创的水量调控技术

由电磁阀控制水量开关，由手动自锁调节阀设定水量，多组并联，预先设定好，根据需要只由电磁阀控制开关即可，该技术的优点是：结构简单，实用，可靠性高，维护简单。

（3）该产品最新款特点还有：改进磨内喷管支撑，改进磨内部件结构尺寸，完善热处理工艺，进一步提高耐磨性等。

用户使用情况

通过使用本磨内喷水系统，可控制出磨物料的温度在100～110℃左右，或降低出磨温度30℃（喷水比没喷水时），通过喷水改善粉磨状态，可提高产量或降低细度等效果，国内已有几十台套在ϕ2.6～4.2m直径的磨上成功使用，最长使用时间近4年。

2.1.3 管磨机衬板与隔仓板

管磨机的衬板与隔仓板同属耐磨铸件，其生产工艺与质量要求类同。

（1）耐磨铸件的高性能标准

在管磨机内使用的耐磨铸件，既要求材质具有高韧性，使其不易碎裂；又要具有高硬度，使其有高耐磨能力。铸造件中这两项指标往往相互矛盾，硬度高的材料韧性就低；反之，耐磨性差的材料韧性就高。因此，好的耐磨铸件要实现双50，即表示韧性的指标——抗冲击力大于50J/cm^2，与此同时，描述硬度的指标——HRC（洛氏硬度）大于50。而更高的要求是必须稳定实现双50。

（2）识别耐磨铸件高性能标准的方法

铸件产品外形规整；产品为公司实地生产，没有委托加工。

（3）制造商必须具备的条件

①必须要有相对稳定的材料来源和质量要求。

②充分重视配料的合理性，并不断优选配料方案，不但要重视主要元素C、Si、Mn的含量，更要注意稀有元素的比例。由于光谱分析仪的普遍使用，配方的研制已很难保密，但如何自始至终落实配方的实施，则是造成企业产品质量差异的重要原因。优秀制造商在控制配料成分上必有其独自绝招。

③热处理工艺的重要程度丝毫不亚于配料，而各企业之间更是千差万别，不仅要设计出最佳热处理温度制度，要有性能优良的热处理炉，而且更要有能严格实现热处理制度的高控制能力。

④企业不但拥有各种规格的电炉，更要有控制浇注温度、浇注时间的措施。

（4）合同中必须承诺的高性能内容

①交货时提供符合双50要求的检验报告单。

②保证铸件使用寿命的具体期限。

★ *推荐优秀制造商*

驻马店中集华骏铸造有限公司

该公司前身是驻马店华骏铸造厂，以铸造耐磨钢配件为主导产品，由于质量优秀，被中国集装箱集团公司收购，开始发展生产汽车用铸造产品。两种产品的同时生产，使该公司如虎添翼，不但规模迅猛发展，而且质量意识及技术更上一层楼。短短几年时间，已令世人刮目相看。

（1）该公司铸件的原料来源基本来自中集集团内部的各类型钢下脚料，质量相对稳定。

（2）该公司在控制配料准确度上有如下具体措施：

①坚持在每炉钢水出炉前取样，检验成分是否符合配方要求；为确保准确快速，不影响浇注时间，配置有光谱分析仪，而且定期对光谱仪进行校对。

②浇注成型后仍对排气孔处的材料再次取样检验，与浇注前检验结果进行核对。

③将一次调料合格率与出炉时间作为炉工的考核指标。

（3）在热处理环节中，该公司采用如下措施：

①自行设计的热处理炉，不仅保温性能好，有更高的控制温度能力，升温曲线完全由电脑控制，操作人员也在现场手工绘制，进行比对。

②热处理后的工件，不再进行任何热切割作业，若需要机加工，特设计电火花数控线切割机，以免破坏晶相结构。

③再次对工件进行成分、性能及晶相的检验。为此，企业根据自身经验制定了晶相标准，并用晶相显微镜检验。

④在控制浇注过程中，为保证每次浇注制度的稳定性，该公司与华东科技大学合作开发了电脑浇注模拟软件，不但提高了浇注质量，而且加快了浇注效率。

⑤该公司管理上更有特色，成为实施上述技术条件的重要前提。中集集团为国外名牌汽车生产部件，必须严格执行国际TS16949管理条例，其严格程度远高于ISO 9000。该条例规定，每年不通过由国外专家组织的年检，生产的汽车配件就无法进入国际市场，这与国内流于形式应付检验的做法形成鲜明对照。通过强制执行此条例，企业尝到了甜头，使生产的水泥耐磨配件不但质量好，而且成本低。他们的奋斗目标是“只要中集人做的事情，都要做到第一”。

这种理念用以控制生产的结果就是：

生产过程每次检验出的不合格品都要坚决报废，如果不能确定个别不合格品，宁可全箱报废。确保产品质量稳定的程度在同行中最高。

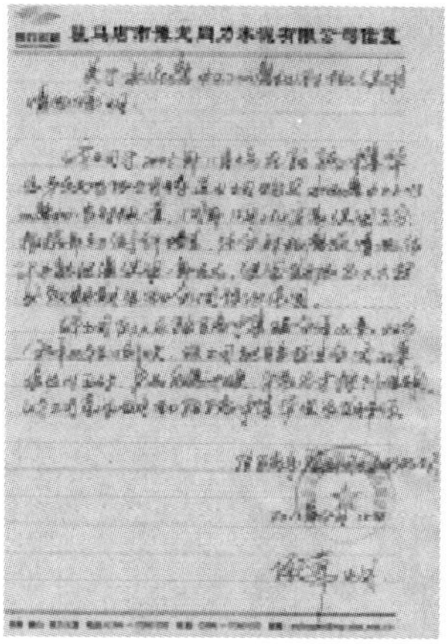

其结果检验成本在同行中最高，但控制成本却在同行中最低。

如今该企业面向高端用户，即只向那些有信誉、付款条件好、批量大的水泥企业服务。

用户使用报告

关于水泥磨ϕ4.2m磨机衬板使用情况说明

我公司于2005年11月份在驻马店中集华骏车辆有限公司铸造分公司购买水泥磨ϕ4.2m×13m磨机一仓衬板一套，同年12月26日安装使用至今，根据年初例行检查，结合衬板磨损情况，估计还能继续使用一年左右，使用期限已大大超过预期期望和合同保证范围。

我公司自从与驻马店中华集骏合作以来，双方合作比较愉快，该公司能够按照合同要求及时交付产品，产品质量过硬，安装尺寸控制准确，我公司将长期与驻马店中集华骏合作。

驻马店市豫龙同力水泥有限公司　张常明

2010.4.10

2.1.4　钢球

钢球作为管磨机的唯一粉磨介质，其质量不仅影响寿命，而且影响单位粉磨能耗。

（1）钢球的高性能指标

①硬度高

钢球自身的硬度是判断钢球性能的重要指标，一般洛氏硬度HRC大于62。

硬度高的钢球不仅单位水泥球耗低，吨水泥钢球的消耗量应该在30g以下，目前最先进的指标不大于15g/t。后者的使用寿命是前者的一倍；而且刚性高，没有弹性缓冲能量的消耗，有利于提高磨机产量，提高相同粉磨时间下的产品比表面积（参见用户使用报告）。

②碎球率低

保证钢球使用后的碎球率不大于1%。当钢球硬度较高时，所表现的韧性下降，脆性相应增大，尤其是热处理不好时，内在残存的应力更大，使钢球炸裂。炸裂后的钢球不仅不能起好的研磨作用，还增加对其他钢球的磨损。为保证碎球率低于1%，必须进行以下测试：A_K值的冲击测试在5%～7%以上；金相显微镜检测每平方毫米的晶粒数要达7～8万个。这两个指标越高、越均齐，材料的韧性越好。

③钢球的表面光滑，浇冒口面积占钢球的总表面积小，可以降低钢球在浇冒口处的无效磨耗，同样有利于降低能耗，提高产量。

④引导用户由使用钢锻改用小直径钢球，进一步降低磨机电耗

目前，国际上粉磨机理的研究已经表明，传统观念认为钢锻的比表面积大，有利于细磨。但事实表明，钢球在磨内的排列比钢锻有序，运行轨迹固定，不易向上携带物料，不会减少物料受研磨的机会。所以，用钢球时的物料在磨的轴向运动慢，混合好、产量高、细度细、能耗低，尤其使用废轴承珠作为钢球的效果更好；相反，由于钢锻的排列秩序乱，运动无序，并不能发挥出想象的比表面积大的优势，而且易将物料抛至空中减少研磨机会，导致效果事与愿违。因此钢锻作为磨内粉磨介质应当淘汰，用户不应该再受不负责任的设计单位指定使用钢锻的误导，制造商更应有先见之明，尽快组织优质小钢球的生产。

（2）识别耐磨铸件高性能标准的方法

①钢球表面光亮，冒口小，说明铸造钢球水平高。

②可随机取样送到有资质的检验部门检验；

③钢球使用后磨损一致、均匀，不会发生同直径钢球使用后大小不一，甚至变为非圆形研磨体。

（3）生产高性能钢球应当具备的条件

高性能指标的实现不仅取决于钢球原料成分的正确配比，而且还与成型浇注工艺及热处理工艺有重要关系。用户不要轻易相信制造商许诺的高铬高镍比例，也不要轻易相信制造商所介绍的浇注与热处理工艺，而是实地了解制造商实施这些工艺的保障设施与装备能力。

①先进的铸造工艺装备：采用国际先进的无水化生产工艺，即使用完全干燥的树脂砂敷在金属膜上，完全消除由于水玻璃水分可能引起的气孔、夹渣等铸造缺陷，使产品质量有质的飞跃；而且要改善铁碳比，充分适应淬火要求。

②企业具有完善的质量保证体系，认真实施产品质量的检验与控制程序：对进厂的原料必须进行化学成分的分析，不合格者退货；拥有高性能的光谱仪，能对每炉钢水进行浇注前的炉前分析，当主要元素含量不合格时不能进行浇注；对出厂成品的检验方法是：拥有洛氏硬度测定仪，可以对钢球硬度进行抽样测试；每批钢球在出厂前进行抽样切割检验及无损探伤检验，判断钢球内部的孔隙率；定期对钢球进行疲劳性落球试验，确保在 5000 次以上不产生开裂及掉皮。上述任何项目中检测不合格的钢球不能出厂。

③能做到对出厂钢球全数检验，交货时无碎球、无渣皮。

（4）合同中必须承诺的高性能内容

①交货时应该交付炉前光谱分析检验报告及其他检验报告。

②交货时钢球堆内无碎球、无渣皮。

（5）订货与使用要求

1）钢球的碎球率高低与用户钢球的保存及使用条件有关，因此，用户要做到如下要求：

①钢球不应露天堆放，不应暴晒雨淋，环境温度不应有剧烈变化。

②开磨前应该向磨内喂入适当物料，停磨前不要过分砸磨。为此，那种为了更换粉磨水泥品种而将磨内物料砸空的做法是不可取的，正确做法是严格控制低标号品种在倒库时不要进入高标号品种库内，只有牺牲部分高标号品种水泥，以作为低标号水泥销售；清仓倒球时，同样不要“砸磨”时间过长。清仓倒球之前，应该适当通风冷却后进行。

③运行过程中要注意合理配球，保持一定的高料球比，合理控制磨机内物料与钢球的填充率。为此，应当避免为了压低产品细度，过分减少喂料的操作方法。

2）不同质量、品牌的钢球不要同仓混装使用。否则硬度不同的钢球之间相砸，质地软的钢球磨蚀加快，减少硬钢球对物料的粉磨能力。即便是同厂不同质量的产品也不要混装，补钢球时也应遵循此规则。由此可以说明，钢球制造商同批钢球质量要保持一致是何等重要。

★　*推荐优秀制造商*

安徽省凤形耐磨材料股份有限公司

该公司是由原宁国耐磨材料总厂发展更名的，公司拼博四十余年，目前无论是生产规模、质量控制能力，还是技术先进程度，均在亚洲堪称第一。它在生产线上成功运用了42项国家专利技术，具体表现有如下生产特点：

（1）该公司在浇注较大直径钢球的成型中采用了该厂独自具有的专利技术——铁模覆砂成型工艺，即在铁模内均匀地喷上胶砂，不但具有铁模成型能使铸件快速急冷成型、铸球晶粒细化致密的优点，而且还能减缓冷却过快产生的应力，降低了碎球率。小直径钢球是采用迪砂叠箱造型工艺，不仅大大提高生产效率，而且外观质量好。

（2）该公司在同行业中首创的恒温浇注工艺，减少了以往从电炉到中间包再到浇包的热量散失，确保了批量内产品的稳定性。

（3）该公司采用的树脂砂，与采用水玻璃胶砂的工艺相比，砂型强度高，浇注铁水不易冲砂，磨球不易夹砂。

（4）该公司生产线已脱离笨重的人工体力劳动，采用了自行研发为主的机械生产线，不仅大大改善操作条件，而且使产品的外形表面光洁度高；与其他制造商的生产的钢球相比，它的铸造冒口更有特点，附近的保温区大，硬度更均匀，冒口面积占钢球表面积的比例小（一般钢球为13%，该公司为7%）。

（5）该公司的推杆式连续热处理生产线，采用以自发生煤气为燃料的自动控制高温炉，使温度加热处理均匀地消除应力；而且采取油淬工艺，并能适时检验控制油的质量。相对大多制造商的风淬工艺，虽然增加了成本，但钢球的淬火不仅硬度高，而且质地更加均匀，确保使用中的钢球始终均匀磨损，以圆形介质研磨，不会出现多面体等奇形怪状的钢球。

（6）公司自行研制了断面为六角形的分选磨，用以对即将出厂的钢球进行全数检验。该工序不仅可以及时清除检验中出现的碎球，保证出厂钢球在使用中没有碎球；而且可清除铸造中产生的氧化皮，保证用户不会亏重量（约占钢球总重的1%）。

重要提示：该公司为适应市场低价竞争，满足一次性投资不足的用户，研发了“凤形二号”，虽价格可降低8%左右，但因为硬度低，磨耗要大30%，所以性价比降低。建议公司全力开发高性价比产品，并因为轴承钢的小钢球粉磨效率高于钢锻，建议停止生产钢锻。

用户使用报告

四川利万步森水泥有限公司是一家中奥合资股份制企业。建厂时资本投资大，装备先进，机械及自动化程度高，于2004年投产，年生产优质水泥100多万吨，但全厂职工不足100人，产品投放市场后始终是供不应求。该公司始终把降低成本、挖潜增效、提高产品质量放在首位，就其中ϕ4.2m×12.5m水泥磨机平均台时产量均在145t以上，在这背后也得益于该公司选择了一种好的研磨体——“凤形”牌钢球。

为选择一种好的研磨体产品，该公司下了一番功夫，经过多次对市场调研，又经过对凤形公司的考察和对耐磨材料行业的认真比较，最终选择了“凤形”牌高铬合金铸球，直到现在还保持着友好的合作关系。

研磨体使用指标比较：

指标	“凤形”牌钢球	某厂钢球
单仓消耗	20g/t（水泥）	87g/t（水泥）
破碎率	0.6%	5.9%
变形率	0.9%	8.2%
平均台时产量	140t/h	120t/h

本公司在使用“凤形”牌产品之前，使用过多家研磨体，都因破碎率高、磨耗大、生产产量较低而终止。使用“凤形”牌产品三年来，效果很好，按年生产100万吨水泥，每年可给企业带来170多万元的经济效益。“凤形”牌铸球无变形，磨耗低，台时产量高并稳定，售后服务好，能帮助我们解决生产上的后顾之忧，“凤形”牌产品质量好，除了给企业带来明显的经济效益外，同时也给企业职工降低了劳动强度，磨机清仓加球次数减少，我公司认为“凤形”牌产品是信得过的优质产品。

四川利万步森水泥有限公司　2006.9.11

2.1.5 水泥除渣器

用管磨生产水泥的过程中，总会产生一些较硬的杂质难以粉磨而混入产品中一同出磨，杂质的存在不仅影响产品质量，而且也不利下游设备的安全运行。传统除渣器有磁选式和筛分式两种，前者对非铁渣不起作用，后者则因确定筛孔尺寸困难，直接影响渣与灰的分离效果。

（1）除渣器的高性能标准

①处理量满足生产流程，最大可达 $2000m^3/h$；除渣效率高，除渣大于95%，渣子集中在集渣斗内；且渣中含灰率小于20%。

②功率消耗低，≤3kW，无需专人看管，可自动清渣。

③安装方便，可固定在溜槽或空气斜槽上。

（2）除渣器的使用条件

适于除出细度80μm筛余<15%以下、水分在1.5%以下、表观密度 $<2\times10^3kg/m^3$、渣含量<3%、无粘度的粉状物料中的渣料。

★ **推荐优秀制造商**

山西龙舟输送机械有限公司

自行开发研制的粉状物料气化沉淀除渣器（专利号21.2010 20156435.2），具有前述高性能标准。这种除渣器是气动式双箱结构钢板箱，A箱在除渣工作，B箱便可排渣，两箱用阀门倒换控制，确保清渣在线进行。

生产企业可根据现场的溜槽及斜槽宽度选择对应的除渣器尺寸。

2.1.6 助磨剂

（1）助磨剂的高性能标准

当今越来越多的水泥企业在水泥粉磨生产中添加助磨剂，这已成为增产节能、改善水泥性能的主要措施。从外加剂作用机理看，助磨剂可分为两类：工艺型助磨剂和功能型助磨剂。前者是降低物料表面能、减弱分子引力所产生的聚合作用、帮助外力作功时颗粒裂纹的加速扩展，从而提高粉磨效率和产品的比表面积，实现管磨机优质、高产、节能；后者则是利用化学物质特有的功能，激发材料活性、提高水泥强度、实现磨机高产，因此它会含有一些碱性物质，会与混凝土外加剂产生不兼容现象，对水泥制品或构件的质量不利，易产生导致钢筋锈蚀、混凝土开裂等危害。所以，应当重视工艺型助磨剂的开发与使用，而避免使用功能型助磨剂。

激发表面活化能的机理有三种，机械激发——增加物料比表面积；化学激发——改变物料化学结构；热激发——增加物料分子活动能量。优秀的助磨剂尽管会各有其侧重，无非是发挥这三方面优势。

具有发展前景的高性能助磨剂应具备如下标准：

①在不改变原有水泥设备生产条件下，不但能明显改善熟料及混合材的易磨性能，通过增加台产，实现降低产品单位电耗；并能提高水泥各龄期强度10%以上，或者减少熟料掺加量12%，实现降低热耗、电耗，节约水泥成本的目的。

②助磨剂生产企业应对水泥粉磨机理有较深理解，能根据用户的配料及工艺装备不同而配制助磨剂，不能用一个配方包打天下。

③助磨剂不论是液体还是粉体，都要保证添加量与比例容易准确控制。

④不能为水泥及混凝土带入氯离子、碱离子，不能影响水泥及混凝土的各种使用性能；其中包括凝结时间、安定性、需水性、泌水性等。

⑤助磨剂的原料不一定都是石化产品三乙醇胺及三异丙醇胺，只有这样，才能有高性能的助磨剂产生。下表为高分子类助磨剂与醇胺类助磨剂的对比试验结果。从表中数据可看出，高分子类型助磨剂 CS-Ⅱ-A 对水泥强度的增进程度高于常用的三乙醇胺（表中的上海厂家、基业长青、江西厂家的助磨剂）的增进效果。

水泥品牌	助磨剂		抗折强度（MPa）		抗压强度（MPa）	
	种类	适宜加入量（‱）	3d	28d	3d	28d
谋成	不加助磨剂		5.2	8.0	28.4	54.8
	CS-Ⅱ-A	3	5.6	7.9	30.1	56.3
	上海厂家	1.5	5.3	8.3	30.3	54.4
三三	不加助磨剂		4.2	7.1	18.3	44.9
	CS-Ⅱ-A	3	4.5	7.6	21.7	47.2
	基业长青	1	4.1	7.2	20.7	46.2
四合	不加助磨剂		4.9	7.2	23.3	39.9
	CS-Ⅱ-A	3	5.0	7.1	24.5	40.7
	江西厂家	1	4.9	6.8	23.9	39.1

⑥助磨剂的使用掺量不能超过水泥产量的0.4%，不但降低使用成本及运输成本，而且保证水泥自身的性能不受影响。

（2）用户选用助磨剂的要求

①任何助磨剂的效果都是与水泥生产所用的熟料、混合材及生产工艺流程、装备有关，因此，必须要在用户的生产线上进行短时间的助磨剂添加试验，对不同用量情况下的效果对比。为试验结果可靠，必须保证试验过程中其他生产条件相对稳定。

试验中，对于开流粉磨，必须调节磨内工况，满足对产品的细度要求；对于圈流粉磨，则要控制出磨细度（筛余）在正常范围之内，决不允许有筛余值逐渐增大的现象发生。

不仅如此，还要考虑助磨剂对后续工艺，如散装、包装以及建筑施工、构件质量等方面的影响。尤其不能污染环境、危害员工身体健康。

②选择液体助磨剂浓度最佳适用量1‰与3‰的利弊：

因为最佳适用量1‰助磨剂液体较为稀释，添加时较为容易控制均匀，但是最佳适用量3‰浓度的助磨剂因为浓度较高，运输方便，运费低廉，尤其对运距较远的用户更加有利；对于制造商虽可节省勾兑工序，但1‰适用量的浓度盈利更多。所以，用户应选用3‰适用量浓度的助磨剂。

③制造商的选择：除了有名牌意识之外，应当了解助磨剂的机理，凡有创新意识、又符合科学原理的品种，而且能有明显鉴别好坏的方式，都可在磨内试验基础上试用。

④磨机生产稳定程度较高是提高助磨剂使用效果的重要前提。如果在试用过程中效果波动，除了要注意助磨剂的质量稳定程度外，更要关注水泥生产的熟料与混合材的质量稳定，以及生产操作各环节的稳定程度。

重要提示：助磨剂应该在原有磨机已经取得最佳操作参数后使用，此时表现的效果才为助磨剂的作用。虽然助磨剂使用后某些参数也需要调整，但这是两个概念。

★ *推荐优秀制造商*

1. 唐山龙亿科技开发有限公司

该公司自行开发的助磨剂有两大类，生产历史已有8年。

（1）颗粒状中性水泥助磨剂

其优点在于：

①与粉状助磨剂相比易储存、输送及计量配比准确，粉状助磨剂在使用中最大问题是易棚仓，影响准确配用；与液体助磨剂相比，不会在磨内使局部物料变湿，也不会产生静电，引起出现包球现象。

②颗粒的结粒硬度很低，粒度为8～10mm，白色微黄颗粒，容易在进入粉磨后最先粉磨，能在磨内充分发挥作用。

③原料为三乙醇胺、无水硫酸钠、二水石膏、沸石矿灰等，加工中需要粉碎、加热、拌合、成型等工艺，虽然较一般配制的助磨剂复杂，但因降低了原料成本，价格并不高。

（2）聚羧酸高分子合成型水泥助磨剂

其特点在于：

①使用了不饱和羧酸、不饱和单体。在引发剂的作用下通过带有搅拌装置

的反应釜聚合而成。

②使用了中和剂，确保产品的 pH 值为中性。

③在反应釜中，通过经 80 ~ 110℃ 8 ~ 6h 的合成而得，决不是简单的复配，故性能稳定。工艺流水化作业，适于工业化生产。

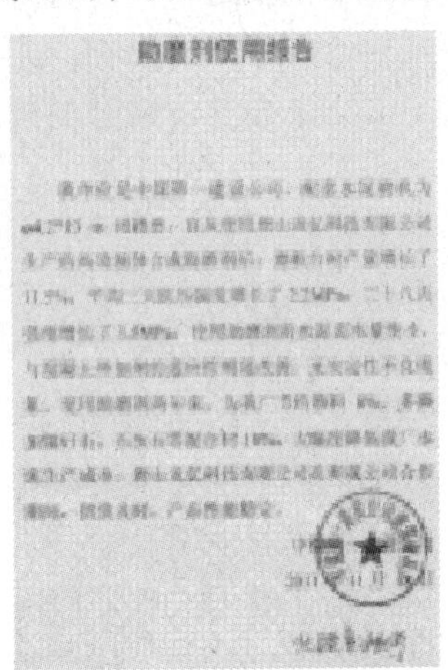

④虽然是合成产品，但由于原料有创意，性能比复配的助磨剂略胜一筹，有更高的性价比。

⑤可以单独使用，也可以作为助磨剂的母液，部分甚至全部取代三乙醇胺进行复配使用，具有很高的性价比。

用户使用报告

我单位是中煤第一建设公司，配套水泥磨机为ϕ4.2m × 13m 闭路磨，自从使用唐山龙亿科技有限公司生产的高效液体合成助磨剂后，磨机台时产量增长了 11.5%；平均 3d 强度增长了 2.2MPa，28d 强度增长了 3.5MPa；使用助磨剂的水泥需水量变小，与混凝土外加剂的适应性明显改善，无安定性不良现象。使用助磨剂两年来，为我厂节约熟料 8%、多掺加煤矸石、石灰石等混合材 10%，大幅度降低水泥生产成本。唐山龙亿科技有限公司在和我公司合作期间，供货及时，产品性能稳定。

中煤第一建设公司　2011.11.18

2. 格雷斯（中国）公司

格雷斯（W. R. Grace & Co）公司为 1854 年创建的全球领先的特殊化学制品和材料公司，其添加剂已经保持中国市场之外 50% 的全球占有率。其中国公司于 1986 年成立，目前在上海、天津、广州和重庆设有 4 家生产基地，北京有世界级的研发和服务综合实验室。

格雷斯的助磨剂有如下特点：

（1）鉴于助磨剂必须与具体企业的水泥生产特点相匹配，不可能有对各不同生产线都能取得最佳效益的固定模式，产品不仅要随原料材料的变动有所不同，甚至随季节变化都应予以适应性调整。而格雷斯拥有各类助磨剂产品的适应能力：

1）格雷斯北京综合试验室是国内同行中最高水平的研发中心。它可以开展水泥颗粒级配分布、水泥结块指数、水泥水化热及有机化学分析等特定检测项目，通过开始使用助磨剂前后的取样调查及以后的陆续定期检验，可以为用户提供高性价比的助磨剂。

2）格雷斯对于粉磨工艺的研究也极为重视，公司开发的磨机标定流程，可有效帮助用户的标定及系统优化，为助磨剂的使用打下良好基础。

3）格雷斯的研发还能将水泥与混凝土一起进行，包括与混凝土外加剂之间的影响，因此，它的成果能使水泥企业对它的混凝土用户提供最为满意的服务。

（2）它的助磨剂为水泥企业带来的效益主要是能提高水泥强度，普遍能减少熟料使用比例约5%；同时，能提高球磨机产量。综合效益使水泥吨成本有4~5元的降低空间。遗憾的是，由于公司政策限制，此处无法提供客户的使用信息。

2.2　立磨

（1）立磨的高性能标准

按照粉磨对象，可分为生料、煤粉、水泥及矿渣等四大类立磨；国际上几大立磨制造商在立磨的结构设计上有明显区别。近年来，国内已有不少单位先后开发出立磨，生料立磨规格已能满足6000t/d熟料生产线要求。立磨的高性能标准应当是：

①产量能满足生产需要，并能适应易磨性不同的物料，控制细度的能力能满足产品要求，如生料、煤粉粒度范围宜窄，水泥、矿渣宜宽。

②单位产品系统电耗低，粉磨效率与选粉效率均高，采用国际流行的LV选粉技术。喂料及吐渣处的锁风良好，有防物料的粘、卡功能。壳体密封好。

③主减速机运行可靠，并有防超负荷运行的防护措施。

④磨辊轴承密封好，不仅要防灰进入，更要防油漏出。

⑤磨辊、磨盘材质的耐磨性高，使用寿命不低于8000h，周期应与窑大修同步。磨辊更换辊皮容易。

⑥磨机启动操作容易，不易振动。

⑦所配电机、减速机、稀油站及轴承等应选用高性能产品（详见9.2、5.6、8.2、5.7各节）。

★　*推荐优秀制造商*

1. 合肥中亚建材装备有限责任公司（合肥水泥研究设计院所属）

该公司研发立磨已有二十余年，近几年技术进步与产品质量提高较快。已生产的各类立磨近千台，规格从3t/h到550t/h不等。产品有如下特点：

（1）立磨结构为无压力框架，每个磨辊由独立的动、摇臂传递压力，这种结构可以实现磨机轻载启动，还有利于提高磨盘转速，同时采用碗形磨盘、轮胎形磨辊，有利于物料在磨盘上的流动，减少过粉磨现象，提高单位时间物料受粉磨的几率，粉磨效率较高；磨辊轴承密封引出磨体外，不需要密封风机，减少了人为“漏风”，降低电耗的同时，减少了故障点；选粉转子采用大直径、低转速结构。

上述结构使该立磨电耗指标先进，装机容量比其他类型同规格立磨要小10%，产量却高10%，系统总电耗可达13～15kW·h/t。

（2）设计有防止辊套与磨盘衬板直接接触的限位装置，避免立磨振动，为磨机稳定运行提供条件。为此，该立磨混凝土基础可以减轻，仅为立磨设备重量的3倍（一般为4.6倍以上），基础施工大幅降低投资；同时，可以不坚持与风管、料管采用软连接。

（3）磨辊检修时可以翻出磨外；磨机启动抬辊可以使操作容易，还可使磨机短时间断料不会跳停。

（4）加快对物料的研磨作用，虽然会使磨辊磨损加快，但由于台产提高，单位磨耗并未增加。再加之辊套可以翻面使用，提高了磨辊利用率。磨辊辊套采用整体结构，材质为高铬铸铁，每套寿命保证8000h以上，采用复合堆焊辊面，寿命可达上万小时。

（5）磨辊轴承选用国产大型号规格，轴承采取稀油站强制润滑、冷却，和进口轴承相比，寿命没有明显差别。

（6）为解决回转锁风阀的易卡易堵，可以设计如下软件控制：当阀卡住不能运转时，立即自动止料，让阀反转，再重新给料，虽然此时料层减薄，但磨辊限位装置避免了磨机振停。

用户使用报告

HRM4800立式生料磨使用达标证明

我公司5000t/d水泥熟料生产线（9#）的生料制备系统采用了合肥水泥研究设计院合肥中亚建材装备有限责任公司研制开发的HRM4800立式磨，该磨机于2008年10月6日开始投料试车，同月16日正式投入窑磨联动生产，至2009年2月24日，已经连续生产四个月。四个月以来，磨机运行稳定，带热风后第一次投料产量即可达到415t/h，产品细度可达到$R0.08<16\%$，我公司感到十分满意。

现在，HRM4800立式磨已处在非常良好的运行状态下。虽然我公司目前使用的原料易磨性能较差（BondWi = 15.21kW·h/t），该立式磨的运行数据仍非常理想。数据如下：磨机产量450t/h；产品细度：$R0.08<16\%$；产品水分<1%；主电机电耗6.186kW·h/t，循环风机电耗5.763kW·h/t，其他附属设备电耗1.5kW·h/t，生料系统电耗13.449kW·h/t。

在整个磨机的安装、调试过程中，我们得到了合肥水泥研究设计院合肥中亚建材装备有限公司领导的大力支持和各位专家的技术指导及热情服务，合作非常融洽，为此，我公司表示诚挚感谢！

浙江虎山集团有限公司　2009.2.24

2. 中信重工机械股份有限公司

该公司制作立磨有两大优势：一是与世界各大立磨制造商有过国内分交的技术合作，对立磨各种流派有较深刻认识，能有条件汇集各种技术优势和国外先进制造标准；二是企业拥有雄厚的技术人才与各种先进大型冷热加工设备，软、硬件在国内都堪称一流。

该公司在2007年研制成功国内第一台大型矿渣立磨，2007年开始研制5000t/d熟料线的原料立磨。到2009年已有10余台大型立磨投入运行，运行稳定性和各项技术指标可以和进口立磨相媲美。现矿渣立磨有配备年产30～120万t规格系列，水泥原料立磨有2500t/d至6000t/d规格系列。是世界上唯一一家能够设计并制造从主机、电气控制系统、液压润滑系统和主减速机在内的大型立磨全套产品的公司。

立磨设计与制作的特点如下：

（1）生产能力大，已运行的原料立磨在众多水泥公司均可达470～480t/h，而且喷口环设计优化，有较大调节适应能力。

（2）采用LV选粉技术，有明显节能效果。系统电耗约为18～19kW·h/t，而且细度范围会变窄。

（3）减速机为本公司自行配套，借鉴目前世界上最先进的容克技术，比弗兰德技术还要略胜一筹：结构上改平行轴—伞齿轮—行星齿轮，为一级伞齿轮—二级行星技术，使受力更加合理；齿面润滑也是独树一帜，改原有恒压润滑为恒流量润滑，提高油膜的稳定性，同时还采用润滑跟随技术及弹性变形技术，使齿轮寿命延长。

（4）为防止磨辊轴承漏油，不仅配置铁姆肯名牌轴承，而且密封件供应商为德国艾珂公司。密封件为高刚度结构，密封套光洁度高、耐磨性好，能与密封件配合密贴。为确保磨辊密封和轴承使用不失效，出厂前必须模拟试验。

（5）磨辊的堆焊材料为W.A公司知名品牌，并经过完善的工艺评定试验。

3. 溧阳中材重型机器有限公司

近两年与中材装备南京公司合作开发的矿渣立磨，以来歇磨型为基础加以改进，采用锥形辊，中心喂料，现能生产的最大规格为：台时产量≥150t/h，相当于100万吨/年生产能力。性能略高一筹：

（1）矿渣粉的比表面积高达450m^2/kg以上；

（2）单机电耗低于可达29kW·h/t以下；

（3）启动运行平稳，振动小于2mm/s；噪声低于同规格其他立磨低20dB以上。

（4）磨辊耐磨性能高，衬板、辊套国内磨耗水平应小于4.0g/t左右，使用寿命能保证≥2000小时以上。

用户使用报告

我公司3200t/d水泥熟料生产线采用了两台30万吨/年的矿渣立磨，其中之一是溧阳中材重型机器有限公司（以下简称溧阳中材）提供的LRMS32.4矿渣立磨。

该磨机于2010年3月5日开始投料，于3月10日达标，至2012年2月20日，已经连续生产11个月，磨机一直运行很稳定。现在干基产量达到50.6t/h左右，产品比表面积在4600cm^2/g左右，而且热耗低，喷水少，对系统供热变化适应性强，操作性好，我公司中控操作员在“溧阳中材”技术人员的指导下，短短几天就能独立操作，我们感到十分满意。系统电耗，39.2kW·h/t，主机电耗27.7kW·h/t，振动值<2mm/s，磨辊磨耗2.27g/t矿渣，磨盘磨耗2.01g/t矿渣；去年十月下旬进行了首次堆焊，目前为止一直运行很正常。

我公司同期建设的另一台32.3矿渣磨（为国内某名公司提供），在3月份调试时问题较大，接近3个月的努力，正常数据统计如下：干粉产量49.8t/h；比表面积≥4600cm^2/g，系统电耗42.1kW·h/t；振动值<2mm/s。

该磨磨耗虽未检测过，从现场看与“溧阳中材”的差不多。

项目	实际运行结果
干粉产量，t/h	50.6
比表面积，cm2/g	≥4600
主机电耗，kwh/t	27.7（含油站、密封风机等立磨自带设备）
选粉机电耗，kwh/t	1.8
风机电耗，kwh/t	9.7
系统电耗，kwh/t	39.2（上列合计）
振动值,mm/s	<2
磨辊磨耗,g/t矿渣	2.27
磨盘磨耗,g/t矿渣	2.01
喷水量,g/t矿渣	3.1

项目	实际运行结果
干粉产量，t/h	49.8
比表面积，cm2/g	≥4600
主机电耗，kwh/t	30.5（含油站、密封风机等立磨自带设备）
选粉机电耗，kwh/t	1.9
风机电耗，kwh/t	9.7
系统电耗，kwh/t	42.1（上列合计）
振动值,mm/s	<2
磨辊磨耗,g/t矿渣	/
磨盘磨耗,g/t矿渣	/

我们认为4个相同主辅辊配置与3辊的立磨比较来讲有较大优越性，虽然两者磨耗差不多，但4辊运行时间明显延长，且可靠性提升了一倍。且4辊一次堆焊量多，在现场比较远的地区，更有利于降低我们的维护成本。

在整个磨机的安装、调试及后期服务过程中，我们得到了“溧阳中材”相关领导的大力支持和各位专家的技术指导及热情服务，合作非常融洽，为此，我公司表示诚挚感谢！

刘总旗水泥有限公司　2012.02.20

2.2.1　喂煤密封定量给料机

为了提高煤立磨喂料的密封水平，采用此种给料机，比回转下料阀及三道阀更有效。该给料机内是皮带秤，置于一密闭壳体内，要求原煤仓确保仓内料位形成料封，是实现可靠密封的手段。

密封定量给料机的高性能标准

（1）要求计量精度及控制精度都不大于0.5%。

（2）在内置的皮带秤下方，需配置具有清料功能的链条刮板输送机，宜采用双链条带动刮板，确保运行受力均衡。在设计链条及刮板时要有足够强度。

（3）密闭壳体要有足够刚度，能承受2000Pa以上的负压，而不被抽瘪变形。为此，钢板要有足够厚度，并采取加筋等措施。

★　**推荐优秀制造商**

合肥中亚建材装备有限责任公司

该公司设计的MDGV型耐压密封式定量给料机，是引进国际前沿技术，结合多年电子秤使用经验研制，该产品密封性强、精确度高、抗干扰能力强、功能齐全、稳定可靠。

额定输送量可达 2 ~ 120t/h，进、出料口距离为 1.8 ~ 5.8m。

2.2.2　立磨 LV 选粉改造

本改造是采用专利发明人尼尔森先生的 LV 专利技术，对立磨内的选粉机导向叶片进行特定形状的设计改造，使立磨的选粉效率大大提高，其原理在文献［1］的 4.2.3 节中介绍，改造后立磨可以实现如下四方面效益：

（1）增加产量 10% 以上；

（2）降低电耗 1kW · h/t 以上；

（3）如果不要求降低电耗，可提高产品细度，使筛余量降低 4% 左右；还可使产品细度范围变窄，适于改善生料与煤粉的粒度组成；

（4）有效降低磨机振动幅度。

改造的条件是，立磨上壳体如果不适宜，需要更换；选粉减速机与电机功率要有一定潜力，否则要更新；立磨主减速机及排风管道要合理配置。

导向叶片必须选用耐磨钢板（详见 7.1 节），保证使用寿命不低于 3 年。

改造所需时间根据企业检修力量，一般为 7d 以内完成。

重要提示：LV 技术并非是机械模仿就能实现的，设计者没有相当高深的工艺及气体动力学造诣，简单模仿失败的案例甚多。

★　推荐优秀改造厂家

天津 LV 工程技术公司

该公司为与 LV 公司唯一在国内组建的合资公司，是唯一 LV 技术授权改造的公司。由于 LV 叶片的形状、尺寸必须与产量、物料特性、温度等有关因素相对应，因此要专门进行设计。任何仿造外形制造，不可能获取最佳效益，并涉嫌专利侵权。

该公司拥有自行加工制造大型立磨选粉转子的实力。

用户改造报告（案例）

生料立磨——MLS4531A 型生料立磨选粉机改造

辽阳千山水泥有限责任公司 2008 年 8 月建设投产了一条 4000t/d 水泥熟料生产线，生料系统采用了北方重型机械制造集团生产的 MLS4531A 型立磨，主要技术参数：生产能力 390t/h；出磨生料细度 80um 筛余≤12%；电机功率 4000kW。

该生产线自投产后，2008 年平均定额为 324.48t/h；2009 年 1 ~ 7 月平均定额为 304.1t/h；2009 年 7 月中旬，集团委托 LV 公司对该立磨选粉机进行改造，改造主要内容：更换选粉机机体；更换选粉机定子；更换选粉机转子及出风管路。改造后产量有明显提高，平均定额为 388t/h。生料质量 200um≤1.5%，选粉机转数由改造前的 1050r/min 降到 730r/min，为生料立磨的产量和质量的提高提供了调整的条件，达到改造合同的提产 10% 的指标，证明改造是成功的。

辽阳千山水泥公司　董光泽　2010.7

煤立磨——（详见“水泥技术”4/2010，P91 溧阳天山的改造实例）

2.2.3　煤立磨增加产量的改造

煤立磨增加产量的方法是，在不增大原有磨盘与磨辊尺寸的条件下，通过对磨辊、磨盘的耐磨配件及力臂轴的更换，增加原有磨辊、磨盘的辗压面积，可使原有产量提高 10% 以上。如果煤磨选粉机同时进行 LV 技术改造（详见 2.2.2），可累计增大 20% 产量。

★　***推荐优秀改造商***

北京康盛宏达科技有限公司

该公司原专门销售煤立磨配件，现从事立磨改造，已有成功案例，联系方式见第 10 章广告页。

用户改造验收报告

我公司日产 5000t 熟料生产线配备了北京电力设备总厂生产的 ZGM113N 煤磨。随着窑台时产量的提升及煤质的变化，所需煤粉用量增加较多，而煤磨的台时产量却不能有效提高，为了保证煤粉的供给，不得不放宽细度并减少停机时间，有时连续几天都不能停一次煤磨。因此我公司委托北京康盛宏达科技有限公司对煤磨进行了提产改造，并于 2011 年 3 月份安装完毕。

提产改造后，煤磨的台时产量由 37t/h（煤粉细度 R80 <10%）提高到 41t/h（煤粉细度 R80 < 8%），主电机电流增加 1A。

改造后煤磨运行稳定，使用状况良好，台时产量提高显著，并能向 2 号机提供部分富余煤粉，达到我公司的要求。

湖州南方水泥有限公司　程岗　2011.11

煤磨提产改造验收报告

我公司日产 5000 吨熟料生产线配备了北京电力设备总厂生产的 ZGM113N 煤磨。随着窑台时产量的提升及煤质的变化，所需煤粉用量增加较多，而煤磨的台时产量却不能有效提高，为了保证煤粉的供给，不得不放宽煤粉细度并减少停机时间，有时连续几天都不能停一次煤磨。因此我公司委托北京康盛宏达科技有限公司对煤磨进行了提产改造，并于 2011 年 3 月份安装调试完毕。

提产改造后，煤磨的台时产量由 37t/h（煤粉细度 R80<10%）提高到 41 t/h（煤粉细度 R80<8%），主电机电流增加 1A。

改造后煤磨运行稳定，使用状况良好，台时产量提高显著，并能向 2#线提供部分富余煤粉，达到了我公司的要求。

湖州南方水泥有限公司

2.3　辊压机

关于辊压机与立磨两者在选型上的比较可详见参考文献［3］6.3.1 节。

（1）辊压机的高性能标准

1）规格大型化

国产化的制造规格最大已达到ϕ2000mm × 1800mm，处理量达到 1500t/h。

2）采用分体式磨辊

辊压机磨辊结构目前已由整体辊逐渐转变为分体辊，因为只有是辊套式结构，才能让辊轴与辊套分别选用各自适用的材质，辊轴要使用保证机械强度的材料，辊套应更能适应耐磨焊接，并兼顾机械性能。

分体辊可以通过辊套的堆焊修复，提高辊套的重复使用率，最好的锻件辊套可反复堆焊 8～10 次，保证辊套使用 5～6 年；当辊套不能再修复时，只更换辊套，磨辊轴仍不用更换，可降低长期使用成本。

辊套制作采用的工艺又分离心铸造与锻造两类。

离心铸造复合辊套：通过铸模旋转产生离心力实现不同材料分层浇注；外层材料为碳化铬、碳化镉等，硬度为 HRC60±2（实际保证≥HRC58），内层为普通碳钢。主要用于钢厂的轧辊（均匀载荷，无局部冲击载荷）。

锻造辊套：辊套基础材料为锻件，表面堆焊耐磨材料，硬度≥HRC58。主要用于水泥行业的磨辊（不均匀载荷、有局部冲击载荷）。

①离心铸造复合辊套和锻件辊套比较

辊压机主要的磨损特征是高挤压应力磨损。这就要求辊面不仅要有足够的硬度，还要求材料组织致密、晶粒细小、强度高。

a. 耐磨性能比较

离心铸造复合辊套和锻造辊套的表面硬度并无区别，都在 HRC58 以上。

b. 材料性能比较

离心铸造材质的组织致密性相对于锻件疏松、晶粒粗大，易产生带状疲劳剥落，不耐冲击，易产生掉块现象；离心铸件机械强度低，与辊轴配合时不宜采用大公差配合，装配可靠性较差（辊套易在使用中打滑）。

锻件材质组织致密，耐冲击，不易产生剥落、疲劳掉块现象；锻件机械强度高，与辊轴配合时可采用大公差配合，装配可靠性高。

c. 辊压机的磨损形式

由于辊压机的边缘效应的存在，辊压机的磨损为不均匀磨损。辊面两端相对于辊面中间部位工作区磨损较轻，中间磨损重，磨损后期辊面为“凹”字形；当辊面单边磨损达到 13～15mm 时，即使辊子两端已接触上，中间原始辊缝也会有 26～30mm，这时辊压机将丧失料层粉碎条件，需进行修复。因此无论是何种制造工艺的辊套都不可能实现无限制磨损。

d. 可修复性

离心浇注辊套材料脆、易裂，易产生剥落掉块现象，修复频率较锻造辊套高，可修复性和允许重复修复次数少于锻造辊套。

e. 成本因素

离心铸件易成型，可直接铸成圆环（套），加工量小；辊套表面只堆焊花纹，技术要求低、难度小，总体加工成本低。

锻件辊套表面需堆焊耐磨材料＋花纹（20mm 左右），材料成本较高；为保证材料密实度只能锻成实心锻件，加工量大，总体制造成本高。

综合上述各因素，虽然离心铸件辊套的成本约为锻件的1/2～1/3，但是在理论上宜采用锻造辊套为宜。

2）堆焊辊面随着特种焊丝材质与工艺的进步（详见“辊压机、立磨辊面修复”），保证寿命在不断提高，现在已有突破一万小时以上的记录。在修复方法上，堆焊辊面可以现场堆焊（冷焊，无需加热及热处理），辊套达到使用年限只需更换辊套（制造厂商提供备用轴装配好新辊套，和用户的旧辊轴置换，用户只承担新辊套费用）。

3）辊压机磨辊要能承受较大压力

辊压机磨辊所能承受的压力是辊压机功效的关键（一般是立磨磨辊的3～4倍），因为只有提高压力，才能大幅度改善受挤压物料的易磨性，实现多碎少磨，才能大幅提产、降低电耗。

为磨辊承受较大压力，辊体的材质一般选用45#锻钢及以上材质。

4）磨辊适宜的宽径比

目前辊压机大型化的主要手段是提高宽径比值。辊压机与辊宽的物料处理量成线性关系，辊宽增加一倍，处理量也相应增加一倍；而且相同直径下磨辊越宽，辊压机的边缘效应区所占比例越低，有效辊宽比例越大，辊压机效率越高。国外辊压机磨辊宽径比大于1（例如洪堡公司的ϕ1700～1800辊压机，宽径比为1.06），国产辊压机由于受基础材料水平限制，主要是减速机及主轴承限制，磨辊宽径比仅为0.5～0.9。

5）辊压机要采用恒压操作

因为受挤压物料本身颗粒大小不均齐，较粗大物料进入挤压区时，活动辊能被推开，辊缝变大，但挤压力要保持不变；较细小物料进入挤压区时，活动辊应向挤压区移动，辊缝变小，而挤压力也维持不变，即保证通过辊压机的所有物料都经过挤压处理。实现物料挤压的连续性，物料性能均齐，提高做功效率，运行平稳，避免了磨辊与物料的“硬碰硬”。

6）设备体积紧凑，密封性能好，方便检修。

7）配套的相关装置可靠

传动系统、液压系统、自动控制系统等，是保证辊压机正常运转的关键装置。对它们的制造精度及工艺适应性有极高要求。

（3）识别辊压机高性能标准的方法

①保证单位产品的电耗最低；

②磨辊经受压力额定值高；

③磨辊使用寿命最长；

（4）高性能辊压机制造商必须具备的条件

①拥有设计开发产品的能力；

②拥有大型磨床是生产大型磨辊的条件，能生产长轴，增大磨辊宽径比；

（5）合同中必须承诺的高性能内容

①保证粉磨效率，在产量和质量达到要求的前提下，保证单位产品最高电耗值。

②保证磨辊的最低使用寿命8000h；承诺磨辊的维修服务办法。对有远程监控服务系统的制造商，不应以用户使用不当为由违反承诺。

③规定所配轴承的供应商及其产品型号，交货时应交付相关产品合格证，尤其是进口设备。

④所配电机、减速机、稀油站及轴承等应选用高性能产品（详见9.2、5.6、8.2、5.7各节）。

（6）使用要求

①喂料粒度应当控制均齐：≤45mm的占95%以上，最大粒度不应超过70mm。

②采取多道可靠除铁措施，严防金属进入磨辊。

③入料管道及稳料仓的设计必须满足向辊压机的过饱和喂料。

④物料加工输送储存的每个环节都应避免物料有离析现象，特别是喂入辊压机物料的溜子方向设计应与辊轴方向垂直，以避免离析现象。

⑤重视动定辊轴承、传动系行星减速机、液压系统等关键部位的润滑。

重要提示：生料粉磨工艺方案选择参考资料

下表将以2500t/h生产线为例，生料粉磨分别采用中卸磨、立磨、辊压机三方案国产设备投资（万元）对比与能耗水平对比。

从表中可看出，投资额以辊压机终粉磨为最高，但运转后的电耗水平最低。按年用生料130万吨计算，电费按0.5元/（kW·h）计，比立磨年节约电费370.5万元，比中卸磨节约754万元。由此可见，运转一年后，辊压机就开始为企业分别多盈利一年节省的电费，分别为370万元和750万元。

费用分类		辊压机	立磨	中卸烘干磨
土建费用（万元）		120	170	360
设备费用	主机（万元）	1100	1000	445
	循环斗提（万元）	127	33	88
	旋风筒（万元）	30	30	
	系统风机（万元）	40	70	40
	其他（万元）	20	40	45
电气费用（万元）		70	70	75
安装费用（万元）		98	103	211
合计（万元）		1605	1516	904
单位电耗（kW·h/t）		12.4	18.1	24.0

★　*推荐优秀制造商*

1. 合肥水泥研究设计院肥西节能设备厂

其辊压机的特点如下：

（1）国内最早开始（20 世纪 80 年代中期）研发、制造辊压机的单位。目前能生产辊压机最大规格为ϕ2000mm × 1800mm。

（2）分体辊的辊体、辊套均为锻造件，各自采用不同的锻件材质。辊面一次免维护保证 8000h，保证辊套可以使用 5 ~ 6 年，辊体为长久使用。

（3）拥有大型磨床，可打磨单件 60t 重的轴件，确保较大宽度的轴件能以较高精度与辊套紧装。如果无此机床，辊轴只能分为两段，约束辊套式磨辊所能承受压力；或者加大辊径，减少辊宽，加大辊套厚度，均不利发挥高性能。

（4）液压系统采用柔性操作系统（恒压操作），而且配用的液压系统是按照该公司自行研发的柔性操作原理，为德国进口力士乐产品，实现辊压机的恒压运行要求，并保证一年内使用不漏油。

（5）减速机的扭矩支撑采用高抗免振型，在运行中不产生冲击负荷，提高传动系统寿命。

（6）辊面花纹形式为菱形花纹中央加硬质合金点，避免物料在辊面上产生滑移，提高辊面使用寿命。

（7）自配自行设计与生产的打散分级机和气流分级机（包括有带动态转子和下进风式选粉机的气流分级机），方便操作控制。

（8）配套辊压机远程监控系统，实现在线故障分析诊断。

（9）不需要用户自备备用辊，提供以旧换新，新辊送到现场的服务。

用户使用报告

尊敬的先生：

我公司购买贵公司的 2 台 HFCG140/70 辊压机，使用已经 2 年半左右，辊面磨损情况良好，从未进行辊面堆焊修复。从 2007 年 6 月开始，磨损加快（照片，略），辊面堆焊修复已提到日程安排上来了，时间估计在 6 月中、下旬。由于目前水泥生产任务紧，堆焊工作必须做好充分准备。请贵公司根据实际情况尽快给予解决方案。

华润水泥（平南）有限公司　2007. 6. 12

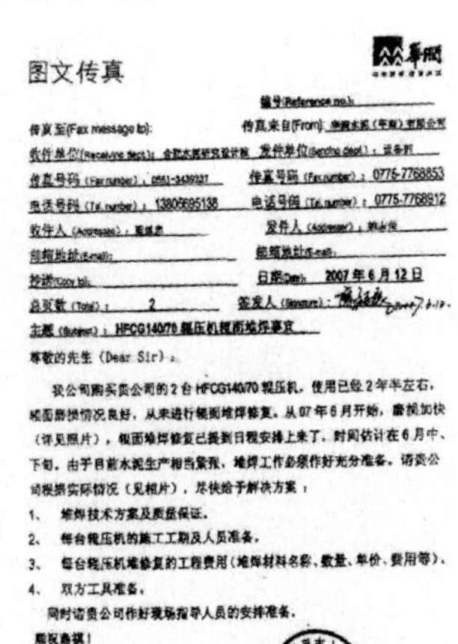
图文传真

编号(Reference no.):

传真至(Fax message to):　　传真来自(From):

收件单位(Receiving dept.): 合肥水泥研究设计院　　发件单位(Sending dept.): 设备部

传真号码(Fax number): 0551-3439327　　传真号码(Fax number): 0775-7768853

电话号码(Tel. number): 13805695138　　电话号码(Tel. number): 0775-7768912

收件人(Addressee):　　发件人(Addresser):

邮箱地址(E-mail):　　邮箱地址(E-mail):

抄送(Copy to):　　日期(Date): 2007 年 6 月 12 日

总页数(Total): 2　　签发人(Signature):

主题(Subject): HFCG140/70 辊压机辊面堆焊事宜

尊敬的先生(Dear Sir):

我公司购买贵公司的 2 台 HFCG140/70 辊压机，使用已经 2 年半左右，辊面磨损情况良好，从未进行辊面堆焊修复。从 07 年 6 月开始，磨损加快（详见照片），辊面堆焊修复已提到日程安排上来了，时间估计在 6 月中、下旬。由于目前水泥生产相当紧张，堆焊工作必须作好充分准备。请贵公司根据实际情况（见相片），尽快给予解决方案：

1、　堆焊技术方案及质量保证。

2、　每台辊压机的施工工期及人员准备。

3、　每台辊压机堆修复的工程费用（堆焊材料名称、数量、单价、费用等）。

4、　双方工具准备。

同时请贵公司作好现场指导人员的安排准备。

顺祝商祺！

华润水泥（平南）有限公司

设备部

2007-6-12

2. 中信重工机械股份有限公司

其生产的辊压机特点是：

（1）生产的辊压机磨辊承受压力可高达 15MPa，这是辊体选用较好材质的结果。在联合粉磨系统中创造较高产量，最低电耗。

（2）在动辊的密封中采用特殊技术保证轴承密封性好，提高轴承运转寿命。

（3）磨辊主轴承选用四列圆柱轴承，比通用的双列调心轴承不但体积紧凑，而且更便于维修。在所有运行的辊压机中，该轴承尚无损坏记录。在机架设计中，组合性好，运转中便于巡检观察，检修时易于拆卸组装。

（4）液压系统采用德国进口产品，如油缸为德国艾伯斯特公司产品，减速机为本公司自供，其他标准装置如轴承等选国内外名牌厂家。

（5）独特的焊接式辊面寿命达到12000~16000h。

用户使用报告

由洛阳矿山机械工程设计研究院有限责任公司开发设计、中信重工机械股份有限公司制造的两台RP170-140辊压机，经过中信重工机械股份有限公司工程技术人员精心调试，已经于2009年1月正常运行在我公司的2×4000t/d水泥生产线上。

RP170-140辊压机的机架结构采用可靠的箱形焊接结构，刚性好、运行稳定无振动；挤压辊装配的结构采用四列圆柱滚子轴承承受强大的径向挤压力，承载性能好，双列可调心滚子止推轴承承受物料挤压时产生的轴向力，与只采用双列调心球面滚子轴承的辊压机相比，无论是承受径向载荷还是承受轴向载荷，承载性能都更加可靠，此种结构的辊压机更能适应高强度水泥熟料的挤压破碎。

经过应用，RP170-140辊压机在和ϕ4.2m×13m水泥磨及VRP1200选粉机组成的联合粉磨系统中的运行完全达到了其设计生产能力：通过量达到了710~830t/h；出料粒度小于2mm的比例达到了65%左右，也充分体现了其增产节能的效果；系统水泥产量由设计的185t/h提高到了200~205t/h，提高产量8~10%，平均节电3~5kW·h/t，为我公司带来极大的经济效益和社会效益。预计年均新增产值（水泥产量）2×13=26万吨，新增利税（纯收入）预计：30元/吨×26万吨/年=780万元/年，年增收节支总额950万元（节电）。

安徽盘景水泥有限公司　2009.5.28

3. 成都利君实业（集团）有限责任公司

其产品有以下几大特点：

（1）生产的辊压机ϕ2000mm×1600mm。

（2）采用复合离心铸造辊面生产工艺制造磨辊，使用寿命保证3年。

（3）液压系统指定为德国力士乐公司产品，储能器为德国霍得克公司产品，其他标准装置减速机、轴承等都选用国内名牌厂家。

（4）为国内独家与英国威尔（WA）公司签订技术合作协议，因此，技术开发应用处于世界水平，公司所用焊接材料均由威尔公司提供。

（5）采用远程控制服务程序，能随时了解用户对产品的使用状态，并可以主动向用户提出使用咨询意见。同样不需要用户自备备用辊，采取以旧换新，新辊送到现场的服务承诺。

用户使用报告

华润水泥（田阳）有限公司辊压机生料终粉磨系统验收结论。

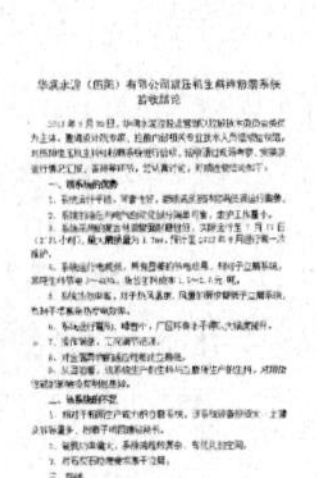

2011 年 8 月 30 日，华润水泥控股运营部以控股技术委员会委员为主体，邀请设计院专家、控股内部相关专业技术人员组成验收组，对田阳辊压机生料终粉磨系统进行验收。验收通过现场考察、安装及运行情况汇报、答辩等环节，经认真讨论，形成验收结论如下：

1. 该系统的优势

（1）系统运行平稳，可靠性好，能够满足回转窑满负荷运行需要。

（2）系统的液压与电气自动化部分简单可靠，维护工作量小。

（3）系统采用的复合材质辊面耐磨性好，实际运行至 7 月 17 日（2723h），最大磨损量为 1.3mm，预计至 2012 年 6 月进行第一次维护。

（4）系统运行电耗低，具有显著的节电效果，相对于立磨系统，其吨生料节电 3～4kW·h，折合生料成本 1.5～2.0 元/t。

（5）系统热效率高，对于热风温度、风量的要求都低于立磨系统，有利于提高余热发电效率。

（6）系统运行振动小、噪音小，厂区环保水平得以大幅度提升。

（7）操作简单，工况调节迅速。

（8）对金属异物的适应性比立磨强。

（9）从目前看，该系统生产的生料与立磨所生产的生料，对煅烧性能的影响没有明显差异。

2. 该系统的不足

（1）与相同能力的立磨系统相比，该系统设备投资大、土建及非标量多、粉磨子项目建设期长。

（2）装机功率偏大，系统流程较复杂，有优化的空间。

（3）对石灰石粒度要求高于立磨。

综上所述，相对于当前常用的立磨生料终粉磨系统，该系统在电耗、维护成本、环保等方面优势明显，也存在造价偏高、装机功率偏大、系统流程复杂、对石灰石粒度要求高的不足。

造价的超出部分可通过电耗的降低，在 2～3 年收回；装机功率及系统可逐步优化。

田阳公司尽快对生产线进行一次完整的热工标定，确认风量、电耗、循环负荷率等关键参数；在此基础上，结合投资、维护费用等数据，与立磨进行系统成本对比。

经全体参会人员讨论认为：田阳辊压机生料终粉磨系统投产至今，运行稳定，满足了回转窑生产需要，实现了节电目标。

建议：在原料特性符合条件的新建项目推广辊压机生料终粉磨系统，对在营的球磨机生料粉磨系统采用该技术进行改造。

验收组组长　张应中（验收人员签字确认表省略）　2011.8.30

2.3.1　辊压机、立磨辊面修复

料层粉磨设备的磨辊在磨损后都需要修复，修复质量与方式直接关系到主机运行状态。

（1）在线堆焊与离线堆焊的方案比较

随着辊压机、立磨的广泛使用，服务于辊面修复的企业越来越多。作为水泥企业，磨辊修复往往要停产数日，耗资数十、上百万元。一般有两种做法：

①购置耐磨焊条、焊丝，在现场直接对损坏辊面堆焊，即为在线修复堆焊；

②将损坏磨辊运至修补厂，重新全面堆焊，经热处理，称为离线堆焊。

离线堆焊要有备用辊，要承担较高运费，总体修复成本高。从修复质量及修复后使用寿命看，只要现场修复条件及时间允许，能达到离线修复的同样水平。随着现场堆焊水平的提高，在线修复越发受到用户青睐，尤其离线修复需要拆卸磨辊，停产时间过长，矿渣立磨修复频率高，更多需要在线修复。

现场补焊2~3次之后，应该运至修补工厂大修。其原因：一是由于磨辊会有金属疲劳，二是现场补焊的焊接与热处理条件毕竟不理想。

（2）辊面修复的高性能标准

不论何种方式修补，都需要高性能的焊丝及高性能辊面修复工艺。修复商应该满足如下条件：

①具有检查磨辊磨损状态及分析磨损机理的能力

承担修复辊面的制造商必须首先了解辊磨设备的使用环境及条件，而不是盲目推荐焊丝及堆焊方法。因为辊面损坏一般分两种受力机理：磨粒磨损与疲劳磨损。两种情况对焊接材料提出了不同要求，前者要求材料具有较高硬度，后者需要材料具有较高韧性。磨辊受力往往是两种典型受力错综复杂的交织，它与待粉磨物料的特性及磨辊运行状态有关。实践证明，适用于各种工况的万能焊接材料并不存在，必须根据不同磨损机理，选择使用不同的耐磨堆焊材料。

②具备准确提供不同性能焊接材料的能力

对自身不能生产焊丝的企业很难满足该要求，那种以不变焊接材料应付不同的磨损情况，是磨辊修复的大忌。

③拥有不断进步的先进焊接工艺与焊条性能及焊接条件对应。

④最终的衡量标准是修复后磨辊能使用最长时间，至少应能保证达到8000h（矿渣磨除外）。

⑤发挥供货商最大优势，集中全国主要类型的磨辊规格及主要磨损机理，在用户提出要求后，半月内便可为用户提供备用辊，使用户最大受益。

★　推荐优秀修复厂商

郑州机械研究所

（1）该所拥有国家级耐磨堆焊材料实验室，拥有高档质量检验仪器，其中有瑞士ARL3460型直读光谱分析仪，可以判别焊接材料的化学组成，BM-4XC金相显微镜，用于比较焊接后的微观金相结构，HRS-150洛氏数显硬度计，HX-1000TM微氏硬度计，MLS-225湿砂磨损试验机，ML-100磨粒磨损试验机，MLD-10动载磨料磨损试验机等，可以试验出耐磨材料的硬度及耐磨能力。这些仪器有利于完成磨损机理的研究及原因分析。

（2）该所具备开发新型焊丝的能力，如他们开发ϕ1.6mm的ZD系列半自动气保护药芯焊丝，在现场使用非常方便，工艺简单，焊接设备便宜通用，焊接效率是焊条的3~5倍。又如为立磨研制出ZD-O系列明弧立磨堆焊药芯焊丝系列产品。在8种国内外焊丝的盲样比对中，ZD-O系列磨辊堆焊材料综合性能优良，脱颖而出。该所焊丝规格涵盖ϕ1.6、ϕ2.8、ϕ3.2、ϕ4.0等规格，焊丝包装与国际接轨，实现了盘装和桶装。该所研制的焊丝可以完全取代进口焊丝，使挤压辊的修复成本大大降低。

该所设计的辊面堆焊材料，分别为打底层、过渡层、耐磨层和花纹层四层。打底层的作用保证堆焊层与辊体结合良好，防止整个堆焊层剥落，同时要求抗裂性好，能够有效阻止辊面的焊接裂纹和疲劳裂纹向辊体的延伸、发展，保护辊体不受破坏；过渡层的作用是既要保证与打底层和耐磨层具有非常良好的结合性，同时又要对耐磨层有很好的支撑作用，这就要求过渡层材料的硬度要高于打底层；耐磨层要求堆焊金属具有较高的焊态硬度和良好的抗裂性，具有优异的抗磨粒磨损和抗挤压磨损综合性能，要求其硬度要高于过渡层；花纹层是直接工作面，要求比耐磨层有更加优异的耐磨粒磨损性能和抗挤压磨损性能，材料的硬度最高。辊子堆焊完以后，堆焊层的硬度从内到外呈梯度分布，逐渐升高，这样既能保证辊面耐磨性好，又能保证能够承受强大的冲击力、抗裂性和抗疲劳性能。

（3）在焊接工艺的开发上，郑州机械研究所耐磨焊接材料的发展经历了手工焊条——半自动气保护焊丝——全自动埋弧焊丝——全自动明弧焊丝的发展历程。已经拥有了气保护、自保护、埋弧、明弧等各种形式的耐磨堆焊药芯焊丝，开发耐磨堆焊气保护药芯焊丝，在水泥企业大力推广气保护焊接技术，使修复效率提高3~5倍，质量也明显提高。

该所是国内集耐磨堆焊焊材研发、生产、销售、技术服务和堆焊修复为一体的专业辊压机挤压辊修复和制造厂家。

（4）保证矿渣磨以外的辊面耐磨寿命达到8000h以上，最多可达国外堆焊寿命的两倍以上，为辊压机在国内水泥企业的推广应用，提供了高性能材料支撑。

（5）该厂家焊丝不委托任何经销商代销，因此非该公司销售的焊接材料，均不是本公司产品。

用户使用案例

亚东水泥集团的辊压机是原装进口德国洪堡公司的，挤压辊尺寸为 ϕ 1700mm × 1800mm，是目前世界上的大型挤压辊，其辊面修复原一直采用进口焊丝。虽然台商开始对国产材料疑虑重重，但一经试用，现在亚东集团已经从德国进口新辊胎，然后运至郑州机械所堆焊耐磨层。充分说明该所的堆焊质量已经使世界同行折服。

2.3.2　耐磨焊丝

该材料曾一直依靠进口，现在国内已有多家制造商经潜心研究，能生产出质量优异的耐磨堆焊焊丝，其性能并不亚于进口材料。

耐磨焊丝的高性能标准：

（1）即便顶级质量的焊丝也不可能适应任何耐磨要求。焊丝生产厂家必须具备开发研制耐磨焊丝的能力，能根据研磨设备的特点、被研磨物质的特性及耐磨件磨损后的状态，合理地开发焊丝。如果购置其他厂家的焊丝实施堆焊服务，很难在任何环境中都取得令人满意的堆焊及使用效果。

（2）合同正式承诺堆焊再制造后的使用寿命，而不应单纯追求低价格而忽视使用寿命的保证。

（3）施工性能好、能适应自动堆焊、具有自保护药芯的焊丝。

（4）高等级的名牌焊丝一般有防伪标记，或者不设代售点，或者不向非直接用户销售。

★　**推荐优秀制造商**

北京嘉克新兴科技有限公司

（1）该公司依托清华大学雄厚的技术资源，具备完全自主的耐磨焊丝研发能力，能根据不同的使用要求开发焊丝品种。目前已有三条完整焊丝生产线，年产十几个品种的耐磨堆焊药芯焊丝超过 4000 吨。

这些焊丝能针对性地满足各类磨辊、挤压辊的在线堆焊与离线堆焊要求，在国内电力、水泥、冶金行业都取得了很好的业绩。部分焊丝其耐磨堆焊性能甚至优于一些国际知名品牌。

（2）该公司使用自行设计生产的在线自动明弧堆焊机（详见 12.3），可同时在十几个现场（不同的项目地点）为 80 台磨机进行磨辊/磨盘衬板在线堆焊再制造。

（3）该公司外售自行研发和生产的耐磨药芯焊丝，并能提供指导性服务。

通过在四川一个水泥原料磨的不同磨辊上应用对比，证明了嘉克的焊丝耐磨寿命比国外一个知名品牌的焊丝还高出25%以上，说明嘉克的焊丝已完全达到国际先进水平（最好是实际使用报告）。

2.4　选粉机

选粉设备的类型很多，共同高性能的标准是：

（1）处理物料量大，能使粉磨系统配置简单，且满足系统产量。

（2）对进口的物料分散性好，选粉效率高。目前选粉效率能高于70%的选粉机已是先进，先进类型主要有O-Sepa选粉机、K型选粉机、LV选粉机。

（3）操作简单，控制细度灵敏性高。与粉磨设备配合后的选粉范围应与产品要求相适应。如：生料成品应多在200μm筛余在1.5%以下，但过细没有必要；水泥成品应多在30μm以下，但小于3μm的细粉应该越少越好。

（4）设备阻力小，自身能耗低，即在相同产量下所配电机功率低。

（5）磨损小，且配件耐磨性能好。风选设备所携带的粉尘颗粒性质决定某些部件很快磨损，易磨部位寿命应高于1年。

2.4.1　O-Sepa选粉机

O-Sepa选粉机的高性能标准：

机内有由垂直涡流调整叶片和水平隔板组成的笼型转子，旋转时会使选粉区上下高度上维持均匀内外压差，原料自上落下受多次重复分选机会，而且每次分选是在水平风力、离心力和重力平衡条件下进行。

①能设计出物料受水平风力、离心力和重力平衡的转子尺寸与转速，是高效的关键。根据不同物料性质及粉磨系统能力应有所调整。

②所允许的料气比越大（2.5～3.4kg/m^3），越可选用小风量风机，从而节约自身电耗。

③转笼与管道磨损严重部位的材质原为贴面陶瓷片的部位，可改用耐磨陶瓷砂浆（详见7.6）提高寿命。

★　*推荐优秀制造商*

江苏科行环保工程技术有限公司

该公司对O-Sepa选粉机进行了如下改进：

（1）优化增大笼型转子高径比：例如O-Sepa3000原规格为ϕ2760mm×1660mm，改为ϕ2700mm×1760mm，选粉区域面积由13.45m^2提高到14.93m^2，体积增加8%，延长混合料在选粉区的停留时间、增大处理能力，提高选粉效率。但电机减速机配置不变，只加大轴承型号。

（2）改进撒料盘形式。法兰式撒料盘可以提高物料分散能力。

（3）优化设计导风叶片的角度与密度。角度为与切向夹角18°~22°，减缓自由涡流对转子的磨损情况，保证转子3年使用寿命。提高导风叶片的密度5%~10%，使进入选粉室风速所形成的分级力场更加均匀稳定。

（4）合理设置涡流打散板的大小、数量。使选粉机的压降损失少15%，确保出风管处为定向旋转气流，减少对出风管耐磨陶瓷的损坏，出风管寿命能大于10年。

（5）耐磨处理方面不断改进，参照高标准性能第3条。壳体结构设计采用加厚设计，（以N3000为例，国内一般采用6mm钢板，该公司采用8mm），保证壳体强度，该公司把耐磨陶瓷的粘贴工艺作为质控点，采用专人施工。

用户应用案例

这类改进技术在日照山水、巨野山水、冀东水泥、宁夏赛马等项目得到了验证，同时感谢山水技术中心给予的支持和帮助。

采用第二代旋风式选粉机或采用高细磨生产的水泥，其水泥中大于30μm的颗粒含量已从普通开流磨生产的水泥的29.1%降到了26%左右，但与国外先进水平相比，还存在很大差距。例如，采用O-Sepa型第三代高效选粉机的日本藤原水泥厂和富勒公司在北美的水泥厂以及采用Rema型第三代高效选粉机的英国兰圈工业公司等先进风选设备的水泥厂，它们的水泥产品中，粒度大于30μm的颗粒含量仅为17%左右，有的控制到只有7%。

2.4.2　K型内循环选粉机

（1）工作原理

1）结构简述

如图2.3所示，待选粉物料由喂料口喂入后分成多路，进入转子上的撒料盘及反击板等组成的分散分离室，料流在撒料盘上随转子旋转，均匀撞击到反击板上撒向四周，成团物料或粗细粉成悬浮分散状态，在重力作用下落入导风叶和转子之间的分选区内，物料颗粒同时受重力、风力和离心力作用，较小颗粒随气流进入转子内，经由配风室分多路进入旋风筒，分离出大部分成品物料后，气流由出口进入该系统配置的循环风机进行内部循环：其中的超细微粉成品随部分循环气流排出到后续袋除尘器收集，同时，在粗粉灰斗侧面的辅助进风口吸入部分冷风，一方面对粗粉灰斗中物料清洗，再次分离粘附在粗粒上的细料，送回上部选粉室选粉；另一方面降低选粉气流温度的同时，降低物料浓度。由此可看出，循环风机与调整进出部分气流，组成了内部循环气路系统。最后，不合格的粗料由粗粉灰斗收集由出口排出。

2）K型选粉机的技术原理

①严格的预悬浮分散技术。

②平面涡流分级技术。气流通过水平切入选粉室内形成旋转涡流，与旋流

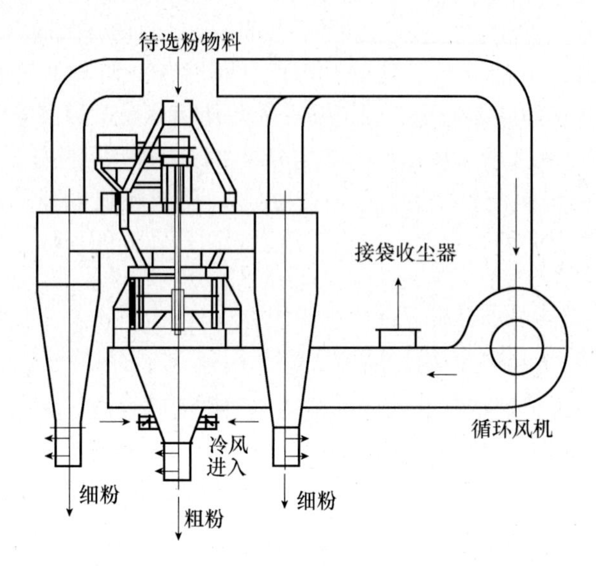

图 2. 3　K 型选粉机工作原理示意

的转笼形成上下稳定的内外压差，具备稳定均匀而又强大的离心力场，达到精确分级。

③内循环技术。利用循环风机的部分冷风进入、部分废气排出技术，不但使系统简化，而且降低袋除尘器的负荷，降低系统投资及装机容量。

（2）K 型选粉机的优点

①产量大、工况适应能力强

与尺寸相近的离心式、旋风式选粉机相比，它可处理更大的物料量和收集大部分成品细粉，使整个粉磨系统配置更简单，更适应大规模生产需要。先进合理的结构允许选粉风量、产量和喂料量在较大范围内变化而不影响选粉效率，分级性能十分稳定。

②结构紧凑、一机多能

该选粉机集粗粉分离、水平涡流选粉和细粉分离于一体，结构紧凑。选粉机自带一组低阻高效旋风除尘器，可收集 85% 的合格成品，此值高于 O-Sepa 选粉机，减轻下级收尘器工作负荷，投资省且系统运转率更高。

③高效节能、设备阻力小

选粉机转子内装有涡流打散器（国家专利），转子内的气流相对于转子只上升不旋转，利用气流进转子后因动量矩减小对转子的推动力，设备阻力显著减小、选粉效力更高、降低驱动功率、减少磨损。

④操作简单、细度调节方便

K 型选粉机的主电机可变频远程控制转速，较大范围调节产品细度；且无须停机便可调节导风叶开度，以适应风量、产量和细度的不同要求。润滑站可远程控制，有利于维护。

⑤磨损小使用寿命长

该机的易磨损部分，如撒料盘、缓冲板、导风叶片和转子叶片等均采用耐磨材料制造，或进行抗磨工艺处理，且采用稀油润滑，可对轴承降温和润滑，提高整机使用寿命。

★ *推荐优秀制造商*

江苏科行环保工程技术有限公司

K型选粉机的专利拥有和制造者，其母体采用高效的O-Sepa选粉机主机结构，它的结构特点如下：

（1）对入料的控制结构特点

K型选粉机是上撒料结构并采用四点布料，与下撒料结构及单点布料相比，撒料盘直径大，面积大，撒料均匀，物料分散效果好，且粗颗粒在选粉室内停留的时间较长，选粉彻底，可避免下撒料出现的细粉被粗粉包裹，来不及分选就被粗粉带回到磨内。

（2）对进风的控制结构特点

①设计的辅助进风口（相当于O-Sepa三次风）可对粗粉再次清洗，并能降低系统温度及循环风含尘浓度，提高风机叶轮寿命，提高对物料水分、温度的适应性。

②K型选粉机水平进风，调整导风叶片的密度和角度，可确保进入选粉室风量均匀，达到分级力场的稳定。

③采用严格的迷宫密封，确保提高≤45μm粒径的比例，如果没有此密封，就易将45~80μm的颗粒也选入成品，不利于水泥强度的发挥。

通过导风叶片的风都是低粉尘浓度的风，对导风叶片的磨损小。

（3）机械传动的结构特点

①K型选粉机采用减速箱传动与采用皮带轮传动相比，轴承因仅承受扭矩作用，没有剪切力，使用寿命长，维修量小。

②K型选粉机采用转子吊挂式结构，与转子下托盘支撑相比，设备可以大型化，最大配套ϕ4.2水泥磨，并不出现振动、电流偏高等机械故障，运行平稳可靠。

用户使用调查

K型2000组合式选粉机1台，K型煤磨选粉机1台，达到合同所订指标，运行良好。服务效果非常满意，服务水平优。

云南烃甸勐亚水泥有限公司　2011.11.17

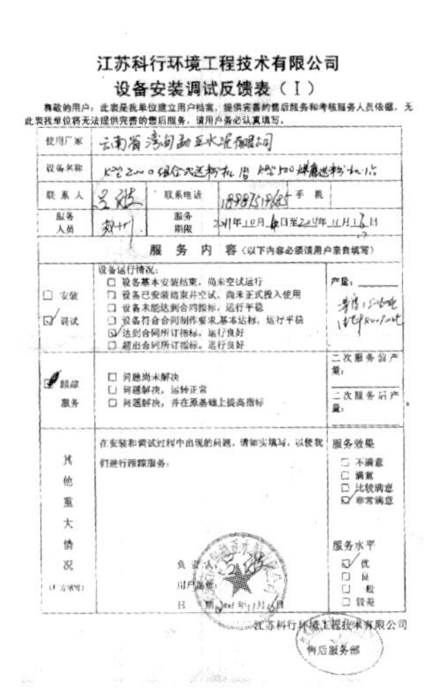

江苏科行环境工程技术有限公司

设备安装调试反馈表（Ⅰ）

尊敬的用户：此表是我单位建立用户档案，提供完善的售后服务和考核服务人员依据，无此表我单位将无法提供完善的售后服务，请用户务必认真填写。

使用厂家					
设备名称					
联系人		联系电话		手机	
服务人员		服务期限	年 月 日至 年 月 日		

服务内容（以下内容必须请用户亲自填写）

□安装 ☑调试	设备运行情况：□设备基本安装结束，尚未空试运行 □设备已安装结束并空试，尚未正式投入使用 □设备未能达到合同指标，运行平稳 □设备符合合同制作要求，基本达标，运行平稳 ☑达到合同所订指标，运行良好 □超出合同所订指标，运行良好	产量：
跟踪服务	□问题尚未解决 □问题解决，运转正常 □问题解决，并在原基础上提高指标	二次服务前产量： 二次服务后产量：
其他重大情况	在安装和调试过程中出现的问题，请如实填写，以使我们进行跟踪服务： 负责人： 用户盖章： 日期：	服务效果 □不满意 □满意 □比较满意 ☑非常满意 服务水平 ☑优 □良 □一般 □较差

江苏科行环境工程技术有限公司

售后服务部

K型选粉机已经被冀东、山水、中材赛马等多家大型水泥企业集团在新建或者技改工程中多次应用，均取得了良好的使用效果。具体情况可以参阅《水泥》杂志专题技术文章。

2.5　旋风筒

旋风筒的高性能标准：

（1）压降最小，而选粉效率最高。

（2）使用寿命长，风内粉尘对其磨损最小。

★　**推荐优秀供货商**

天津LV工程技术公司（详见2.2.2）

该公司拥有由LV公司发明的旋风筒专利技术（见图2.4）。可根据用户提供的待处理风量、温度、粉尘含量等数据，公司既可提供图纸，也可提供产品。

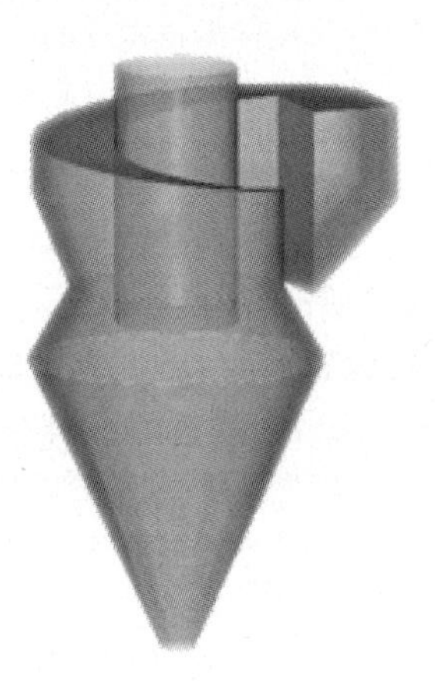

图2.4　LV专利旋风筒

重要提示：国外的一级预热器多采用此类旋风筒。

用户使用报告

冀东海德堡（扶风）有限公司一线立磨旋风筒技改评估报告

（1）技改原因

一线旋风筒自建厂以来，收尘效率低，对循环风机转子、壳体磨损严重，经北工大现场标定收尘效率为87%。2003~2009年共因磨损更换循环风机转子4套。2010年因循环风机能效低，5月循环风机技改为日彰风机（详见本文5.1——编者注），能效明显提高（有数据分析），但使用不到半年就出现中盘磨损情况，11月份磨损持续严重，中盘中部几乎全部磨透，于是决定技改旋风筒、更换转子。一线原料磨循环风机非正常磨损，叶轮、轮毂及壳体约11个月就需更换一次。经北工大及日方对风机标定，该循环风机效率低下，根据我们几次的测试结果，效率约在60%左右。

2009年5月和8月，北京工业大学和日本NKG公司的技术人员分别进行过测试，结果如下：

进口风量（m^3/h）	风机入口静压（Pa）	温度（℃）	进口烟气比重（kg/m^3）	电机运行电流（A）	电机额定功率（kW）	台时产量（t/h）	风机效率（%）
685179	-10429	58	0.915	356	3200	345	60.98

日本NKG的风机制造专家对循环风机的测定结果：

通过两次测试，都证明此循环风机的效率较低，旋风筒收尘效率偏低。为满足工艺运行的需要及达到节能的目的，日本NKG公司在原旋风筒收尘效率基础上设计了一套高效率风机。

转子	壳体	组装	运费	安装	膨胀节	其他备件	非标管道	合计（万元）
199.87	40.6	2	0.7	15	3	3	0.5	264.67

风机改造前后运行参数如下：

参数	原风机	改造后风机	增加百分比	备注
入口压力	10150Pa	10610Pa	4.53%	
标定后风量	716700m^3/h	662520m^3/h	-8.56%	挡板开度：原风机98%，新风机92%
电机功率	3170kW	2751kW	-13.22%	
电机电流	360A	318A	-11.67%	
风机效率	62.07%	74%	+19.22%	
使用寿命	1.5年	预计使用1年	-33.3%	

风机改造后，风压及风量未发生明显变化，在满足原料系统生产需要的前提下，电机电流由原来的363A降低为318A，电机功率降低420kW左右。但从标定结果来看效率依然未达到合同中85%的约定。

从使用情况来看，该风机在改造后节能效果明显，虽然风机效率74%，未达到合同约定的85%，但节电效果突出，在我公司本次更换的所有风机中是节能效果最好的一台风机，但叶轮磨损较为严重。该风机叶轮使用寿命按合同约定为3年，从使用情况预计使用寿命为10个月，比原风机叶轮使用寿命缩短33.3%。原因分析为旋风筒收尘效率偏低导致。为缓解循环风机磨损情况，公司决定技改旋风筒。

（2）技改设计、投资

此次技改旋风筒设计单位为“LV”，设计收尘效率为95%。技改工期为2011年4月3日~4月22日，2011年4月24日正式投产运行。

收尘效率、效益的评估：

2011年4月24日~2011年6月30日，共对循环风机转子检查4次，2011年6月22日对旋风筒进行实物标定，标定收尘效率为94.3%，并未达到设计要求95%，但节能效果非常明显。在循环风机使用两个月后对其检查未发现磨损情况（有照片）。旋风筒改造后风机运行参数如下：

进口风量（m^3/h）	风机入口静压（Pa）	温度（℃）	进口烟气比重（kg/m^3）	电机运行电流（A）	电机额定功率（kW）	台时产量（t/h）	风机效率（%）
655520	-10038	65	0.843	288	3200	370	72

旋风筒改造前后系统运行参数如下：

参数	改造前风机	改造后风机	增加百分比	备注
入口压力	11150Pa	10038Pa	-4.53%	
标定后风量	$662520m^3/h$	$655520m^3/h$	-1.02%	挡板开度：风机92%，风机：84%
电机功率	2751kW	2491kW	-1.10%	
电机电流	318A	288A	-1.10%	
旋风筒效率	87%	94.3%	+7.33%	

对于技改最终收益要等2012年4月份根据循环风机转子磨损情况评估。

冀东海德堡（扶风）有限公司熟料分厂　2011.6.30

2.6　混料机

水泥生产方式将向分别粉磨方向发展以达到更大的节能效果，如矿渣与熟料的分别粉磨，另外，有时也可能在水泥粉磨后直接加入一些粉状物料，所有这些要求都需要有性能优良的混料设备，即可将两种或两种以上的粉状物料达到微观意义的成分均齐。

混料机的高性能标准：

目前常见的混料机有机械式及气力式两种。前者混料比较均匀、可靠，但耗能较高；后者虽混料快捷、功耗小，但混料的均匀性较差。两者还都需要专门的工艺布置。如果将二者优势结合起来，就会有如下高性能：

（1）能可靠地均匀混料，在线混料量最大达$500m^3/h$。

（2）功率消耗小，每立方米粉料混合所需能耗小于0.16kW·h。

（3）工艺布置简单，不需要单独设计工艺路线。

（4）设备磨损小，一年无易损件更换。

★　***推荐优秀制造商***

山西龙舟输送机械有限公司

该公司自行开发研制的粉状物料气化沉淀除渣器（专利号21.2010.20108813.X），具有上述高性能标准，只需要在输送设备的旁路稍加改进即可安装使用。

本产品适于混合细度80μm筛余<15%以下、水分在1.5%以下、容重$<2\times10^3kg/m^3$、无黏度的粉状物料。它是通过混料机箱体底部的充气装置和罗茨风机提供的高压空气，将进入混料机的粉料气化、裂解、消除粉料的内摩擦力，并在气力作用下翻滚混合；同时，通过箱体内搅拌轴和叶片的作用强力搅拌。两种力的作用对混料实现微观意义的均匀混合，并在以上工况下，粉料中的粒状渣子沉积在搅拌箱的底部，利用停机从搅拌箱侧面下部清出。

第3章　热工设备

3.1　回转窑

（1）选型

宜采用两挡支撑超短窑，即窑的长径比小于11的窑，其优越性为：

①工艺上符合物料在 $CaCO_3$ 分解后快速高温煅烧的要求，有利于提高熟料质量。而且由于窑的长度缩短，大大减少了对于筒体不易解决的热量散失，还压缩了运转后的耐火砖用量。

②由于是两挡托轮支撑，机械上受力最为合理，窑的故障率要低得多。窑的总重量（包括耐火砖）可较原有的减轻85%。

③窑与三次风管的缩短，支撑托轮的减少，不仅降低设备投资，节省安装费用，而且土建工程中减少建设一个窑墩，并节省窑的占地面积。

国内目前已经有十余条由德国洪堡公司进口的超短窑，最大的为5500t/d，实际运行已达到6800t/d。而且国内设计院已有成功设计，运行达5年之久。

相反，现有的三挡窑反而存在的问题较多，二挡托轮常常处于高温环境，造成窑后过渡带筒体及轮带开裂者不少。

（2）窑的高工艺性能标准

①能力计算：窑的产量 G 取决于窑的内径 D，其经验公式很多，这里推荐一简单公式，仅供参考。

$$D = \sqrt[3]{\frac{G}{K}}$$

式中，K 为不同窑型的系数，对于预分解窑 K 为50~60。

②窑转速设置：对于预分解窑的转速，现在有提高的趋势，尤其当窑的斜度为3.5%时，窑转速的上限提高至4.5r/min为宜，如果斜度为4%，窑转速上限可降至4.2r/min。从熟料煅烧均质稳定的角度要求，转速快而斜度不大的设置更为合理。

③挡砖圈设置：对于预分解窑，挡砖圈的设置数量不宜过多，在前窑口设置一个挡砖圈就足够。在烧成带后面增设挡砖圈的不利因素更多，尤其要避免在轮带前后一个窑径的距离内设置挡砖圈，否则容易导致筒体开裂（详见参

考文献［1］6.15节）。

（3）窑的高机械性能标准

1）窑筒体

材质要求（详见参考文献［2］71题）；

组装要求、焊接要求、检验要求（详见文献［2］70题）。

2）托轮与轮带

①尺寸的确定

轮带应为实心矩形，轮带外径为：

$$D_{LD} = 1.2D_{YY}$$

式中，D_{LD}、D_{YY}分别为轮带外径和窑筒体外径。

托轮同样应为实心，托轮外径为：

$$D_{TL} = D_{LD}/3.5$$

式中，D_{TL}、D_{LD}分别为托轮外径和轮带外径。

设计中需要认真核算轮带宽度，必须满足三个条件：轮带与托轮表面接触的比压不能大于450MPa（对于液压挡轮时），或500MPa（用自动调位托轮时）；轮带弯曲应力不得超过50MPa，轮带变形椭圆度不得超过2D‰。

托轮的宽度一般要比对应轮带的宽度大50mm。

②材质

由于托轮直径较轮带小很多，受滚压次数是轮带的3～4倍，因此，托轮表面硬度应比轮带表面硬度高20～40HB。因为轮带体积太大，重量又太重，无法进行调质，故只能正火；托轮、挡轮即使能做调质处理，在加热过程中“红套”也会退火，故也应采用正火处理。

托轮轴瓦建议采用锌基合金ZA303的材料制造托轮轴瓦（详见3.1.6）。

托轮球面瓦的材质不应低于HT200标准，铸件不允许裂纹、砂眼、缩孔等缺陷。球面瓦应进行水压试验，并在0.6MP的试验压力下保持10分钟，仍不能渗漏。

轮带与大齿圈材质详见文献［2］72题。

3）大齿圈及小齿轮

关键是变位系数的选择。如果采用标准齿轮时，小齿轮的滑动系数太高，引起小齿轮齿根与大齿圈齿顶的严重磨损，降低其寿命；如果选用大变位制，对于回转窑，中心距会达10mm以上，使齿轮重合系数必然小于1，而产生传动间歇，轮齿间产生冲击而振动。尤其对于直径大于5m的齿圈，加工难度较大，成本较高。

采用综合性能好的变位制，即大齿圈为不变位，小齿轮的变位系数取+0.4，不仅加工容易，而且在中心距拉开较大时，重合系数仍能为1.27，保证运转传动平稳；同时大小齿根间的滑动系数都在｜-1.54｜以下，有利于提高齿轮耐磨损和抗胶合能力。

为提高大齿圈制造质量，要用电炉钢精炼的钢水浇注，在齿圈浇注的圆周设置圆环形浇冒口，或至少圆周上设8个浇冒口；要对表面层100%超声波探伤。

4）挡轮

①设计要求

主轴承不要采用极压锂基脂润滑，因为油脂润滑在温度较高（>60℃）时容易流失，应提高润滑油油位改用稀油润滑，会有较好润滑效果；挡轮轴承由双列向心滚子轴承和止推调心滚子轴承各一的轴承组设计改用三组轴承；提高挡轮刚度；液压缸不要设计成后法兰安装，因为底部易产生外泄漏；确保液压缸密封圈润滑充足。

②制作过程

对挡轮热装要严格控制加热温度<120℃，避免引起轴承部分退火；避免挡轮与挡轮轴之间发生相对滑动，确保其过盈量，不能为拆卸方便而过小；空心轴在热装时如果现场氧炔焰加热，内部温度不能超过300℃，否则现场很难清理干净氧化皮，导致严重影响润滑油油质；不能用相同公称尺寸的轴承相互代替，要重视保持架和润滑的区别。

③安装过程

挡轮中心线与窑筒体中心线应有3~5mm距离，如果间距过小，易造成挡轮"栽头"或"抬头"而很快失效；安装前要确保回转窑中心线的直线度，使其受力合理；挡轮内部清理不干净，轴承易产生磨粒磨损；挡轮安装前应能盘动，否则不要投入安装。

能制造窑的企业很多，但能制造高性价比窑的制造商并不多。凡交付使用五年内的窑有失效元件时均为劣迹，有此劣迹都不能称为优秀制造商。尽管这种劣迹会与用户的使用有关，但制造商不能跟踪服务指导，有不可推卸的责任。订货者可以用此标准寻找优秀制造商。

★　推荐优秀制造商

江苏鹏飞集团股份有限公司

该公司是以生产窑、磨等主机为主打产品的大型企业，是水泥机械制造行业近年发展崛起的后起之秀。不仅已被史密斯、伯力鸠斯、洪堡以及拉法基（中国）等国际知名装备制造商指名为委托加工的国内制造企业，而且也是国内所供窑在近五年生产中没有劣迹的制造商。

该公司制造主机的许诺及质量保证手段是：

（1）国内供货，企业不会随意按照合同价改变生产标准，一旦签订合同，基本质量要求必须保证。国外供货的制造则严格按外商标准执行。对偷工减料的图纸拒绝加工制作，认真履行需方现场监造的制度，关键工序需方出具书面认可，方可继续加工。

（2）该厂具备国内最大型机械加工装备，包括：最大卷板厚度120mm的卷板机组6台；最大8m的滚齿机群8台；最大10m的立式车床群10台；最大ϕ10m×21m落地车床组5台；最大ϕ8.0m×20m退火炉群；ϕ22m落地镗床；载重100~300t自动埋弧焊接设备6台套；ϕ8m×8m×20m大型抛丸房2套；成为生产各类大型窑的基础。

（3）所用钢材来源为：筒体材料选用宝钢、舞阳钢厂二级探伤优质钢板。

（4）决不会省略如下加工程序：

①有保证同心度与椭圆度的措施。每个筒节焊后都须重新找圆、或用卷板机，或通过火焰矫正；车削坡口，保证几何尺寸，精度±1mm；筒体找圆后，两端内侧进行米子撑支撑加固。

回转窑筒体坡口采用车削加工工艺，代替惯用的刨边机加工坡口，是国内目前独家做法，为安装中筒体直线度找正方便、可靠，得到安装及业主好评。

②每次焊接工序后都要对筒体整体热处理，消除应力。

③设备制作前后都需要对筒体内外进行抛丸处理，确保筒体内外光滑无锈。

④所有待现场接焊的剖口出厂前均由油脂涂盖，并用塑料薄膜覆盖。免除现场安装时对此部位除漆、除锈和去毛刺等处理工作，确保筒体安装直线度的找正。

用户使用报告

感谢贵司陈工对我公司设备调试期间所做出的努力，认真查看每一个关键部位运转情况，为设备运转提供保障。设备运转正常。

广东翁源县中源发展有限公司　2011.5.7

3.1.1　喂料快速切断三通阀

在生料出库后的入窑与回库三通处需要快速控制阀，大多生产线选用两个电动闸阀，分别同时控制一开一关。这种设置不利于及时投料与止料，也不能保证闸阀位置准确无误，不仅会造成结皮堵料，还不利于高温挂牢窑皮（详见文献［1］6.3节）。只有选用快速切断的气动阀，才能实现投料前系统一旦拉风，生料就能迅速进窑，实现系统温度分布理想条件下的投料。

快速切断三通阀的高性能标准：

（1）动作准确到位。只有两个阀位，非此即彼，而且到达某一阀位后，必须到位关闭严紧，不得有漏料。因此，阀板周边要有一定的刚度及平整度。

（2）动作快捷。指令发出后，阀板应在数秒钟之内到位，时间越短越好。

（3）因阀板到位后就成为管壁一部分，故阀板双面都应具有较高耐磨性。

★　推荐优秀供货商

中国·凯斯通环保设备有限公司（详见 5.1.2）

3.1.2　喂料回转锁风阀

窑尾喂料入一级预热器之前，为避免送生料空气斜槽的冷空气与生料同时混入窑内，在斜槽出口溜子上设置回转锁风阀。

喂料回转锁风阀的高性能标准：

（1）具备较高的锁风性能，而不应被异物卡住。

正常工作是在负压状态下，此时应防止抽入冷风，空气斜槽的废气应由自有的收尘器排出，如果有收尘风机电流过高或反转，说明有漏风。

当窑系统负压不畅返风时，如果锁风不好，预热器热风会返出至斜槽，烧毁斜槽透气层。只要发生透气层遭受高温，表明此阀不合要求。

（2）具备高温耐磨性能。

当面临止料、断料时，该设备将处于瞬时高温，此材质要经受高温环境要求。

★　推荐优秀供货商

杭州富阳恒通机电工程有限公司

该公司产品的质量特点为：轴材质为 35CrMo，轴承外置式安装为 SKF 品牌，减速电机为德国 SEW 苏州子公司产品。

此阀门一般与快速切断阀成组为同一厂家供货。

3.1.3　预热器旋风筒

旋风筒的高性能标准：

（1）传热效率高

表现为物料选粉效率高，预热器进出口温度差大，一级预热器出口温度低。这种效果虽然受物料的粒度分布影响，但同等粒度物料，更与旋风筒结构有关。优质旋风筒应当具有较高选粉效率。比如增加导流板、增加锥尾截留器等，使受热后的物料尽量与废气分离进入下一级预热器或窑、炉，而不是与废气一起向上排出。

（2）压降损失小

表现出各级预热器的进出口压降损失最小。该要求会有利于系统阻力最小，电耗降低。如采用流线型的进气管道，合理的管径比，恰当的内筒高度等。该指标常与传热效率高相互矛盾。

(3) 散热损失小

预热器容积必须考虑留足耐火衬料及保温层的空间，降低散热损失。

★ 推荐优秀供货商

天津LV工程技术公司

直接与国外LV工程公司合作，负责设计与制作符合上述要求的旋风筒，经常在一级预热器上使用，取得较好效果。

使用报告与2.5同。

3.1.4 预热器旋风筒内筒

预热器内筒是保证高选粉效率不可缺少的部件，但下级预热器（四、五级）的寿命大多不足一年，更换需要较长时间，影响生产，因此，从选用耐热钢材质（详见7.2）转化为选用耐磨陶瓷材料是企业赢得效益的一种趋势。

(1) 耐磨陶瓷内筒的优点

复合整体浇注耐磨陶瓷属无机非金属耐磨材料，是以高纯度氧化铝（纯度>95%的$\alpha-Al_2O_3$）为主要原料，添加多种稀有元素，在1700℃高温下烧结而成的刚玉陶瓷。其密度为3.6g/cm^3，质量不足钢材的一半，可以大大降低设备的运转负荷；洛氏硬度可达HRA80-90，仅次于金刚石，具有高温下超高强耐磨性能，在易磨损部位寿命比金属抗磨材料提高20倍以上。

耐磨陶瓷内筒与耐热钢相比，具体优势如下：

①耐高温性能更高。该材料是以SiC、Al_2O_3为主要原料，经过2300℃高温重新结晶制成，因此，1500℃左右时的高温性能不变。

②耐磨性高。重结晶技术可使SiC、Al_2O_3具有很高强度，耐磨陶瓷的莫氏硬度达到9以上，是耐热钢耐磨性能的2~3倍。

③较强的耐腐蚀性及抗结皮性。它的化学稳定性对酸碱及各种强腐蚀性气体有极高抵制作用。同样，它也不易与生料中有害元素结合而结皮。

④较高的热震稳定性。陶瓷的热膨胀系数小，但导热性能不好，要求具有抗热急变50次以上。

⑤质量轻。该陶瓷密度仅为3000kg/m^3，而耐热钢的密度为8000kg/m^{3}以上，加之陶瓷内筒可以按空心设计，质量不足原内筒1/3，如果预热器内筒全部更换为陶瓷制品，5000t生产线预热器可以减轻重量60t左右。

耐磨陶瓷材料最大缺陷是不耐冲击力。因此，镶砌中要避免摔碰，运行中不得有异物落入。

SiC、Al_2O_3陶瓷的价格较高（21万元/t），约为GrNi20Cr25耐热钢（5万

元/t）的4.2倍，但重量轻，为1.8～6.5t，与五级内筒总价相比，陶瓷内筒要比耐热钢贵5万余元。但陶瓷内筒的寿命能达5年左右，是耐热钢内筒4倍以上。所以，陶瓷内筒与耐热钢的性价比是3∶1。

（2）预热器内筒的高性能标准

内筒是用于提高选粉效率的重要设施，但与此同时不可避免地增加了预热器的阻力。合理选择高径比是决定内筒结构的重要指标。而且它还要求：

①运行过程中不应有任何内筒元件、材料脱落，否则会造成堵塞事故。

②使用寿命应该高于窑的检修周期，避免因它的更换专门停窑，更要避免内筒损坏后继续运转。目前大多制造商选用耐热钢材质（GrNi20Cr25），但在五级及四级预热器中，由于温度高，化学腐蚀性强，内筒寿命常常不足一年，尤其是在压低价格后耐热钢的镍含量降低，寿命更短。为此，已经出现用非金属陶瓷制作的内筒，在四、五级预热器中代替耐热钢，效果明显改善。

③内筒元件之间的搭接应该严密不漏风，组装后的内筒表面光滑，断面为标准圆形。

★　*推荐优秀制造商*

1. 山东圣川陶瓷材料有限公司

该公司为最早生产陶瓷内筒的企业，使用效果良好。

用户使用报告

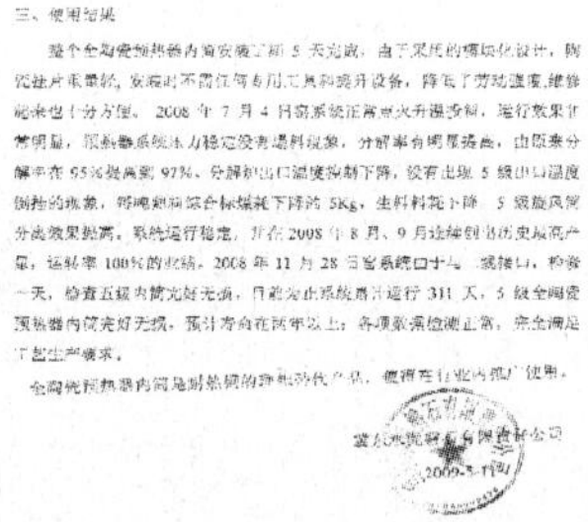

整个全陶瓷预热器内筒安装工期5天完成，由于采用的模块化设计，陶瓷挂片重量轻，安装时不需任何专用工具和提升设备，降低了劳动强度，维修起来十分方便。2008年7月4日窑系统正常点火升温投料，运行效果非常明显，预热器系统压力稳定没有塌料现象，分解率有明显提高，由原来分解率在95%提高到97%，分解炉出口温度控制下降，没有出现五级出口温度倒挂的现象，每吨熟料综合标煤耗下降约5kg，生料料耗下降，五级旋风筒分离效果提高。系统运行稳定，并在2008年8～9月连续创出历史最高产量，运转率100%的业绩。2008年11月28日窑系统由于与二线接口，检修一天，检查五级内筒完好无损。到目前为止，系统累计运行311天，五级全陶瓷预热器内筒完好无损，预计寿命在两年以上；各项数据检测正常，完全满足工艺生产要求。

全陶瓷预热器内筒是耐热钢的理想替代产品，值得在行业内推广使用。

冀东水泥磐石有限公司　2009.5.11

2. 洛阳鹏飞耐火耐磨材料有限公司

该公司生产出的耐磨陶瓷内筒已有成功应用，具体理化指标如下：

体积密度（kg/m³）	3000
抗压强度（MPa）	580
常温弯曲强度（MPa，20℃）	≥260
高温弯曲强度（MPa，1100℃）	≥280
莫氏硬度	≥9
导热系数［W/(m·K)］	15
热膨胀系数（$\times 10^{-6}$℃）	4.8
工作温度（℃）	≤1500
热震稳定率［(1100℃)，次数］	≥50
耐酸碱性	优

冲击磨蚀耐磨性的试验方法为：以使用温度下所测得值，时间为15min，使用冲击介质为金刚砂，冲击速度为150m/s，冲击用喷嘴直径为5mm，与试验样品距离为230mm，冲击角度90°。

该公司设计的内筒结构合理，可以模块化挂板，施工方便，减少施工时间及维修费用。

用户使用报告

我公司预热器五级内筒过去采用耐热钢内筒，在高温使用环境下，不耐磨、不耐腐蚀，使用寿命短，一年就要更换，增加了公司的维修费用，且由于使用过程中频繁掉落，造成系统产量不稳定，分解率低，煤耗高，严重影响我公司生产效益。

2008年8月，我公司采用洛阳鹏飞耐火耐磨材料有限公司研制的纳米陶瓷内筒挂片，在四、五级筒上试用。纳米陶瓷内筒采用模块化设计，重量轻，安装方便，降低了职工劳动强度，节省了安装时间。使用陶瓷内筒后，运行效果非常明显，预热器系统运行稳定，没有塌料现象，分解率明显提高，完全满足生产工艺要求。

2009年6月底，陶瓷内筒连续运行300多天，经检查陶瓷内筒完好无损，预计使用寿命可达到2年以上。陶瓷内筒的使用，提高了生产效率，减少了维修更换次数，每年可为我公司节省和创造上百万的经济效益。

陶瓷内筒是替代耐热钢内筒的理想产品，值得在行业内推广应用。

太原狮头水泥股份有限公司朔州分公司　2009.7.5

3.1.5　闪动阀

预热器闪动阀要求有很好的锁风性能。如果有漏风，不仅降低选粉效率，提高热耗，而且物料在向下运动时易被漏入风量托住，造成堵塞。

（1）微动型锁风阀原理（图3.1）

一般锁风阀的阀内部只有一件活动阀板，活动阀板上面有一个支点。工作开启时，阀板与密封板之间是三角形的下料间隙，使物料通过锁风阀时，仅从三角形间隙的底部流出，而三角形上部料就会造成漏风。该漏风一是降低旋风

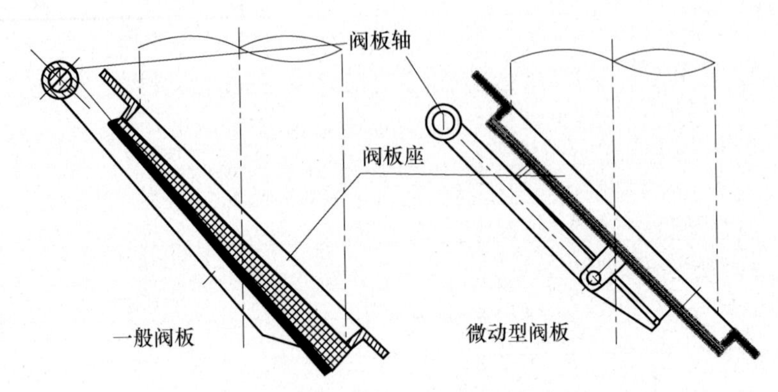

图3.1　一般阀板与微动型阀板结构对比

筒收尘效率，二是使下料热风经旋风筒的锥体部位进入上级预热器结皮堵塞。同时，阀板的自身运动状态极不稳定，无规律，而且动作间断，使下料不稳定、不均匀。

微动型锁风阀是将活动阀板设计成组合式的结构，由阀板和压杆通过活动支点连接，工作时除阀板带动阀杆运动之外，阀板本身也绕活动支点轴做摆动，使阀板与密封板之间是平行四边形的下料间隙。下料管中的物料，在通过锁风阀时，是从平行四边形的四周的间隙流出，做到严密锁风，并均衡下料量。因此，该阀板工作状态稳定，其阀杆上某点的运动状态如图3.2所示。阀板的移动距离及阀杆摆动角度很小，且频率较高，因此下料均匀，且不易漏风。预热器在不安装空气炮的情况下很少堵塞。

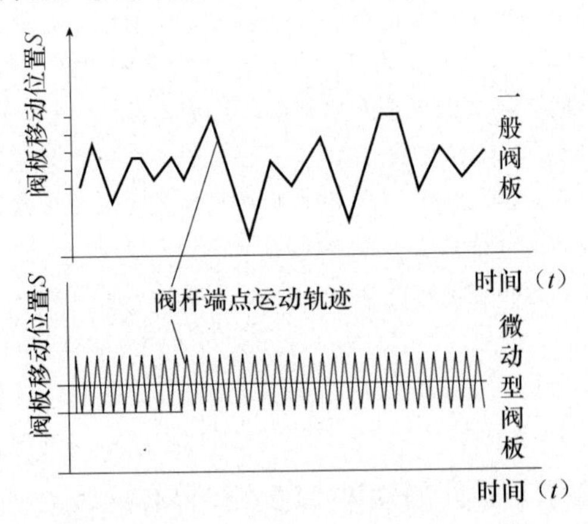

图3.2　微动型阀板与一般阀板的运动对比

（2）闪动阀的高性能标准

①阀板动作灵活，能靠物料的冲力开启，无料时自动向上关闭。外面的重锤易于调节，保持与物料冲力平衡。

②阀门为微动型，锁风性能好。开启程度小，只让料通过，而气流不能反向进入预热器。

③阀板材质具有耐磨与耐高温性能，出厂前配好浇注料，且不易变形。用于五级预热器上的使用寿命保证一年以上。

④根据不同位置设计不同要求的锁风阀，即预热器应成组供应。

★　***推荐优秀制造商***

山东淄博科邦热工科技有限公司

该公司对此闪动阀拥有专利技术（专利号为201020652408.4）。

该公司经过长达14年的研究开发中，不断改进，设计出微动型锁风阀，其成组设计如下：

在一级下料管中，由于负压大，而且下料管大都是垂直状态，因此，要使用两个A型双板锁风阀，以保证旋风筒在4500～6000Pa负压下不漏风；

在其他垂直管道中（例如四级下料管），则使用双板锁风阀，以保证喂入分解炉的料均匀。

在倾斜管道中（例如：五级下料管），应该使用单板锁风阀，阀的压杆可以通过调节，将阀杆和重锤调节成水平状态，保证阀杆从重锤到轴心作用到阀板上的力矩变化最小，从而保证下料量的稳定。

该厂的微动型锁风阀，在厂内已经打好了不同性能的耐火材料（浇筑料），并且上下口已经用螺栓固定好对外连接的法兰（有两个法兰），装好石棉密封垫。用户使用时，只需将下料管焊接在出厂的锁风阀的第二个法兰上即可。以后检修时，只要将螺栓松开，即可将阀拆下。

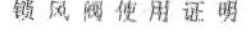
锁风阀使用证明

我厂450吨/日油井水泥生产线，采用五级旋风预热器带改造型分解炉的生产工艺。预热器系统是在原来的邗江型预热器的基础上改造的。

由于油井水泥熟料中含铁量比较高，因此在生产中，由于窑系统和分解炉温度的变化，极易使预热器的4级和5级旋风筒的下料管堵塞，不但影响了熟料质量和产量，而且使预热器岗位的工人劳动强度大，工作的危险性增大，安全生产的隐患增加。

后采用淄博科邦热工科技有限公司生产的“微动型锁风阀”专利产品，4级锁风阀换为SF400双板阀，5级锁风阀换为SD400单板阀。更换后，在正常生产期间，5级下料管没有堵塞过，4级下料管仅偶尔出现过小的堵塞。

使用后，在同样的工况的情况下，稳定了系统的运行工况，稳定了分解炉的喂料和入窑生料，减少了工人的劳动强度，提高了安全生产的可靠性。

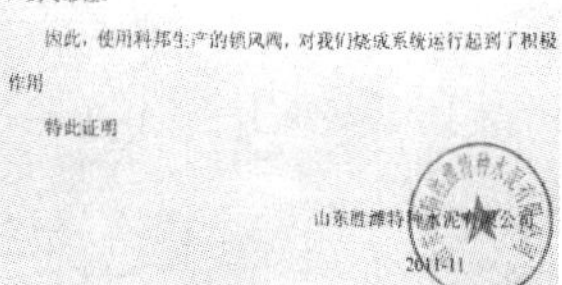
因此，使用科邦生产的锁风阀，对我们烧成系统运行起到了积极作用

特此证明

山东胜潍特种水泥有限公司

2011-11

用户使用报告

我厂450t/d油井水泥生产线，采用五级旋风筒预热器窑带改造型分解炉的生产工艺。预热器系统是在原来的邗江型预热器的基础上改造的。

由于油井水泥熟料中含铁量较高，因此在生产中，由于窑系统和分解炉内温度的变化，极易使预热器四级和五级旋风筒的下料管堵塞，不但影响了熟料质量和产量，而且使预热器岗位的工人劳动强度大，工作的危险性增大，安全生产的隐患增加。

后采用淄博科邦热工科技有限公司生产的“微动型锁风阀”专利产品，四级锁风阀换为SF400双板阀，五级锁风阀换为SD400单板阀，更换后，在正常生产期间，五级下料管没有堵塞过，四级下料管仅偶尔出现过小的堵塞。

使用后，在同样的工况的情况下，稳定了系统的运行工况，稳定了分解炉的喂料和入窑生料，减轻了工人的劳动强度，提高了安全生产的可靠性。

因此，“科邦”生产的锁风阀对我们烧成系统运行起到了积极作用。

特此证明

山东胜潍特种水泥有限公司　2011. 11

3. 1. 6　轮带与托轮（大型铸件）

高性能的轮带与托轮：

（1）由铸造工艺改变为锻造工艺

由于国内锻造装备的提升，将原有的大型铸造件改为锻造加工成为可能，大大提升了如轮带与托轮之类的元件质量水平，不仅避免了铸造过程中容易出现的结构不致密、甚至出现缺陷的可能，而且提高了元件的使用寿命。

（2）所用钢锭均为生产厂电炉冶炼，最大钢水量为900t，并在锻造后立即进行热处理。整体工艺应符合节能要求。

（3）保证使用寿命为设备终生平安运行。

（4）该工艺加快了制作周期，一般为一个月，并因结构致密可减轻重量。

★　**推荐优秀制造商**

中信重工机械股份有限公司

该公司最近投巨资建成此大型锻件生产线，核心设备为18500t油压机，可承担大型工件的锻造任务，是国内拥有此加工工艺的第一家。目前已得到“山水”第一个订单，价格要比铸造件高40%，详见图3. 3、图3. 4。

图3. 3　轮带的锻造

图3. 4　轮带的锻造扩孔

3. 1. 7　托轮瓦

目前，国家相关标准中规定，回转窑用的托轮瓦可以采用铝青铜及锌基合金两种材质。铜材日趋紧张、价格昂贵，且使用效果并不如锌基合金，只是人们的使用习惯使铜瓦仍在使用中。

（1）锌基合金材料的性能

ZA303合金的使用条件是：温度范围为 -40℃ ~150℃；元件的运动速度小于10m/s；载荷 P 小于 $280kg/cm^2$。

锌基合金与铜合金的性能对比

材质＼性能	抗拉强度（MPa）	延伸率（%）	硬度（HB）	摩擦系数	磨耗量（mm）	线膨胀（10^{-6}）	热导率 C. S. C	密度（g/cm^3）
ZQAL9-4	400~500	3~5	100	0.06	0.0058	18.1	0.14	7.5
ZA303	420~500	8~15	110~120	0.04	0.0018	26	0.25	4.95

1）锌基合金材料的特点

①摩擦系数小，导热率较高，使用寿命为锡青铜2~3倍，适用于中低速重载荷的应用。

②易于加工，精车后表面粗糙度可达1.6。

③铸造熔化所需温度低，符合节能原则。

④ZA303合金为高强度、高韧性及低温性能良好的材料，没有其他合金的低温脆性。

⑤重量轻，比铜轻近一半，便于安装。

⑥成本低，每单件比铜合金降低成本20%~30%。

⑦无磁性、无火花的特点，宜在易燃易爆的危险场合使用。

⑧具有一定的自润滑性能及减振吸声功能。

2）锌基合金托轮瓦的特点

①由于它的导热性几乎比传统铜瓦高近一倍，所以高温下散热性能好，使用中不易发生拉丝、抱轴、翻瓦等事故。

②由于该材料的摩擦系数仅是铜材的2/3，可以降低窑的运转电流，某用户使用ZA303合金衬瓦后，窑主电机电流下降30A。

③由于材料的密度小，重量轻，整体瓦容易搬运安装。

（2）锌基合金瓦的高性能标准

1）铸造质量必须致密

ZA303合金虽然力学性能高、耐磨，但它的铸造性能并不好。因为它的凝固温度范围比较宽（375~484℃），在浇注后呈糊状方式凝固，不易补缩，容易形成疏松组织而降低性能。制造托轮瓦需要采取低压充型铸造技术，即依靠计算机精确控制充型压力，并根据不同的凝固阶段施加不同的补缩压力，保证补缩效果，使铸件致密。

2）产品质量检验符合标准

①针孔一级，内部无疏松、夹杂、气孔、裂纹（以X光底片为准）；

②外观不得有任何缺陷；

③尺寸符合图纸规定；

④产品成分和性能符合 SRIM QB/JS012—2000《铸造锌合金 ZA303A》标准。

（3）用户订货要求

由于锌基合金材料使用寿命较长，对于新窑只要选用该材料，就很少再需订购新的配件。又因为窑的托轮瓦往往是跟随窑的主机一起订货，用户在订购窑时，应该明确对此瓦的材质要求，而且一旦确定锌基瓦，成本的节约效益应该归属最终业主。

（4）识别锌基合金瓦高性能标准的方法

为了防止有伪劣产品冒充，可要求制造商在瓦上附加一条拉伸试棒，作为用户鉴别该瓦是否具有强度、硬度及伸长率要求的判断依据。

★　*推荐优秀制造商*

沈阳宇航金属材料研究所

（1）该所专业从事耐磨材料研究与生产，对锌合金的研发已有二十余年的历史，是目前国内唯一具备上述锌铸造工艺的生产单位。目前可以制作服务于日产万吨线窑的托轮瓦，最大规格的轮廓尺寸分别为ϕ1125mm×1000mm 和ϕ1030mm×1060mm。现已出口缅甸和泰国，而且已向磨机衬瓦领域应用（图3.5）进军。

图3.5　磨机锌基衬瓦

（2）采用国际上最先进的低压充型铸造技术。该所依靠计算机精确控制充型压力，使合金液从铸型底部平稳地充型，避免了铸件上一次、二次夹渣缺陷的出现，避免了气孔、夹砂的产生；在凝固过程中，通过计算机实时监测，根据不同的凝固阶段施加不同的补缩压力，保证凝固过程的补缩，使铸件致密。这种定向凝固工艺，保证内表面强度高于外表面。

（3）该所的铸造与机械加工均为自主完成，没有外协件。

（4）该所已与天津水泥设计院签署了长期关于为窑配制轴承瓦的战略合作协议。

用户使用经历

内蒙古冀东水泥有限公司5000t/d生产线，原设计采用ZQAL9-4青铜，2006年5月出现抱轴事故，瓦无法取出，只好连同托轴一并运回唐山重新对轴进行加工处理。此后改用我所提供的ZA303合金瓦产品，至今运转良好，并且托轮轴油温降低15℃。

用户使用报告

本溪水泥厂的窑外分解窑，规格为ϕ3.7m×53m，产量为50t/h，其托轮瓦一直存在着托轮所用瓦拉丝、压裂、翻瓦等事故，造成停窑，给生产带来很大损失。

自1993年10月我厂采用锌基合金ZA27作为托轮瓦使用在窑三台托轮上，从使用效果看，两年中我们对轴瓦检查，效果十分理想。在满足润滑前提下，轴瓦没有拉丝现象，寿命是原锡青铜的2~3倍，其抗拉强度、硬度大大高于锡青铜，并且密度很小（仅为5），摩擦系数很小，是可靠的、成熟的回转窑托轮瓦材料，完全可以代替锡青铜。另外，我厂又在大窑托轮用瓦采用ZA27基础上在减速机传动用瓦、螺旋输送机和涡轮缘涡轮冠等均采用锌基合金，逐步淘汰铜瓦。总之，锌基合金ZA27在建材行业应用前景十分广阔，值得大力推广使用。

本溪水泥厂设备工程部 1996.7.5

关于锌基合金ZA27在我厂
回转窑上的应用情况

本溪水泥厂现有三台回转窑，其中一台为窑外分解窑，规格为3.7 63米，产量50吨/小时，另外两台为窑尾余热发电窑，规格为3.3 3.6 60米、 3.3 70米，产量为20吨/小时，回转窑托轮所用瓦以前使用锡青铜瓦，一直存在着铜瓦拉丝、压裂、翻瓦等事故，直接威胁水泥厂的生产，造成停窑，给水泥厂造成很大损失。

自一九九三年十月我厂采用锌基合金ZA27做为托轮瓦使用在窑三台、四台托轮上，从使用效果上看，两年中我们抽瓦检查，效果十分理想，在满足润滑前提下，轴瓦没有拉丝现象，寿命是原锡青铜的2～3倍，其抗拉强度、硬度大大高于锡青铜，并且比重很小（仅为5），摩擦系数很小，是可靠的、成熟的回转窑托轮瓦材料，完全可以代替锡青铜。另外我厂又在大窑托轮用瓦采用ZA27基础上在减速机传动用瓦、螺旋输送机和涡轮缘涡轮冠等均采用锌基合金，逐步淘汰铜瓦。总之，锌基合金ZA27在建材行业应用前景十分广阔，值得大力推广使用。

本溪水泥厂设备工程部
一九九六年七月五日

3.1.8 窑头、窑尾密封装置

窑头、密尾密封装置对窑的煅烧及热交换效率非常重要，然而获取好的密封效果并非易事。一方面是旋转面与静止面之间密封本身就很难，运转中不易维护和改善；另一方面高温多粉尘的工作环境对材料的要求较高。

（1）密封装置的种类

现国内外已经使用的密封种类很多：迷宫式、弹簧压板式、气缸压紧式、鱼鳞片式、石墨块摩擦式、复合式等，每种方式都有优缺点，几种类型的窑口密封性能对比详见文献［1］7.5节。

其中最具有挑战性的类型，当属国内自行开发的复合式密封及加密型鱼鳞片式密封。前者是采用具有一定弹性的柔性材料作为密封件的主体，其生命力在于这种材料可耐高温达1250℃，并具有可与窑筒体直接摩擦两年以上的寿命。它能实现漏风面积小于1%的理想效果。后者则是在原有鱼鳞片密封的基础上，将鱼鳞钢片加密至圆周上每一处都能保证有三块鱼鳞钢片重叠，并适当延长每块鱼鳞钢片的长度。

（2）密封的高性能标准

1）操作可靠、密封良好，漏风量最小，对窑的热工制度的影响最少。

2）能适应回转窑筒体径向跳动、轴向窜动，在筒体变形、偏摆和串动的情况下，仍然能够保证良好的密封。

3）结构简单，安装维护方便。

4）磨损部件少，且耐高温、耐磨。

5）复合式柔性密封的高性能是：

①填充的柔性材料必须耐高温并耐磨损；

②柔性材料的外包裹材料要有足够刚性，包裹紧密。

6）加密鱼鳞片式密封的高性能标准

①在窑头（尾）与回转窑之间新增一个锥形套筒，套筒一端（锥尾）与窑头（尾）固定连接，而另一端（锥头）连接弹簧片。此迷宫式密封装置作为鱼鳞片密封的第一道屏障。

②弹簧片加密设置，保证在每一个断面上都有三层。这一特点使弹簧片不容易发生变形，增强耐磨性，延长使用寿命。

③弹簧片与回转窑的压角越大，密封效果越好，但彼此磨损会增加。为此，弹簧片与回转窑的压角要保证在30°左右。

④鱼鳞片材质应由1～1.5mm厚的特种弹簧钢板制作而成，它具有较好的柔韧性和耐热耐磨特性，能适应筒体的形状公差和变形，且摩擦圈的工作面要大于筒体上下窜动的行程。对弹簧片和耐磨板保证使用一年。

⑤用活动螺栓代替易锈损的固定式螺栓，使更换弹簧片等检修工作变得更为方便。

★　*推荐优秀制造商*

广州圣嘉机电设备有限公司

圣嘉公司复合式密封装置对国内目前普遍采用的弹簧片密封装置进行了大幅度的改进。在结构上具有以下几个特点：

（1）迷宫式密封装置锥型套筒是该公司复合式密封装置的技术核心。

（2）该公司选用优质材料，使压角达到30°，并加长弹簧片以延长使用期。圣嘉公司对用户承诺，漏风量低于1%，并承诺耐磨圈和弹簧片的使用寿命一年以上。

施工时首先去掉原有的密封装置，取而代之新制的圆周密封环与弹簧片，在圆周密封环与弹簧片内部加设一圈挡风板和一圈挡料板，根据窑的变形度灵活设置挡风圈和挡料圈的高度，使之形成迷宫。

安装时一定要保证回转窑与耐磨板之间的同心度和同轴度，并要求对相应的支撑机构进行加固处理，防止其在运转过程中发生变形而影响密封效果（图3.6）。

图3.6 加密鱼鳞片窑尾密封

用户使用报告

我厂为双系列五级窑外分解窑，生产设计能力5000t/d。2006年投产后，原窑尾密封为气缸压紧摩擦式，由于设备长期运行，磨损和氧化较严重，使得窑尾密封圈与烟室无法合理连接，漏料、漏风现象十分严重，给系统生产带来较大影响。主要表现在：一是能耗增加，产质量下降。由于冷风漏入降低了系统的分离效率和换热效率，增加热耗，并降低了窑内通风量，导致系统操作不稳定，使产质量下降。为增加窑内通风常采取提高系统风量操作，直接导致电耗的增加。二是系统漏风造成预热器、分解锥部结皮。需采取人工清除处理，既增加了劳动强度又带来人身安全风险。以上方面的影响因素给公司的节能降耗及安全环保工作带来了一定的难度。为解决这一问题，公司根据多次考察论证，于2011年6月选用广州圣嘉机电设备有限公司窑尾加密鱼鳞片密封技术，对设备进行技术改造，其改造工程较小，改造费用低。在原有烟室增加一道固定法兰，窑筒体回料勺外侧增加一圈摩擦板，窑尾侧将原有的密封拆除新增密封圈及承料装置，安装制作历时5d完成。

改造使用后窑系统漏风量大幅度降低，窑系统运行状况得到大幅度改善，产量、质量得到一定幅度提升，粗略估算熟料实物煤耗降低3~5kg/t。由于系统漏风减少，系统用风量降低，系统电耗明显降低，半年来运行情况良好，给企业带来明显的经济效益。

中材天山（云浮）水泥有限公司 卢宝山 2011.11.26

3.1.9 三次风闸阀

目前多数生产线的三次风闸阀是由耐热铸钢当骨架、耐火浇注料成型，大多数寿命均在半年以内。原因在于耐火浇注料与耐热钢的热膨胀系数不同，冷热使用多次后产生开裂，浇注料逐渐脱落损坏，同时结构笨重，上下调整困难，成为当前窑、炉用风难以合理、平衡的主要原因。众多有识之士一直在不断探索新的材料及应用方法。

三次风闸阀的高性能标准：

（1）上下调节灵活，重量轻，使窑与炉用风的调节操作方便、准确可靠。

（2）使用寿命应该大于一年。尤其是大直径窑型的三次风管闸阀，三次风温度高达 1000℃左右时，实现这种要求的难度较高。

（3）确保三次风管的密封性能。三次风闸阀上下调整时，在移动方便的前提下闸阀插入口处不能漏风，这不仅保证了三次风的高温质量，而且有利于闸板自身寿命。

★　*推荐优秀制造商*

1. 山东圣川陶瓷材料有限公司

以碳化硅为主要材料，其单位成本较高，但由于为空心制作，总重量轻一半以上，更比用耐热铸钢做骨架的轻。因此，每块闸板的价格并不比浇注料材质贵。目前，已有半年有余的使用经历。

重要提示：碳化硅材料是非金属材料，导热性差，因此，它作为整体材料应在同一温度环境中使用，否则易发生炸裂。此闸板使用的常位一半在三次风管内，一半露在外。因此，应该将露在外部的上部采用浇注料，下部在三次风管内承受高温及高磨损的部分采用碳化硅。

2. 长兴国盛耐火材料有限公司

该公司采用浇注料预制成型烧制的工艺，满足了使用寿命要求，但重量及防止漏风要求尚需努力。

用户使用报告

长兴国盛耐火材料有限公司三次风闸阀使用情况

我公司为 2003 年兴建的大型现代水泥厂，设计为一条ϕ4.8m × 72m，带五级预热器和 TDF 分解炉的日产 5000t/d 的新型干法回转窑。生产线于 2004 年 5 月点火试生产，由于种种原因，我公司使用自己浇注或外购的三次风闸阀的使用寿命均较短，使用两三个月就会出现拦腰断裂、磨损剥落、调节不灵活等现象，达不到使用要求，和回转窑的大、中修不能有效结合，对日常生产过程的熟料质量控制，二、三次风风量平衡，工艺调整带来诸多不便。鉴于此种情况，我公司于 2008 年 5 月在三次风风速较快、磨损较严重的 A 系列设备上试用长兴国盛耐火材料有限公司三次风闸阀，直到 2010 年 2 月大修时才进行更换，期间使用效果理想、调节自如，更换时闸阀磨损均匀，表面无明显裂纹，而 B 系列使用的浇注或外购的三次风闸阀在 2008 年 5 月至 2010 年 2 月期间已更换三次。所以我公司在 2010 年

长兴国盛耐火材料有限公司
三次风闸阀使用情况

我公司为 2003 年兴建的大型现代化水泥厂，设计为一条Φ4.8*72 米，带五级预热器和 TDF 分解炉的日产 5000T/D 的新型干法回转窑，生产线于 2004 年 5 月点火试生产，由于种种原因，我公司使用自己浇注或外购的三次风闸阀的使用寿命均较短，使用两、三个月就会出现拦腰断裂、磨损剥落、调节不灵活等现象，达不到使用要求，和回转窑的大、中修不能有效结合，对日常生产过程的熟料质量控制，二、三次风风量平衡、工艺调整带来诸多不便，鉴于此种情况，我公司在 2008 年 5 月在三次风风速较快、磨损较严重的 A 系列试用长兴国盛耐火材料有限公司三次风闸阀，直到 2010 年 2 月大修时才进行更换，期间使用效果理想、调节自如、更换时闸阀磨损均匀、表面无明显裂纹，而 B 系列使用的浇注或外购的三次风闸阀在 2008 年 5 月至 2010 年 2 月期间已更换三次，所以我公司在 2010 年大修时 A、B 系列均采用了该产品。

通过使用，我们认为该产品性能优越，使用效益明显，值得推荐使用，也是用户的理想产品！

南方水泥富阳山[illegible]有限公司
（原浙江尖[illegible]城水泥[illegible]公司）
201[illegible] 5 [illegible]20

大修时均在A、B系列设备上采用了该产品。通过使用，我们认为该产品性能优越，使用效益明显，值得推荐使用，也是用户的理想产品！

南方水泥富阳山来南方水泥有限公司　2010.5.20

3.1.10　燃烧器

为使燃煤能尽快在窑内有效位置燃烧，并形成足够的温度，离不开性能优良的燃烧器。为了加速煤粉的燃烧速度，并能适应不同煤质，燃烧器已从简单的单一风道煤管发展成为多风道燃烧器，这不仅是对预分解技术发展的重大支持，而且为回转窑充分使用各种煤质创造了条件。

不应将燃烧器仅视为机械装备，它更是有严格工艺要求的热工装备，因此，不了解燃烧特点，将燃烧器当作标准件制造，不会有好的使用效果。

燃烧器的高性能标准：

燃烧器由喷煤管、可移动支撑结构及连接通风管道组成。

（1）工艺要求

①确保有较高的一次风速（>270m/s）。即在克服管道阻力后仍具有较高的动压，具备较高的净风风速，为形成强有力的再循环火焰创造条件（详见文献［1］5.2节）；使煤粉在窑内以最快的速度燃烧。

净风的设计中，外风（轴流风）的风速应该是内风（旋流风）的一倍左右，形成的速度差既有利于风、煤混合，又不使火焰伤窑皮。如果内、外风分别用两台风机控制，便于操作的燃烧器将内风与中心风、点火油枪用风由一台罗茨风机供风，外风用另一台罗茨风机控制，两台风机的风压一致，而外风风量是内风的1.5倍。

②在满足挥发分燃烧所需空气的前提下，既要较高一次风速，又要尽量少用一次风量（一般小于8%），以提高二次风占燃烧空气的比例。一次风机应选用变频罗茨风机，风压高、风量低，有利于降低热耗、电耗。

③保证火焰形状完整，燃烧速度快而不伤窑皮，合理的窑内温度分布，红外扫描温度检测筒体温度正常，有较强控制窑内烧成高温点的能力，同时窑尾温度在一定程度上反映了燃料的燃烧速度，以不超过1050℃为宜。保证窑衬有较长的运转周期。

④适应不同燃料的能力较强，即调节火焰的能力及范围较宽。一般要有可以分别控制火焰长度、宽度的轴流风道及旋流风道，还应有改变各风道断面以调节各风道风速的能力。

⑤具有降低NO_x排放的功能。为此，在煤管前端局部形成还原气氛，故应配中心风道通入少量的一次风净空气，而且可降低该区域温度，保护喷煤管端部。该风道不是用于点火时喷油用的通道。

⑥具有较好点火性能。特别是用灰分较高的煤，尽量少用燃油就能使煤粉

正常点燃。

（2）机械要求

①关键部位所用材质要耐磨耐高温，寿命保证一年。工艺要求内外风的管道间隙要小，管壁、火焰出口处的拢焰罩、煤粉随风进入处都是易磨损处，这些位置一旦磨漏，造成风道间的窜风、窜煤，就会使火焰形状难以控制。

②煤管可移动支撑装置操作方便、准确，便于调节煤管在窑内轴向、径向及水平角度的位置。

③调整火焰形状的手段完备，特别是调节轴流风与旋流风大小比例，调节各风道断面积均可进行。

④各风道之间同心度好，火焰形状出口完整。要求风道内壁加工精度高、管壁光滑，确保风道阻力尽可能减小。

⑤喷煤管在窑内悬臂较长，温度较高，端部且有可能承受“蜡烛”重力，因此必须具有一定的刚度，不能弯曲。

（3）合同中必须承诺的内容

①制造商及用户都必须落实燃料性质，共同核实一次风机的能力，尤其在改换新燃烧器时，对原有风机风压及风量必须有相配合的要求。如果制造商对此不闻不问，一味许诺，其效果很难满意。

②制造商应将调试燃烧器的方法书面告之用户，无明确使用说明书或简单复印他人的说明书应付用户的肯定是劣质产品。在调试后经得起高温成像监测仪的检验（详见10.6节），确保火焰形状完整，四周温度分布均衡，而且最高温度稳定。

③易磨损部位应明确保证使用寿命，若不足应免费提供备件更换。

重要提示：由于不同煤质的燃烧速度不同，所需的一次风机及燃烧器都不应该相同。作为用户首先应稳定住燃料种类，尽量减小变动，制造商才能设计出满意的燃烧器。如要较大煤质改变，就须相应调整一次风机及燃烧器。

★　*推荐优秀制造商*

法孚皮拉德公司

是国际上有上百年历史的燃烧器制造商，其有三大特点：

（1）设计力量雄厚，对不同用户坚持单独设计，资料详尽。

（2）重视研究开发，至今仍不断追求燃烧器的技术进步。

（3）制作加工严格认真。

该公司研发的新型NOVAFLAM燃烧器是将轴流风与旋流风合并为一，与煤风合称为双风道，并利用专利的旋流器调整旋流风的角度，实现一次风压及风向的合理调整，以调节火焰形状。这种燃烧器必须使用设计要求的原煤种类，否则由于无法调整风道断面，难以在变换一次风量的条件下，保证出口风速不变。所以，对于煤质不稳定的用户不应选用这种燃烧器。

3.1.10.1　分解炉用三风道燃烧器

分解炉燃料为烟煤时，燃烧条件已经不错，并不需要用一次冷风促进煤粉与空气的混合，否则会白白浪费电能与热能。如果燃烧速度不够，可能更多是入炉的风、煤、料位置不当，有碍混合、燃烧、传热进行。只是在使用无烟煤时，挥发分含量过低，才有可能借助所谓三风道燃烧器加快此过程，其原理与窑用多风道燃烧器相同，以提高出口净风风速为手段。

重要提示：分解炉三风道燃烧器不一定是利多弊少，因此并不是所有分解炉都需要。

3.1.11　空气炮

空气炮是利用压缩空气作为动力，自动定时清理系统结皮的专用工具。其优点是可节约清理结皮的人力并安全，保证系统的正常运转；缺点是要消耗制造压缩空气的电能，并为喷入冷空气升温，要消耗大量热能。

（1）空气炮的高性能标准

①喷爆力是体现空气炮效率的重要指标。要有很强的喷爆力，即喷爆的时间越短越有力，一般为0.03s，以图瞬间施放压缩空气动力。如果6bar工作压力下喷爆力无法达到4000N，则无法有效达到清堵效果。达到最大喷爆力的条件是喷爆口径（mm）、气罐容量（L）、气罐口径（mm）要成比例，同时电磁阀要可靠，炮头中不能有橡胶制膜片阀。因为橡胶高温下易老化、易损件多，而且橡胶膜片动作缓慢，延长释放时间。

②设备使用安全性较高，有负责隔离空气炮与气动系统的安全控制装置。吊挂装置能避免强烈喷爆后的晃动，否则会损坏喷管等。

③8台空气炮仅需要一套自动控制系统。供货商要为空气炮提供气源的连接金属软管，无需用户另行购买或配备。用户自配的胶管无法耐高温，容易老化；若不配进气软管会极大限制气源管路安装，且不利于炮体装卸与维护。

重要提示：并非所有安装的空气炮一定会发挥积极作用。

④有较长使用寿命，所有部件的免修期限为3年。

⑤减少噪声污染，装有消声器。

（2）识别空气炮高性能标准的方法

①炮体是整体铸造，不存在漏风可能。

②动板活塞不应该是橡胶制品。可以从放炮的声音大小区分喷爆力。

③电磁阀配置的制造商应为知名品牌。

④喷嘴若镍含量不足，产品颜色会发白，质轻。

（3）对用户的使用要求

①保证压缩空气气源质量，油水分离效果高，气压稳定在0.6kPa。

②定期检查工作气压及相关阀门的可靠性。

★　*推荐优秀制造商*

广州碍消克工业装备有限公司

该公司生产的动板活塞型空气炮的产品优势是：

（1）最新型空气炮主机把快速释放阀设计到了炮头动作系统，炮头的活塞缸体为整体（包括法兰）精铸、精加工而成（材质为：铸铝），是具有优良密封性的纯金属结构，从而达到电、气、机一体的高度自动化，缩短释放反应时间，减少备件消耗。结构更简单，维护更容易。

（2）碍消克炮头呈流线型，直径合理地等于或大于喷爆口径，且空气炮喷爆口径与容量成比例，能使压缩空气迅速瞬间释放。所以它的喷爆力为世界上最强。口径100mm的100L空气炮喷爆力为：5200～7600N（6～10bar），工作压力为：3～10bar，并可提供测试证明或进行现场试验（国产炮：100L空气炮在4～8bar条件下喷爆力从2200～5000N不等）。

（3）碍消克整机主机部分只由金属动板活塞与弹簧组成，没有任何橡胶膜片，因此动作迅速，使用寿命长，无高温易损件。

（4）所配电磁阀为世界著名电磁阀生产商德国宝德提供，并专为法国标准设计，可电控及手动操作，约占设备20%的成本。

（5）其压力容器（气罐）材质镀锌钢，储气罐上配有压力表和排气阀；外涂聚氨酯涂层，内壁二次防锈处理。

（6）配备最完全的附件及装置。用户只需提供气源即可使用空气炮。其中不锈钢进气软管的耐压值≥16bar，耐热值≥120℃，经久耐用。加装消声器，大大降低强烈喷爆的噪声，符合国际标准。

（7）拥有自动排泄装置，配置金属保护膜湿度指示器，用以保证空气炮的工作性能稳定。

（8）碍消克有两类喷管喷嘴配置

①喷管DN100：材质为1/2钢+1/2耐热不锈钢（钢铁法兰+防锈涂层），耐热性能达到1200～1400℃，口径与空气炮的喷爆口径匹配，为耐热不锈钢体。直筒的钢体结构使空气炮喷爆力能直接作用物料部分。

②DN100扇型喷嘴：材质为耐热不锈钢+镍。喷嘴材料必须含有约30%的镍，以保证喷嘴的耐高温性（1200～1400℃）。重量：24kg。

用户使用经历

使用寿命可长达13年，如广州珠江水泥，云浮广信水泥，河北启新水泥等。

3.1.12　高压水枪

作为处理生产故障的专用工具，高压水枪在现代水泥企业中的应用范围逐渐扩大，常用于清理窑尾缩口结皮、篦冷机“雪人”及发电锅炉中的排管结垢。该装备的能耗主要来自于水泵消耗的电能；另外，对于热工系统，喷出的冷水在系统内转换为高温蒸汽，消耗热能。

（1）高压水枪的高性能标准

①喷出的水压应达到50MPa以上，以足够的喷射力量清理结皮、“雪人”、锅炉管结垢等各种故障，而且针对不同用途，可以配备不同的喷嘴形状及尺寸。

②设备、管路、阀门及接口等部件能够承受高压而不漏水。喷头耐磨损，使用寿命长。

③操作前压力可根据需要任意调节，操作方式灵活，既可用高压喷枪直接清洗，也可用脚踏控制阀手拿喷杆清洗。设备有为确保安全的调压阀和安全阀，使之超过额定压力自动卸载。

④搬运方便，适宜在多点使用。

⑤维护简单、高效率、低消耗、无污染。

（2）选购与使用要求

①作为水泥生产中清除故障用的高压水枪，不仅要看能具备的水压，而且要有足够的流量（$3m^3$/min以上）。

②使用水质洁净，有利于大幅度提高装置中相关元件的使用寿命。

③喷头孔径磨大后，要及时更换，否则水压大幅下降。

④使用方法需要培训，只要由熟练技工操作，就可以做到既高效清理结皮等故障，又不会伤及系统内的耐火衬料。更要保护人身安全。

★　*推荐优秀制造商*

四川杰特机器有限公司

（1）主机液力端采用先进的“一”字型结构，与习惯使用的“T”字型结构相比，由于柱塞从高低压区域之间转为在低压面运动，可以避免压力较高时出现“裂缸”事故，保证无故障连续运行超过500h（行业标准）。而且设备结构方便检修，只要卸掉缸体后面的密封丝堵，便可更换液力端内的全部密封副及阀组。

（2）采用独特的节流阀结构调压。为保障调压装置使用寿命长，该公司自行研制的专利技术，一改传统的单纯圆锥体调压阀，而成为高加工精度的圆柱状阀体，在阀体内部还设有安全卸压保护装置。

（3）该公司的水枪压力可高达70MPa，而无故障。

（4）拥有专利技术的脚踏控制阀，由于巧妙利用了控制阀与阀芯间存在的“前压”与“背压”压差，为阀芯提供了密封力。不仅保证操作人用力的随意及可靠性，而且阀的使用寿命可达3万次以上。相比之下，操作传统的脚踏阀要严格控制用力大小，寿命也只能2千次左右。

（5）喷头材质为合金钢或人造宝石，后者是本公司根据水泥行业使用所设计，从而寿命更长。自1993年使用以来，得到水泥行业用户充分肯定。

（6）采用油泵自动强制外循环润滑系统来润滑曲轴轴芯与轴瓦，大大提高动力端的使用寿命。

（7）高压密封副采用进口方轮盘根，主要是靠水润滑，使用时无需在柱塞腔内加入任何润滑油。

（8）清洗用的高压管路用冷拔无缝厚壁高压硬管排好，使窑头到窑尾的高压作业现场既整洁又可以避免高压胶管破裂带来的危险。

（9）电机与仪表的配置水平，可按用户意见选配。

用户使用报告

使用高压水枪处理上升烟道结皮情况说明

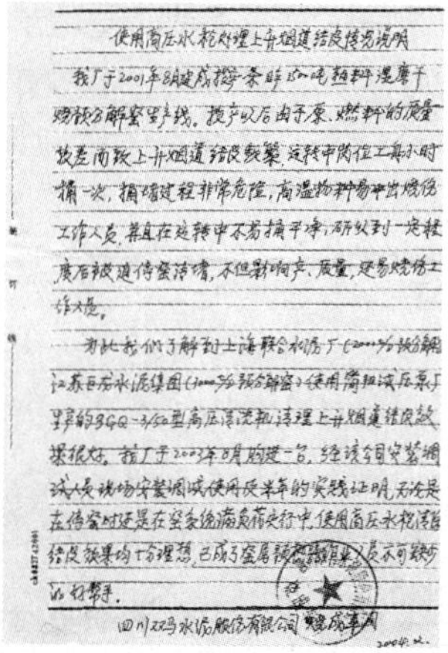

我厂于2001年8月建成投产一条日产1500t熟料湿磨干烧预分解窑生产线，投产以来由于原燃料的质量较差而致上升烟道结皮频繁，运转中岗位工每小时捅一次，捅堵过程非常危险，高温物料易冲出烧伤工作人员，并且在运转中不易捅干净。达到一定程度后被迫停窑清堵，不但影响产质量，还易烧伤工作人员。

为此，我们了解到上海联合水泥厂（2000t/d预分解窑）、江苏巨龙水泥集团（3000t/d预分解窑）使用简阳试压泵厂生产的3GQ-3/50型高压清洁机清理上升烟道结皮效果很好。我厂于2003年8月购进一台，经该公司安装调试人员现场安装调试及半年的实践证明，无论是在停窑时，还是在窑系统满负荷运行中，使用高压水枪清除结皮效果均十分理想，已成为窑尾预热器作业人员不可缺少的好帮手。

四川双马水泥股份有限公司　烧成车间　2004.2

3.1.13　旁路放风系统

对于有害元素较高的配料或燃料，最有效的方法是通过旁路放风系统降低系统气体内有害元素的含量。旁路放风系统在国外已经开发应用有二三十年的历史，技术仍在不断发展，但国内少有用此技术的生产线。随着高质量水泥及环保要求，越来越多的国内企业已经开始应用此技术。

（1）旁路放风系统的高性能标准

①能有效地降低废气中的氯、硫及碱含量，只要能控制其含量富集在2%

以内，就可避免对生产的威胁。

②对原有系统的操作影响程度最低，热耗不会为此而升高。

③对原有系统的改造工作量不大，不会影响原工艺布置。

④对排出的灰能合理组织使用，而不造成新的污染。

★　推荐优秀改造厂商

日本太平洋水泥公司

该公司开发有：

（1）除氯旁路系统

它是通过抽气探头将窑尾与预热器交接处的高浓度氯气抽出，使该处氯离子浓度降低而免于结皮。

其特点在于：

①旁路探头的小型化设计能在狭窄空间安装，并带有抽气速冷功能。

②抽出粉尘经高效选粉机分选，只将含高浓度氯的细粉选出后另作处理，大量粗粉作为原料仍返回窑内。

③采取插板式间接冷却机作为高效热交换器，无需外部空气，能使用最小量空气完成冷却抽出气体的任务。为此，可免除安装大型收尘器及风机，大幅节省电费及维护布袋等费用。

用户使用报告

旁路除氯设备评议意见

天辰水泥1号线旁路放风系统自2010年5月开工建设，在2010年11月建成运行一年多以来，有效地减少了原料中有害成分氯离子、钠、钾等在窑尾结皮。抽出的氯灰经过化验氯离子含量达29%，经过长期的连续抽出，氯灰氯离子含量现稳定在11%～12%之间，抽出氯灰350t，达到了投入抽出比例，生产正常。

窑尾结皮的减少有效增加回转窑运转率，提高熟料的质量，同时改变了窑尾分解炉缩口及烟室气体环境，减少了生料在烟室→分解炉→预热器中的多次循环聚集，也降低了预热器→电收尘→均化库→入窑的回料量，使其一级旋风筒的效率由过去的68.97%提高到了90%，在进一步提高产量达25%以上的同时，减少煤耗15%。

结皮减少提高回转窑运转率17%，增产20万t熟料，从而达到节能减排提高资源利用效率的目的。

新疆天业水泥有限公司　2011.12

旁路除氯设备评价意见

对天辰水泥1#线旁路放风系统的评议意见：

天辰水泥1#线旁路放风系统自2010年5月开工建设，在2010年11月建成运行一年多以来，有效地减少了原料中有害成分氯离子、钠、钾等在窑尾结皮。抽出的氯灰经过化验氯离子含量达29%，经过长期的连续抽出，氯灰氯离子含量现稳定在11%~12%之间，抽出氯灰350吨，达到了投入抽出比例正常。

窑尾结皮的减少有效增加回转窑运转率，提高熟料的质量，同时改变了窑尾分解炉缩口及烟室气体环境，减少了生料在烟室→分解炉→预热器中的多次循环聚集，也降低了预热器→电收尘→均化库→入窑的回料量，使其一级旋风筒的效率由过去的68.97%提高到了90%，在进一步提高产量达25%以上的同时，减少煤耗15%。

结皮减少提高回转窑运转率17%，增产20万吨熟料，从而达到节能减排提高资源利用效率的目的。

天辰水泥有限责任公司

（2）TCS系统

当生产线要使用含硫高的煤及各种含硫废弃物时，在窑尾上升烟道等处会出现硫富集的结皮，使生产难以正常进行。该系统可以避免窑缩口处出现结皮的方法是，从二级预热器准确取出一定量物料，经过专用管道送入窑尾，降低此处局部温度，令气流中含硫低熔点化合物提前凝结附着于物料上，随熟料从窑头排出（详见文献［3］5.4.2节）。

应用案例：此技术在即将投产的国内台资企业实业水泥公司（位于湖南连源市）已采用。

3.1.14　轮带与筒体修复

轮带与筒体开裂的原因：

在近期投产的大型回转窑的筒体、轮带及托轮中，不少都发生不同程度的开裂、剥落等现象，严重影响窑的运转。其中主要原因是，制造商为了迎合低价采购，对制造材料的选用标准一再降低。在修复过程中，由于措施不当，也存在质量不高反复开裂的情况。

这种表面接触疲劳破坏，主要原因是由于轮带局部区域存在成分偏析或非金属夹杂物，造成表面早期接触疲劳开裂。

对此缺陷的修复，应该使用奥氏体型焊接材料及Ni基高强度焊接材料。不仅材料要适合轮带运行工况条件的要求，同时还要配以合理的工艺措施，这是现场焊接需要掌握的主要技术难点。

★　***推荐优秀设备商***

能正确分析失效原因是称职的服务商的先决条件。

江苏久联焊业有限公司（详见广告）

修复报告

托轮与轮带表面剥离的焊接修复。江苏某水泥集团托轮自重25t，轮带自重70t，材质均为35MnSl。由于制造过程中，其次表面存在夹杂等铸造缺陷，运行一段时间后，表面出现了剥离现象。1995年2～3月间，我们对托轮、轮带上多处剥离破损进行了焊接修复，取得了令人满意的效果。

窑筒体裂纹的焊接修复。江苏某水泥集团回转窑Φ5.8×97m，当时号称亚洲第一大窑。1994年发现Ⅲ档轮带处产生裂纹，共11条之多，长度从300～600mm不等。裂纹处筒体壁厚90mm，且应力状态复杂，焊接难度相当大。经过三个月的调研、分析、论证，提出了从失效分析、修复方案，如何防止裂纹再次发生等一系列研究报告，并于1995年承担了具体的焊修工作，成功地解决了水泥行业普遍存在的这一难题。

3.2　篦冷机

该装备不只是简单冷却与输送熟料的机械设备，更是重要的热工设备。

篦冷机的高性能标准：篦冷机是熟料烧成系统的关键热工设备。高性能的篦冷机核心指标是热交换效率高，即应尽力提高进入篦冷机的熟料与鼓入冷却空气的热交换程度，关键是通过篦板上料层阻力与所用冷却风量的合理匹配，实现用最少冷风回收熟料中更多热量的效果。与此同时，设计者还应为用户合理使用高温空气创造条件，以全面落实篦冷机高热交换效率为窑系统所用的目标。为此，篦冷机需要同时满足如下工艺要求与机械要求。

（1）工艺要求

①能获取高的二、三次风温度。二次风温度为 1200℃ ±50℃，三次风温度为 1000℃ ±50℃。使窑、炉能从熟料中回收大量热焓，系统建立合理的热工制度。

②较低的废气排放温度。有余热发电的废气温度不会太高；无发电时进收尘系统的废气温度，在无漏冷风及无喷水的条件下，不应高于 250℃。

③较低的熟料出口温度：≤65℃ + 环境温度。它表示熟料出篦冷机之后残存的热焓很低。

后两条要求应同时具备，它是第一条要求的必然结果。这不仅是为下游设备安全，更是为了系统热耗最低。

（2）机械要求

1）配风性能好

根据篦板上方的熟料阻力，调节篦板下方进风量，设计意图可谓代代进步："风室配风"、"空气梁配风"、"自动控风阀按篦板配风"；与此同时，篦板阻力也随之变化，高阻力是为了减少熟料粒径离析导致料层阻力不均对冷却用风的影响，低阻力则是寄托发挥自动控制阀的调控性能。

采用"自控阀配风"是先进的理想配风技术，但自控阀的制作质量能长期保持按料层阻力自行调整并非易事。

2）耐热耐磨性能高

篦板等耐热耐磨件的寿命，是设备正常运转的基本保证。让熟料与篦板等耐磨元件之间无运动接触不失为提高配件寿命的良策，但如果靠风压将熟料托起而消耗能量，实用价值就会降低。

3）密封性能好

先进的篦冷机常以篦板不漏料为最大宣传亮点，虽然不漏料有很多优势，但如果靠消耗大量电能实现不漏料，就必然违背节能最高原则。

对于配有集料斗的篦冷机，外排存料的锁风应采用快速切断双板阀，且高压风室与低压风室之间不应有任何窜风。

4）可操作性能

①冷却风量的调节

风机能力设计应有一定富裕量，并为增加用风调节的灵敏度，冷却风机应采用变频调速。目前常见高温端用风满负荷不调节，这并非明智之举。

篦下风室的风道设计应该以尽量减少阻力损失为标准，既不能一台风机向两个阻力不同的位置供风，更不能两台风机共用同一个风道。

每个风机都应有专用气室，而不能共用，否则其作用会在同一气室内相互抵消。

篦板上方已经形成的高温风与中低温风之间应该设置隔断，目前篦冷机设置的最好隔断均为耐热混凝土制作，它只能在篦冷机上方起部分隔断作用，无法避免操作不当时的窜风。

②篦速调节

高温区为了使空气与熟料有更长时间的热交换，料层应该较厚，相配的风压更高，而风量不能超过窑、炉燃烧之用。相反，在中、低温区，为加速冷却，应减薄料层，增加冷风量，废气温度不会太高。此时属大风量、低风压控制。

为了满足上述料层厚度要求，高、中温段的篦速应当分别调节；如果篦冷机全长以相同篦速纵向步进，全篦冷机只能为同一料层厚度，成为致命缺陷。

③摄像头安装位置的设定

安装摄像头是让操作员能观察到熟料入篦冷机后的状态，了解现场熟料料面承受冷风后的运动状态，检查合理配风效果，指导调节。所以，摄像头安装位置十分重要。制造商理所应当承担此责任，关键的一步是，重视观察孔开孔位置，选在高温段末的侧墙安装，高度1.8m左右。

摄像头更应该选用科泰（Quadtek）等高水平摄像头及高温成像监测系统（详见10.8），准确了解熟料在篦板上的分布与冷却效果。

④防“雪人”方法

有的篦冷机设计了空气炮；也有设计定时液压机械推“雪人”装置；还可采用在端墙高于篦板处预留数个50mm×50mm方孔，平时堵上，清“雪人”时打开后用水枪清理。从目前看，既有效又省钱的做法是最后一种。

5）对大块异型熟料的破碎性能

在篦冷机中段设置辊式破碎机，依靠数排辊子的不同转向实现对大块熟料的破碎作用。这是最为先进的破碎设施，它的优势在于：

①辊式破碎机转速低（2~6r/min），自身能耗低，仅是传统锤式破碎电耗的50%。

②由于设置在篦冷机中部，将大块熟料及早破碎，便于在尾部继续冷却，避免有红料排出篦冷机，有利回收热量。更能消除异型熟料将锤头压死，导致停机的可能。

③遇到较硬异物，辊子可自动反转，能保护设备安全。

④辊齿采取表面硬化技术，使用周期较长，配件更换容易。

6）传动要求

大型篦冷机应采用液压传动。2003年以前，篦冷机是依靠直流电机通过链条传动。直流电机的碳刷需经常更换；同时机械传动换向冲击大，传动轴直径比液压传动增大很多，同时，链条磨损大，运行不平稳，易发生“窜轴”现象。

新型液压传动设备包括循环冷却过滤系统、油箱、泵阀控制站、液压缸、电气控制等部分。它通过高压泵向外提供压力油，经比例阀及相关辅助元件控制液压缸运动。不仅运行平稳、可靠，而且节能25%～30%，并近于免维护和完全自动化。虽然液压传动价格高昂，但已是大型篦冷机发展趋势。

（3）制作要求（详见文献［2］管理75题）

综上所述，篦冷机的高性能标准可以简单归结为：

①篦板设置要有理想的布料性能。如高温进料端固定篦板采用偏梯形结构布料。在两侧使用STOP篦板，增加边料厚度，与中心料厚一致。

②根据料层阻力，采用可靠控制手段（包括使用自动控制阀）控制冷风用量。

③高温段与中低温段可按不同篦速调整，控制不同料层厚度。

④确保在熟料输送过程中，始终保持高温熟料在料层最上方。

⑤提高篦板制作精度，强化密封，并保证篦板不漏料。

⑥中部使用辊式破碎机。

⑦所配电机、减速机及轴承等应选用高性能产品（详见5.6、5.7、9.2各节）。

重要提示：当前市场宣传所谓第四、第五、第六代篦冷机较多，产品的更新换代标志很不统一，也不应以代数高表示先进。作为篦冷机的换代标志应该是提高热交换效率，熟料排出温度低、不漏料、故障率低都是为提高热交换效率服务的举措，而提高篦床用风的控制精度才是关键。从第一代到第四代的进步，应该是控制冷却单元由面（风室）到线（空气梁）、再由线到点（自控阀）的演变，只有如此，才可能根据篦床上料面阻力的不同合理配风，获得传热的高效率。

★ *推荐优秀制造厂商*

（暂缺）

3.2.1 篦冷机改造

由于篦冷机常常成为制约窑系统生产能力的瓶颈，因此，很多生产线出篦冷机的熟料温度很高，而入窑、炉二、三次风温并不高，当提高熟料台产是以高热耗为代价时，这种生产并不经济划算。为了改变这种被动，应该尽快对篦冷机进行旨在提高热交换效率的改造。

高性能改造效果的标准：凡是不满足3.2节介绍的高性能要求的篦冷机，都应进行改造。

（1）影响篦冷机热交换效率的因素

1）在使用一段时间后，空气梁内会被篦板缝中漏入的熟料细粉堵塞，甚至有的空气梁在篦冷机耐火衬料施工中有浇注料浆漏入其中的现象，极大影响热交换效率。

2）篦板上方熟料层阻力不均，而冷却风无法与之对应使用。有以下几种原因会导致阻力不均：

①随着熟料结粒的大小差异，随着窑的较高转速，受重力、离心力及风力的联合作用，落入篦床上的熟料会按粒度严重离析。

②时而来自窑内掉落的大窑皮进入篦床上。

③熟料进入篦冷机后可能粘结成“雪人”。

3）篦室漏风使篦下冷却风穿过熟料层的压力不足，影响热交换效率。

（2）改造必须针对上述影响因素进行

①对现有空气梁结构进行改进。高温段应该沿篦冷机横向控制冷却用风，在粗料堆积一侧减少用风量，而另一侧细粉就应加大用风量。

②提高篦板制造质量。好篦板不但能延长使用寿命，而且防止漏料与漏风。现有的篦板很难做到不漏料，因此，都在篦板下设置有集料斗。但先进的篦板或是靠精确的加工，或是靠密封条及高压风反吹。在横向用风控制成功之后，篦板阻力可以大大降低，不仅有利于降低高阻力的能耗，而且降低对篦板的磨损；同时，篦板上方能存有少量冷却熟料，篦板不再直接受热及磨损，降低了对篦板材质的要求，减少了制造成本。篦板使用寿命应延长至 3 年以上。

③在集料斗下设置锁风阀及料位自动控制装置，极少数漏下熟料细粉，集料斗锁风阀应按设置时间开启一次，双层锁风。

④避免出“雪人”。篦冷机改造后应该有消除“雪人”的最佳办法。改造费用不能过高，工期不宜过长，部件不宜过多，那种将原有篦冷机只剩壳体，内部全部更换的方案，比重新安装一台新篦冷机还费力，不能称其为改造。因此，第三代与第四代在结构上有本质差异，它们之间不宜于相互改进。改造工期不应超过窑系统大修所需时间。

★　*推荐优秀改造厂商*

广州圣嘉机电设备有限公司

它的改造特点是：

（1）应用法国圣达翰技术。加强固定篦板区的冷却用风控制，在原有配套风机的基础上，视冷却机的规格大小，选用更高风压（约 12kPa）、大风量的风机（约 $3\times10^4 m^3/h$），增加高温固定篦板下方的用风能力。这部分风量分别按横向 10 个左右风室控制，每个风室都在入口处用人工调节蝶阀。为了便于调节并节能，风机应当使用变频电机，正常用风量并未满负荷。

（2）当篦冷机出现有“雪人”迹象时，可加大高压风机的用风量。

（3）采用特定形状的中阻力篦板，并对篦板间接触面进行精加工，确保不漏料、不漏风，经久耐用，寿命保证三年以上。

（4）对固定梁的机加工要求严格。4.2m长度的固定床体平面度误差小于2mm，篦板梁平面精度在50μm以内，并有保证加工精度的措施。

（5）重视各风室之间的严格密封，并选用法国进口的密封材料，以保证各风室有独立风压。同时安装圣达翰独自开发的气动双重快速切断阀。锁风阀按欧洲标准制作，做到绝对锁风和耐用，四年之内免维护。

该改造方案仅更换固定端篦板梁，而不用改变原有传动方式及篦板的框架结构。费用在100万左右（不包括风机改造），改造时间不超过两周。

用户验收报告

上海联合水泥篦冷机经过广州圣嘉机电设备有限公司近20天的改造，于3月10日完成并于3月12日正式投入运行，双方按照合同对冷却机进行了考核，考核从3月21日上午8时开始到3月24日上午8时，经过72小时的连续运行，现已考核完成，具体改造指标要求与考核的实测数据如下：

1. 合同指标（略）

2. 改造的主要内容

冷却机内部第一段、第二段改造所需用的篦板、篦板梁、主框架梁、支撑梁、风室挡墙、密封、侧护板、高温部位的固定床、风箱以及控制蝶阀等。

3. 考核的性能指标对比表

性能指标	单位	改造前操作数据	保证数据	考核数据	提高量
产量	t/d	2000～2300	2000～2400	2180	由于冷却机能提供稳定的二、三次风温，窑的运行变得稳定。窑产量提高多少，还有待厂方进一步的摸索
有效篦床面积	m^2		39.34	39.34	—
平均二次风温	℃	900℃	≥1050℃	1092℃	192℃，超过合同指标42℃
平均三次风温	℃	750℃（测点为分解炉入口处）	≥900℃（测温点为冷却机出口三次风管处）	906℃（测点为分解炉入口处），1112℃（测温点为冷却机出口三次风管处）	156℃（同比测点），超过合同指标212℃

续表

性能指标	单位	改造前操作数据	保证数据	考核数据	提高量
出冷却机熟料温度	℃	≥100℃	<100℃	62℃	下降38℃以上
篦床上熟料的表现		存在明显的“红河”，有大面积的红料，在冷却机两侧有明显的“雪人”	消除“红河”，在窑况和原料正常情况下不堆“雪人”	“红河”现象已消除，两侧的“雪人”消失，但在冷却机前端上壁有炽热熟料挂壁，也会引起篦床上少量的堆“雪人”，还有待从窑操作与配料上进一步的改进与提高	热交换充分且均匀，基本消除了“雪人”和“红河”现象，对于前端挂壁现象，在下次停窑时在易挂壁部位增加空气炮定点清除

4. 综合改造效果

（1）固定床熟料流态化状态良好，淬冷效果理想。从摄像电视和现场的观察孔可以看到在高温段高压冷却风均匀有力地穿透熟料层，彻底解决了因熟料的离析现象而产生的“红河”问题。二次风温、三次风温有了显著的提高，出冷却机熟料的温度也低于通常的考核标准（65℃+环境温度），完全达到了合同的要求。

（2）节煤方面

从改造前后工艺参数记录的平均值来看，三次风温达到了906℃，比改造前提高了156℃，二次风温达到了1092℃，提高了192℃。相比改造前节能计算如下：

$Q_1 = C_2mt_2 - C_1mt_1$ = 1.422kJ/(Nm³·℃)(1100℃ 比热值)×0.40Nm³/kgcl×2180000kg/d×1092℃ − 1.399kJ/(Nm³·℃)(900℃ 比热值)×0.40Nm³/kgcl×2180000kg/d×900℃ = 1354062528 − 1097935200 = 256127328kJ/d

每天由三次风多带入进分解炉的热量

$Q_2 = C_2mt_2 - C_1mt_1$ = 1.399kJ/(Nm³·℃)(空气在900℃时的比热值)×0.50Nm³/kgcl×2180000kg/d×906℃ − 1.379kJ/(Nm³·℃)(空气在750℃时的比热值)×0.50Nm³/kgcl×2180000kg/d×750℃ = 1381568460 − 1127332500 = 254235960kJ/d

合计每天的节能：256127328+254235960=510363288kJ/d

折合为标准煤：510363288÷29260(标准煤热值为29260kJ/kg)=17442kg/d

以窑系统运转率85%和系统散热损失35%计，一年节省标准煤为：17.44×365×85%×65%=3516吨标煤

以上是二、三次风温提高后，节煤的粗略计算。最终的实际节煤量还有待一段时间的生产统计资料来证实。

（3）提高产、质量

①由于出冷却机的二次风温、三次风温比以前提高近200℃，且稳定，对煤粉的助燃效果提高了，使窑、炉对煤质变化的适应性更强了，热工制度更加稳定，窑炉的操作和控

制变得容易，所以操作员普遍感觉到窑变得更好操作。

②熟料出冷却机温度低，对结粒正常的熟料颗粒可直接用手抓起。熟料温度很明显是低于65℃＋环境温度。这使熟料的易磨性得到明显的改善，从水泥磨的操作员反映的情况来看，水泥磨产量有了明显的提高，具体数据还需要一段时间的统计与分析才能得出。

③熟料出窑以后，发生着一种化学反应，$C_3S \longrightarrow C_2S + CaO$（在1250℃以下）；$\beta - C_2S \longrightarrow \gamma - C_2S$（在525～600℃之间），在发生晶形转变后，体积膨胀10%，造成熟料粉化（缺少前后对比数据），同时$\gamma - C_2S$矿物无强度，这两种反应都是在慢冷的熟料中剧烈发生，使熟料品质严重下降。而在急冷时，熟料液相来不及结晶而大部分转变成玻璃体，即使结晶，也比普通冷却时的结晶粒小，保持了熟料的质量。由于影响产量因素较多，需要有一段时间的统计和分析。

（4）对于篦板的使用寿命不在本次的考核范围之内。

5. 结论

经对合同要求的各项指标进行考核，数据表明已达到甚至超过了合同规定的要求，双方一致认为在合同双方的共同努力下，改造已经取得圆满成功，通过了考核验收。（附考核验收表以及数据整理表）

3.2.2　篦板

不同篦冷机由于控制冷却气流原理不同，所用的篦板形式不同，篦板阻力分高、中、低三类，出风方向不一。用风控制越粗糙的篦冷机，其篦板阻力越要大，以减小由于物料阻力不同而对用风不合理的影响。因此，使用者不能随意无根据改变原设计的篦板形式及尺寸。

有关篦板制作质量要求详见7.2“耐热铸钢件”。

The NOVAFLAM® burner
法孚皮拉德

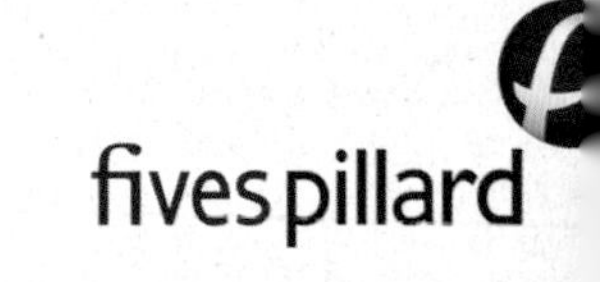

NOVAFLAM

SPECIFIC AXIAL DESIGN MAXIMIZING
SECONDARY AIR SUCTION
特殊的轴向风设计达到最大的二次风
- HIGH IMPULSE EFFICENCY
- 高脉冲性能比率

AXIAL AND RADIAL AIR WITH CONST
CROSS SECTIONS
轴向风与旋向风保持恒定不变的截面
- EASY IMPULSE ADJUSTEMENT (BY PRESSURE CONTROL ONLY)
- 简易的动量调节（通过调整控制压

ADJUSTABLE SWIRL/ 可调节旋流器
- EASY FLAME SHAPING ADJUSTEME (BY ADJUSTABLE RADIAL AIR ANG
火焰极易调节（通过调整旋流角度）

FUEL (COAL / GAS) AND ALTERNATIVE FUELS
燃料（煤/天然气）和其他替代燃料
- HIGH FLAME STABILITY/火焰高稳
- LOW NOx EMISSION/低氮氧化物排

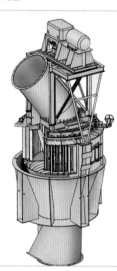

第 4 章　输送设备

4.1　板喂机

该机为水平及倾斜（一般倾角≤23°）输送较大粒状物料向下道工序（破碎机、配料秤）喂料时，需要均衡下料量的理想设备。根据输送料量及粒度大小分重、中、轻三种类型。

板喂机的高性能标准：

（1）每块输送槽板必须有足够厚度，具有的刚度能经受住物料的冲击而不变形。材质与热处理均能符合耐磨要求，使用寿命在二年以上。

（2）每块输送板尺寸加工精确，之间相互配合紧密，间隙控制在 3mm 以内，保证在输送物料过程中不漏料。

（3）设计输送角度应以物料不能向机尾流动为原则，防卡下滑物料复盖或压住机尾润滑点等部位。

★　*推荐优秀制造商*

长城重型机械制造有限公司

该公司为以输送设备为主的大型民营企业，该产品的制造特点如下：

（1）槽板为 16Mn 钢板焊接为一体，承载面焊有加强筋，再由油压机整形，并经铣床上加工与相邻槽板的接合面，确保槽板间隙介于 2 ~ 3mm 之间。保证在输送物料过程中不漏料。

（2）链条为板链，其加工材质及热处理均与斜斗式链板输送机相同（详见 4.2）。

生产最大规格的板喂机为向秘鲁出口的矿山用 10000t/h 板喂机，其中动力为瑞典赫德隆公司引进的液压传动。

用户使用报告

长城链条输送总厂

贵厂为我公司氧化铝厂生产的 45°斜斗提升机链条、裙式输送机链条、水泥厂的 45°深槽输送链，经过我公司 8 年来的使用，链条寿命均在 4 年以上，这种长寿免维修的强力工程链为我公司稳定生产、降低维修费用，降低成本起到了重要作用，节约了大量备件资金。

山东铝业公司设备分公司　2000.8.9

4.2　斜斗式链板输送机

为适应从篦冷机向熟料库顶大于45°的高温熟料倾斜输送，并满足较高的磨蚀性要求，应选用此设备。

斜斗式链板输送机的高性能标准：

（1）从结构设计上要保证上百米设备在长时间运行后，不发生跑偏、变形。这是该设备能长期不漏料、安全运转的基本条件。

（2）关键部件的材质严格控制。链板、销轴、套筒、滚轮均应为耐磨、耐高温材质，并经过良好热处理，运行平衡，使用寿命不应低于二年。

（3）设计料斗形状与制作都应保证相邻料斗无间隙相接，避免运行漏料。

（4）出厂质量附有超声波检验焊接件、铸件及锻件报告单。

★　*推荐优秀制造商*

长城重型机械制造有限公司

（1）结构设计取链条分布在料斗两侧，不仅使输送设备的重心降低而平稳，而且可以使输送机牵引的链条与物料承载的托辊在同一条线上，即为环抱式（详见图4.1），消除背驮式中料斗前进方向与轨道方向跑偏的可能。每个料斗形成独立的载体，相邻料斗相搭接但不接触，既形成连续输送料流，也避免了运行中由于料斗变形而导致漏料的发生。但此结构对于大运输量（大于5000t/d线）时需要加固料斗侧板，多用钢材7%～10%而增加投资。

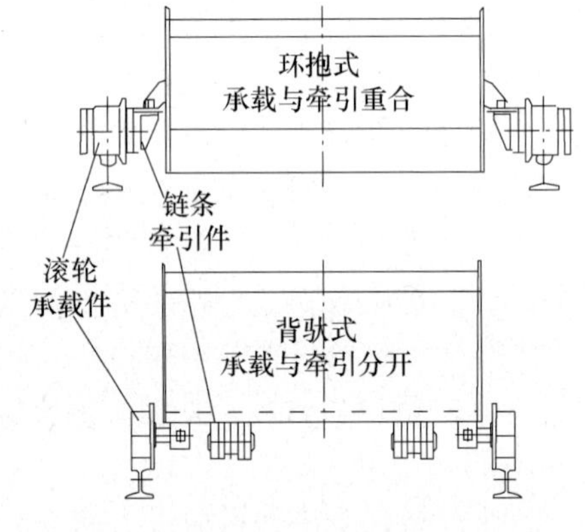

图4.1　环抱式与背驮式结构对比示意

（2）采用高质量的热处理装备及工艺，多年一直坚持引进美国易普森公司的可控气氛多用炉对销轴、套筒、链条采取相应的热处理制度，不仅使出炉的配件拥有较高的硬度（销轴HRC55、链板HRC35），而且保证其硬度散差小至1～2度以内，不会导致个别元件的硬度不高而使全线设备垮塌。这种热处理的另一优点是没有氧化皮产生。

（3）该公司的滚轮为40Cr煅造、调质，加工后表面淬火；传动齿轮为整体铸造40Cr铸钢，不是分体的镶砌工艺，避免螺栓断裂解体发生事故。

用户使用报告（摘要）

非常感谢几年来贵公司对我公司输送设备技术改造的大力支持和良好的合作，为我公司近年来提高设备运转率，减少故障发生率，降低工人劳动强度，为赢得良好的经济效益做出了重大贡献。

我公司已先后选用贵公司制造生产的B800型熟料链斗输送机3台套，其中1#B800×87m链斗机于1995年开始投入运行，已连续安全运转五年的时间，运行部件的链板、滚轮、销轴、套筒等的配备件消耗为零，没有发生因运行部件的故障而造成设备的停机，在此恶劣的环境下，能确保长时间正常运行，创造了我公司设备管理史的奇迹，受到我公司广大干部、员工的普遍称赞和欢迎。

我公司在1994年技改扩建6#ϕ3.5m×145m回转窑工艺系统中，采用的输送设备，运转不足一年，公司就花费了近100万元的配备件费用，同时还不能确保设备的正常运转。1996年我公司不得不采用贵厂生产的B800×25.7m熟料斜斗输送机，投入运行后，即与1#输送机一样取得了成功。

浙江三狮水泥股份有限公司　2000.4.6

4.3　大倾角皮带机

（1）大倾角皮带输送的优点

将橡胶一次承压成型为能达到45°~90°大角度的输送粒状物料的胶带装备，可以省去料斗等元件（图4.2），是这类压制皮带机的特点。成型的单元形状示意如图4.3。如考虑输送含水较多物料时可以漏出水分压制形状可以如图4.4。过去曾用粘结方式将波形挡边皮带及挡板粘结于平皮带上的大倾角输送方式，因粘胶受温度影响较大而被替代。

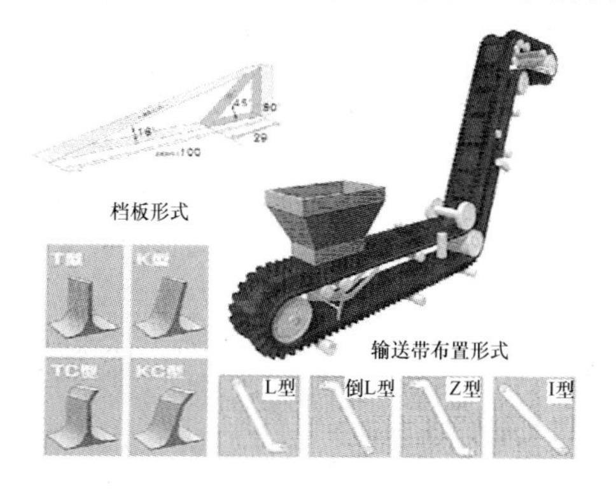

图4.2　大倾角输送皮带机示意

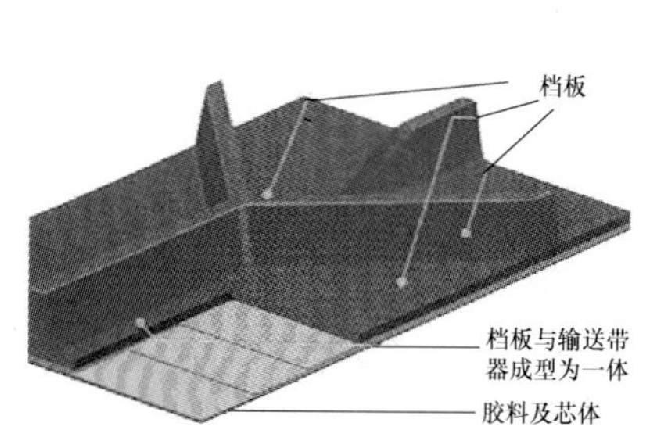

图4.3　压制的胶带上挡板示意

此类型输送机的优点在于工艺布置简单化，大幅度压缩工艺装备，省去完成水平以及垂直输送的三台设备、还免去为转运物料形成落差所需要的收尘设备，从而大幅度节约输送能耗及维护量（详见文献［1］6.7节）。

（2）大倾角皮带输送机的高性能标准

①橡胶具有高耐磨与高强性能，橡胶挡板具有良好的抗折及防撕裂性能，也不易龟裂变形。

②挡板与输送带成型为一体，确保不脱落。

③皮带可根据被输送物料的特性，设计成不同胶料及芯体强度。

图4.4　输送中可漏出物料水分

本装备不适于黏性物料及较高温度（>200℃）物料的输送，垂直输送高度不可高于30m。

★　*推荐优秀供应商*

鑫永铨橡胶（天津）**有限公司**（详见4.7.2）

4.4　提升机

4.4.1　超高钢丝胶带斗式提升机

现代水泥企业用于入窑、入库生料等粉状物料的大高度垂直输送装备当选钢丝胶带斗式提升机。它不仅比板链式提升机大幅度提高输送高度，运行电耗低，使用寿命长，可靠性高，无噪声污染；而且能耗仅为气力提升泵的1/4～1/3，并可减少大量冷空气入窑而降低熟料热耗。该装备过去由德国进口，近年国内成功生产，其各项指标并不亚于进口设备。

（1）超高斗提机的高性能标准

大高度斗式提升机技术上必须满足如下要求：长期运行胶带不断裂；胶带接头牢固、平整；料斗固定可靠不掉斗；胶带运行不跑偏；头部辊筒使用寿命长；整机设计合理。

①专用的超强钢丝胶带

作为牵引件，特殊设计的高强度钢丝胶带要保证料斗的安全连接和载荷均衡分布，具有防撕裂、耐老化、使用寿命长的性能特点；钢丝接头方式不能直接用卡子，而应该将钢丝头折回对接；使用耐磨性能高的橡胶。

②胶带接头必须可靠

采用的连接方法和连接件要使连接强度不小于胶带自身强度，使用周期内不应发生接头部位断裂。

③料斗件采用特殊设计

料斗件应采用连续密集型布置，料斗数量多，有利于连续提取和卸出物料；料斗与胶带接点多，并对胶带局部保护，消除料斗固定处胶带的疲劳程度而避免料斗脱落，并防止伤害头轮辊筒覆胶。

④头轮应耐磨并有强驱动力

钢结构驱动轮表面采用高耐磨面胶，增强头轮面胶与胶带间的摩擦力。胶层耐磨程度高，不会因磨损而造成胶带跑偏。同时，头轮胶层为分片式，可以方便磨损后的更换。

⑤尾轮结构要有采取保证尾轮同心度的有力措施。

⑥张紧机构要能有自动张紧和自纠偏功能。

有较灵活的胶带张紧装置，不仅可以在一定范围内调整使用后的胶带松弛，还可以调节两边张紧度，防止皮带跑偏。

⑦运行平稳可靠

确保传动配合良好，不能有料斗撞击壳体可能。

⑧仪表配备齐全

料位控制器、传送带摆动检测器和测速器等保证安全运行。

⑨所配电机、减速机及轴承等附件应选用高性能产品（详见5.6、5.7、9.2各节）。

（2）合同中双方承诺的条件

①明确输送量。规格要与其相匹配，额定值既不应超过实际输送量过高，更不能偏小。

②斗子数量。斗子过多，不仅订货费用高，而且荷载率偏小，斗子自重占有较大比例，增加提升机电流，提高电耗，并增加斗子挂边和跑偏可能，不利于安全运转。

③明确输送物料温度。温度对胶带的老化非常敏感，因此，选择耐高温胶带要充分考虑被输送物料温度，尤其是有余热发电时，回灰温度可能偏高，而且要承受瞬时温度过高。

应当尽力避免胶带温度高于物料温度，因为此时表明运行中胶带有严重打滑现象，摩擦产生热量就会烧损胶带。

④明确运行控制保护装置（料位开关、跑偏开关、测速开关等）应为名牌。

★　推荐优秀制造商

中建材（合肥）机电工程技术有限公司（由原合肥水泥研究设计院机电

工程技术研究所、合肥兰圈科技发展有限责任公司、合肥水泥研究设计院建材机械厂重组并改制的国有控股公司）

目前该公司开发的大高度钢丝胶带斗式提升机最大规格为，单机提升高度达 145m；输送能力超过 1335m^3/h；在 12000t/d 生产线入窑、入库生料提升环节已经投入应用；胶带瞬时耐热可达 180℃。

为生产钢丝胶带提升机，该公司自主研发了国内独家拥有的特种胶带，同时对相关技术进行攻关，获自主知识产权六项专利：

《防撕裂钢丝胶带提升机》专利号：ZL 01 2 45077.4；《防撕裂钢丝胶带提升机专用胶带及胶带接头联接装置》专利号：ZL 01 2 45076.6；《防撕裂钢丝胶带提升机专用料斗胶带联接装置》专利号：ZL 01 2 45075.8；《斗式提升机平行导向张紧装置》专利号：ZL 02 2 19831.8；《提升机胶带接头联接装置》专利号：ZL 02 2 20052.5；《钢丝胶带提升机专用防撕裂钢丝胶带》专利号：ZL 03 2 19152.9。

N-TGD 钢丝胶带提升机主要技术特点如下：

（1）专用的钢丝胶带

1）为保证料斗的安全连接和载荷均衡分布，胶带系专利产品。该专用胶带在厚度、钢丝密度、经纬布置、钢丝粗细等方面与传统钢丝胶带完全不同。胶带在纵、横两向组成钢质骨架，钢丝直径约为 5mm。

2）采用机械打孔，出厂前孔已打妥。

3）新开发的钢丝胶带瞬间耐温可达 180℃，使 N-TGD 提升机适用于高温粉状物料的输送，如：矿渣粉磨、出磨水泥、入库水泥以及粉煤灰等。

4）对磨蚀性强的物料，诸如矿渣粉、水泥、粉煤灰，钢丝胶带提升机比板链提升机具有使用寿命长、维护量极少、运行电耗低等优点。

（2）专用胶带接头采用独特的连接件和连接方法，可使钢丝胶带接头连接强度达到胶带自身强度。

1）采用专有配方和生产工艺制作的特种合金材料精细加工的带夹，比普通金属带夹重量减轻 60%。其硬度、韧性、抗拉强度、抗疲劳性能等各项技术指标等同于进口产品。作为配件，已经在引进设备上大量配套。

2）特制合金带夹由 2 个弧形外夹和 1 件双曲面芯夹组成，通过特制高强度螺栓夹紧胶带，配以钢丝卡扣、专用紧固胶及紧固盒，用以强化接头安全性能。

3）辅夹采用 AB 型强力固化剂后，使接头处钢丝、钢丝扣及带夹盒成为整体，确保带夹与胶带无位移或脱落隐患。

（3）料斗固定技术独特。固定件采用高强度专用螺栓，衬以高耐候性（指对气候变化的适应性）耐磨橡胶垫板，强化了料斗固定效果，消除料斗固定处胶带疲劳运行及伤害头轮滚筒覆胶等问题。

（4）头轮驱动轴设计由自定位滚柱轴承支撑，轴承座为防尘结构。钢结构驱动轮表面采用高耐磨橡胶整体硫化的面胶，经过大型数控车床加工成具有自动调心功能的特殊弧线，再经过磨制处理，以增强头轮面胶与胶带间的摩擦力。头轮端面轴孔采用50～60mm钢板车削加工、磨制处理而成，以确保头轮胀紧套和头轴间的胀紧连接。

头轮采用分片式结构，每一单片为钢质高精度弧形板，与胶带接触面覆以高耐磨橡胶，当头轮上覆胶弧形板磨损后，可及时更换。

（5）尾轮的主要技术特点是以尾轮芯进行尾轮组件同轴度定位；中心板和轮幅板用整板下料以确保其平整和刚度；采用张紧套，使轮体和轮轴之间实现高强张紧联接；整体棒状笼式尾轮，车削加工成自动对中的特殊弧线，并保证尾轮同心度；棒状笼型设计，内设物料排出双锥体。

（6）张紧方式采用自平衡自动张紧设计，通过强力平行四连杆机构使尾轮两端面同步动作，尾轮始终紧贴胶带，自由平行滑动，配以精密加工笼式尾轮，确保实现自动张紧和自纠偏功能。

（7）采用垂直轴减速器和液力偶合器，传动装置结构紧凑，为柔性传动。

（8）配备高档的运行控制保护装置：料位开关、跑偏开关、测速开关。

用户使用报告

钢丝胶带斗式提升机使用情况

我公司富阳5000t/d新型干法生产线由天津院设计，生料入窑、入库钢丝胶带斗式提升机选用合肥水泥设计院建材机械厂设备，入窑提升机N-TGD1000×101.04m，输送量450t/h，入库提升机N-TGD1000×59.00m，输送量550t/h。自2004年8月初投产以来，运行平稳，电耗低，完全满足生产要求，达到合同指标。

富阳三狮水泥有限公司　2004.11.28

钢丝胶带斗式提升机使用情况

我公司富阳 5000t/d 新型干法生产线，由天津院设计，生料入窑、入库钢丝胶带斗式提升机选用合肥水泥研究设计院建材机械厂设备，入窑提升机 N-TGD1000x101.04M，输送量：450t/h；入库提升机 N-TGD1000x59.00M，输送量：550t/h；自 2004 年 8 月初投产以来，运行平稳，电耗低，完全满足生产要求，达到合同指标。

富阳三狮水泥有限公司

2004年11月28日

4.4.2　板链式斗式提升机

垂直输送粒状物料、特别是温度较高的物料，可选用板链式斗式提升机。

现在流行的中央链大功率板链式提升机分NE系列、NSE系列及ZYL三种系列，相比环链斗提的链间点式接触已有明显优势，其中以第三种更适应大型水泥企业使用，提升高度高、能力大。

（1）板链式斗提的高性能标准

①物料入机方式为流入式，该设备可避免物料进入各部件之间产生挤压和碰撞，运行平稳，减少磨损；卸料方式为重力诱导卸料，斗速低，卸料干净，

不会有漏料磨损壳体，更不会落至机壳底部，免去挖料可造成的消耗较高功率及加速料斗磨损的缺陷。

②主链轮、从动轮及链板等关键部件材质具有耐磨、耐热（<300℃）性能，使用寿命3万小时以上。其中链板制作或购置应按4.4.3节要求。

③设计输送能力要比实际需要富裕10%，满足生产线的物料输送要求。最大输送能力可达1500m³/h；最大提升高度可达70m。

④电动机、减速机与轴承等外协件选用名牌产品（详见9.2、5.6、5.7各节）。对外购的锻件轴料要有明确标准及验收制度。

⑤单位物料输送电耗低。故结构合理，自重轻，且提升机卸料无漏料。

⑥设备机壳密封性好，无粉尘外逸现象。

（2）合同中双方的承诺条件

①买卖双方应确认输送设备在生产中的实际输送能力。

②买方应指明各种外协件的最终制造商，卖方应交付相应可靠证明。

③卖方应保证免维修的最低使用寿命。

重要提示：在生料辊压机终粉磨系统中，提升机输送能力欲高达2000t/h，对制造商是重大考验，目前能保证链板最长寿命为一年半。

★　*推荐优秀制造商*

1. 长城重型机械制造有限公司（同4.2）

用户使用报告

我公司原斗式提升机为一家国外公司生产中面链（单链）式提升机，经过使用，中央链条使用寿命及平稳性不能令人满意，其价格高及生产周期过长又制约了我公司的正常生产，设备国产化已迫在眉睫。我公司经过慎重考虑和多方考察，最终选定贵公司为我公司合作伙伴，并确定链条形式为双链型，于2004年9月8日签订了第一台斗提机改造合同，改造内容包括头、尾轮组、链条、料斗、尾部密封装置，同年10月份上机使用，至2006年8月份已近两年时间，在这两年内双链运行平稳、可靠，效果良好，达到了我公司的预期目标，也坚定了我公司与贵公司合作的信心，随后又陆续签订了6台斗提机改造合同。

时间为：2005年3月25日2台；2005年12月19日2台；2006年3月4日2台。至此我公司7台提升机改造完成，实现了国产化。目前，7台提升机全部安全、正常生产。

通过与贵公司的合作，无论是在质量上，还是在信誉上，都令我公司非常满意，在此对贵公司对我公司的大力支持表示感谢。

拉法基铝酸盐（中国）有限公司　2006.8.20

客户反馈意见书

2. 张家港市阳光机械制造有限公司

该公司为专业生产输送设备的民营企业，生产的中央链大功率提升机，具有如下特色：

（1）采用德国路德（RUD）技术生产，链板为模具锻压制造，材质为Cr、CrNi、CrNiMo基高纯度、细晶粒、非时效合金结构物种钢，具有超强的耐磨性，极高的抗拉强度和抗脆性断裂能力。

（2）链条结构的设计精巧、严密、可靠、方便。不仅销轴与套筒之间的端部做到密封，防止粉尘进入套筒内加快磨损，而且销轴与套之间转动灵活，使销轴受力与磨损均匀；链条可以翻转使用，延长寿命；更为巧妙的是，只须用手旋转90°便可完成链条装卸；由于自重轻，比NSE系列提升机可节电约6%～8%。

（3）主链轮光滑无齿，靠摩擦传动，保证设备磨损少、运行平衡。下链轮轴承为滑动轴承（低合金渗碳瓦），无需润滑，也不易被物料卡住。另外，下链轮采用内封闭结构，减少粉尘逸出提升机。

上述特点不仅使提升机使用寿命提高到4万小时以上，而且有条件增大物料提升高度至80m。

（4）该公司产品100%做探伤及硬度检验，抽样检验晶相分析及抗拉强度。

（5）减速机选配弗兰德品牌，轴承使用SKF进口轴承。

4.4.3　传动链条

各式传动链条是输送设备与传动设备，如链板提升机、斜斗输送机、链运机等装备的基础元件，它们的高性能是这些设备高性能的必要条件。

（1）传动链条的高性能标准

链板要高抗疲劳强度，销轴要高耐磨，整链要高抗拉强度、高可靠性。

1）销轴、链条所用材质从钢厂直接订货，要求增加铬、镍等耐磨元素含量，降低硫、磷等有害元素含量。因此，价格会比市场普通钢材高约10%。

2）有针对性的加工工艺，对影响寿命的关键元件有特殊加工手段：

①对大型关键链板采取高标准钻孔，实行全光亮带工艺，即采用镗孔，避免冲孔。因为冲孔是先冲裁、后撕裂的过程，加工后的孔表面很难平整，导致与销轴无法以受力最均匀方式紧密接触。镗孔加工成本虽高，但使用寿命及传动稳定性会大大提高。

②为提高销轴承受冲击静载荷的能力，必须提高热处理中的淬火硬度。一般小型元件采用低碳钢材质，进行渗碳淬火；但对高要求的大型元件，则要选用中碳钢整体调直淬火，对局部需要更耐磨的表面，进行二次感应高频淬火。显然后种工艺成本提高，但更能提高元件耐磨性能。

为满足上述工艺要求，企业要有相应的高档热处理装备，以及严格、先进的热处理加工制度及管理。

3）严格的产品质量检验制度

全数检验探伤及硬度，抽检抗拉强度及晶相分析，为此，企业应当配备有链条拉力实验机、链条破断强度试验机、硬度检测仪、激光探伤仪、金相试验分析仪等。

（2）合同中双方的承诺条件

因有相当数量的输送设备制造商是购置链条，故制造商应表明：

①出示钢材来源，如购买链条要出示制造商来源。

②向用户说明热处理工艺设计，加工成本不同，使用效果更不一样。

③将链条质量检验报告随产品交用户。

④制造商向用户承诺链条使用寿命两年以上。

★　*推荐优秀制造商*

杭州东华链条集团有限公司

该公司为专业链条制造厂家，产品已经远销国外发达国家，2009 年该公司还全资收购了德国有百年历史的专业链条制造商凯普公司。

公司根据水泥行业的使用要求，精心策划设计、精密制造四大类链条：传动链条、提升机链条（NE、NSE、NBH 系列）、粉状物料的输送链条（DS、FU 系列）、物料堆取料机链条。其质量保证条件为：

（1）该公司钢材原料来源于上钢五厂等大型钢厂。进厂后的钢材还需厂内进一步轧制整形。

（2）该公司拥有各种热处理设备：网带炉、多用炉、等温淬火炉、真空淬火炉、高频感应淬火炉、转炉等，能满足各种工艺加工要求及市场需要。其中等温淬火炉能使被淬火元件硬度均匀，元件变形量最小；真空淬火炉是对模具进行热处理的专业用炉，淬透性好，变形量小，稳定无污染。同行中很少拥有这两种炉型。

（3）具体链条元件质量的保证

①链板材料选用优质合金钢材 40Cr，通过精加工，选择先进的热处理工艺使硬度适中，达到耐磨、抗拉。其中链板孔进行镗孔，保证链板节距的精准，确保链条具有高疲劳强度。表面喷丸处理，提高表面疲劳强度和防锈作用。

②销轴材料选用优质合金钢材 40Cr，通过磨削精加工，选择合适的热处理组合，表面采用感应淬火，使内外层硬度适中达到抗拉、高耐磨。

③辊子、套筒材料选用优质合金钢材 40Cr、20CrMo/42CrMo，通过车磨铣等加工，再进行先进的热处理工艺，使其耐磨，提高链条使用寿命。

④整链成条后预拉，预拉载荷为抗拉强度（最小极限拉伸载荷）的50%～60%之间。链长精度控制±0.25%之内。整链铰链灵活。

（4）正常使用条件下，链条使用寿命为20000h以上。

用户使用报告

我公司是一家水泥生产企业，2009年7月购买了杭州东华链条集团有限公司生产的东华“自强”牌NE、NSE系列链条装配到水泥提升机上。在产品使用过程中，性能稳定，具有耐磨、抗拉、抗疲劳等优点，通过本公司的应用显示，提升机链条的使用寿命提高了120%以上，大幅度降低了本公司的生产维修成本，既实用，又先进，并且具有很强的可推广性，建议在进一步扩大生产时，使用东华自强牌NE\NSE系列提升链条。

兰溪市超峰水泥有限公司
2010-12-20

兰溪市超峰水泥有限公司　2010.12.20

4.5　料封泵

当粉状物料（如煤粉、粉煤灰及窑灰）输送距离较远（≥100m）或现场输送距离中障碍物过多时，又是在技术改造中需要，选用料封泵虽然电耗较高，但只能考虑这类气体输送方案。但相对于过去曾使用的螺旋泵、单仓泵、双仓泵等气送装备，电耗已低很多。

封料泵的高性能标准：

（1）该设备的要害在于制造商能根据物料的性质、输送量、料仓储存物料的允许高度及欲输送的距离与高度，合理设计如下内容：喷头、扩管与缩管的尺寸；调节器的螺杆间距；罗茨风机风量及输送管道的内径。否则或不能完成输送任务，严重时无法送出物料，或浪费较多电能。

输送距离长达200m以上时，应采取两个以上料封泵接力使用；对料仓高度不足的现场，可采用并泵或串泵设计来解决。

（2）喷头、扩管与缩管均为铸钢耐磨材料制作，一般要选用耐磨铸铁MTCuMo-175或ZG10Cr13NiMo，使用寿命五年以上。

（3）壳体外形为圆形或方形，输送量较大时宜选用方形，便于充气箱及喷嘴的安装。

（4）喷嘴的进气管部分与微调的蜗杆减速机油箱之间的密封必须可靠。

★　*推荐优秀制造商*

郑州市鸿鑫机械科技发展有限公司

（1）该公司经过十余年的艰苦摸索，确保一套设计就能保证所供应的料封泵（专利号：ZL01250039.9、ZL2008 2 0069629.1）100%按要求输送量符合用户要求，且用风量最少，即能量最节约，决不在用户现场做试验。

（2）为确保进气管与蜗杆减速机油箱之间的密封可靠，该公司选用 0 形密封圈，前端三道，后端两道。

使用要求：只需罗茨风机作为输送用的风源；送料管道的设置或水平，或垂直，不应斜置。

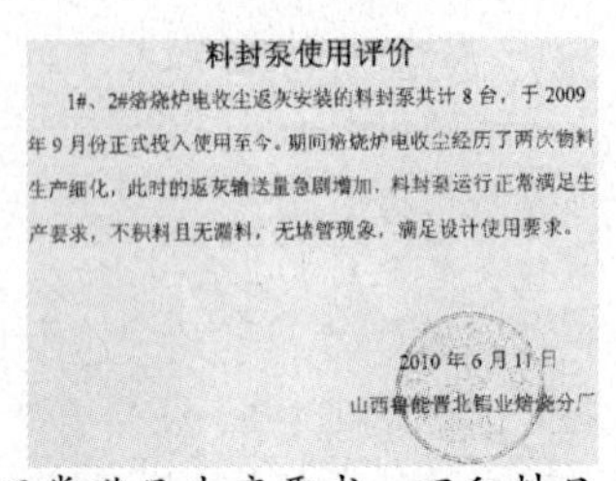

料封泵使用评价

1#、2#焙烧炉电收尘返灰安装的料封泵共计 8 台，于 2009 年 9 月份正式投入使用至今。期间焙烧炉电收尘经历了两次物料生产细化，此时的返灰输送量急剧增加，料封泵运行正常满足生产要求，不积料且无漏料，无堵管现象，满足设计使用要求。

2010 年 6 月 11 日

山西鲁能晋北铝业焙烧分厂

用户使用报告

料封泵使用评价

1#、2#焙烧炉电收尘返灰安装的料封泵共计 8 台，于 2009 年 9 月份正式投入使用至今，焙烧炉电收尘经历了两次物料生产细化，此时的返灰输送量急剧增加，料封泵运行正常满足生产要求，不积料且无漏料，无堵管，满足设计使用要求。

山西鲁能晋北铝业焙烧分厂　2010. 6. 11

4.6　FU 链运机

链运机的高性能标准：

（1）壳体钢板足够厚（≥6mm），保持有足够刚度。

（2）链板及下部链板滑道都要耐磨程度高，使用寿命应在 2 年以上，外协产品要指明材料来源。

（3）机加工程序完整，设备齐全，尤其是抛丸除锈工序不能省略。没有手工加工程序，外形工整美观、平整光洁。

（4）所配电机、减速机、传动链条及轴承等应选用高性能产品（详见 9. 2、5. 6、4. 4. 3、5. 7 各节）。

制造厂商很多，规模不一定大，但质量要突出。

★　*推荐优秀制造商*

溧阳市山湖实业有限公司

（1）链板滑道为 400BHN 耐磨材料，输送熟料细粉时的耐用寿命为两年以上。

（2）公司拥有现代加工手段：喷丸机、矫形机、数控切割机、自动埋弧焊等基本设备。

（3）确保不会因为价格而降低材料制作标准。

4.7　胶带运输机

随着大型水泥企业物料水平输送距离越来越长，最长可达数 10km；又随着橡胶技术水平的越来越高，胶带输送机的类型越来越多，用途越来越广，与汽车等运输车辆、机械比较都是最为节能的输送方式。

胶带机的高性能标准：

（1）运行阻力小，使电动机配置功率小，具有明显节电效果。

带式输送机的配置功率，一直以托辊的旋转阻力为2.5～3N为基础，沿用0.02的运行阻力系数设计计算，国外先进的取0.016，我国很多使用环境差的带式输送机都要选择0.025～0.03，功率高达2倍之多。不仅能耗严重，元件磨损也快，皮带机使用寿命短。为了减小配置功率，必须从影响带式输送机运行阻力系数的三大因素着手：

①托辊的旋转阻力。选择先进的托辊（详见4.7.1）后，对单点驱动的带式输送机，可将电动机按照5:5或者6:4甚至7:3进行分解，将两个电动机的接线方法设计为既可单独工作，也可以同时工作，便可实现节能运行的效果。

②胶带的压陷阻力。国外在减小压陷阻力方面的研究已有成果，我国镇江台泥的矿山带式输送机就有应用，长15.83km，带速4.37m/s。应用变频技术便可能提高带速，减小带强。而提高带速，不但减小压陷阻力，并且还可增加托辊的安装间距，槽型上托辊间距3m，回程下托辊间距6m，托辊数量减少一倍，如果托辊轴承质量更高，外圆径向圆跳动≤0.3mm以下，带速即能够提高到6～8m，槽型上托辊与回程下托辊间距可分别延长至5m、10m，运行阻力和压陷阻力还可更小。

③调心支架和前倾支架上托辊与胶带的摩擦力。如果托辊的旋转阻力能降至1N左右，胶带不会跑偏，就可取消调心支架和前倾支架，彻底解决该项影响运行阻力系数的因素。目前，国内已研究成功并经实践证实运行阻力系数降低到0.01，甚至更小的胶带输送机。

（2）选用优质橡胶输送带（详见4.7.2）。

（3）驱动动力采用先进的软启动装置。

该装置不仅使胶带启动平缓，而且可以选用小规格电机，有利于节电。

（4）具备一系列确保安全运行的控制装置（详见4.7.5）。

如：防止打滑与防撕裂、防拉断的装置、XSA-V11801型接近开关等。

（5）所配电机、减速机、联轴节及轴承等应选用高性能产品（详见5.7、5.8、5.9各节）。

（6）先进的胶带清扫装置，对于湿黏物料，清扫装置的有效性将直接影响胶带的寿命及效率。

（7）胶带运行中需要有防尘防雨罩，此罩需要密闭而透明，并设有一定的操作门，以方便巡检人员对输送物料及托辊、胶带等部件的运行检查。

4.7.1　托辊

根据4.7节的分析，在影响带式输送机运行阻力系数的三大阻力中，托辊的旋转阻力是其中最大阻力之一，并直接影响调心支架和前倾支架上托辊与胶带的摩擦力的大小与存在。

（1）托辊的高性能标准

目前，国内外托辊的旋转阻力都徘徊在2～2.5N，甚至超过3N以上。其中主要原因是：传统迷宫式密封中填充的润滑脂，造成托辊阻力大；即使填充润滑脂，也不能保证淋水和粉尘永不进入托辊轴承内，使其极易产生早期失效。而且这种污染直到托辊卡死，托辊壁磨穿，才会发现而更换。此时滚动摩擦早已变成滑动摩擦，阻力增大程度难以估计，设计者只好取较大驱动功率。

为使胶带输送机运行阻力系数降低到0.01以下，托辊应具备以下性能：

①极有效的密封性能，保证水分和粉尘永远不污染托辊轴承；国际和我国标准根据当前大多数企业水平，规定托辊的密封性能指标为：淋水试验的进水量≤150g；防尘试验，煤尘不得进入托辊轴承的润滑脂中。但此标准并不能满足托辊运行的更高要求。

②保证托辊两端轴承不同轴度≤0.05mm（该精度也是保证轴承使用寿命超过10万小时的关键，同时旋转阻力才能够达到平均≤1N）。国内当前或采用铸铁轴承座，管体两端加工台阶孔，过盈压装；或采用冲压轴承座，管体两端加工出小台阶孔，CO_2气体保护焊接。这两种工艺均不能实现两端轴承同轴度要求，不但托辊旋转阻力大，轴承寿命也大打折扣。

③对磨损和腐蚀严重的物料输送，托辊辊壁材质必须具备防腐耐磨性能。上述为托辊实现理想效果的三项核心技术。

（2）区分托辊质量的简单方法

①观察两端密封结构及装配方式，参考图纸结构，用模拟强化试验的进水量判定。

②用手转动托辊轴；或者用手支起两端托辊轴，拨动托辊管体，感觉转动均匀，拨动一下能够转两圈左右；

③合同保证寿命值至少8年

★　*推荐优秀制造商*

北京雨润华科技开发有限公司

该公司经过8年潜心钻研，实现如下理想效果：

（1）为保证胶带运输机以节能状态运行，该公司独具匠心地开发出结构简单且实用的辊筒端密封（如图4.5）。

①利用微力学原理设计的迷宫式密封，保证水分、粉尘永远不能进入托辊最外侧的

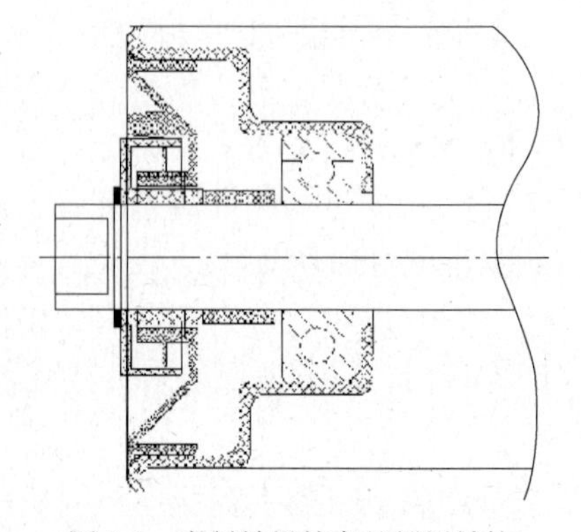

图4.5　密封效果较高的托辊结构

第一道密封，轴承始终在良好的润滑状态下运转，保证超过10万小时的正常使用寿命。

②托辊筒与两端轴承的同轴度强，依靠管体直线度［以高于普通钢管平行度（7/1000）的钢管作为托辊管体（1/1000），其材料价格高600/4000）］，以管体内径为基准，轴承座直接过盈压装的生产技术，尽量避免采取加工、焊接，大过盈压装工艺，保证托辊两端轴承位置的不同轴度≤0.05mm，旋转阻力平均≤1N（迷宫式密封结构对托辊的旋转阻力几乎没有影响）；运行中噪声≤40dB（1000r/min），被誉为“哑巴托辊”。

③针对不同使用环境，选取各种耐磨耐腐蚀材质作为托辊壁材料。

用汽车轮胎橡胶，不改变其物理性能包裹到托辊管体上，胶层厚度14.5～38（mm），可以使用60个月以上，比钢管管体的寿命提高10～30倍。

正在研制超高分子量聚乙烯托辊，将以其独特的防腐、耐磨、阻燃、防静电、碰撞无火花、重量轻、阻力小、消噪声、防偷盗等综合特点，取代大部分钢管托辊。

三项核心技术均填补了国际托辊技术的空白，使带式输送机的性能有了飞越进步。

④外圆径向圆跳动≤0.03mm；动平衡误差也很小。

⑤由于托辊转速不高，对轴承自身材质质量要求可以降低，但加工精度要求必须注意，该厂选用的轴承为国内洛阳轴承厂产品，并对外形尺寸有特殊的精度要求，故价格略高。

用户使用报告

“神效”托辊给我们企业带来可观的效益

我公司现有两条2500t/d新型干法熟料生产线。使用北京雨润华科技开发有限公司“神效”托辊已近一年，使用数量已超千个，因为是试用，我们的技术人员及上上下下的人员对之均是备加关注。最近，我们对所有更换上去使用的“神效”托辊进行了一次全面检查。使用至今，这些托辊从外观上看除稍有污油外，几乎跟新的一样，看不出有任何磨损的痕迹，转动非常平稳，声音又小，看上去很是舒服。使用一年的时间里，无论什么规格的“神效”托辊，也无论安装在什么部位（我们有意选择使用条件最恶劣，以前使用其他托辊寿命最短、损坏率最高的部位选用，以观实效），至今一个都没坏。区别最明显的是，我们那条2km长的完全安装在隧道里使用的B1000mm钢绳芯皮带输送机，原来托辊换上去一般在3～5个月就会损坏，最短的一个月就完全失效。还有使我们头痛的有一条皮带输送机，16°坡至水平夹角处有一个平行下托辊，规格为ϕ89mm×950mm，受力较大，原来托辊换上去几天就损坏，最长也没有超过一个月的，我们换上“神效”托辊，运行了半年，虽然表面耐磨漆已磨掉，表面已发亮，但看上去磨损情况还好，转动仍很平稳，声音也很小，现仍在继续使用。

“神效”托辊在我公司使用的效果，确使我们惊叹、折服，因为我们在使用“神效”

托辊之前，损坏的托辊真是堆积如山，托辊是大批地进，大批的坏，有皮带机的地方到处可听到损坏托辊那刺耳的噪声。

目前国内皮带机及零部件制造、经销是鱼目混杂，据我们对皮带机市场的了解，现北京雨润华科技开发有限公司生产的“神效”托辊的价格与知名皮带输送机制造企业价格相比要低10% ~30%左右，与一些不知名的杂乱小企业托辊价格相比，或高或低10 ~20%不等。因此，我们认为北京雨润华科技开发有限公司“神效”托辊的价格适中，较为合理。

（下文省略）

桐庐三狮建材有限公司　设备主管工程师　范祖武　2006.1.10

设备应用报告

北京雨润华科技开发有限公司2010年12月中标甘肃祁连山集团永登水泥公司的一条皮带机，长度162.278m，宽度0.8m，带速1.6m/s，运量250t/h，角度：0°，该条皮带机原设计的配置功率30kW，北京雨润华公司认为，配套低阻力、长寿命托辊，建议18.5kW就能够保证皮带机的正常运行，经与业主协商，改为22kW。于2011年3月开始运行，实测满载电流18.1 ~19.2A，验算出实际运行阻力系数为0.013，实际配置功率15kW即可驱动该条皮带机正常工作，比原设计的配置功率降低50%。

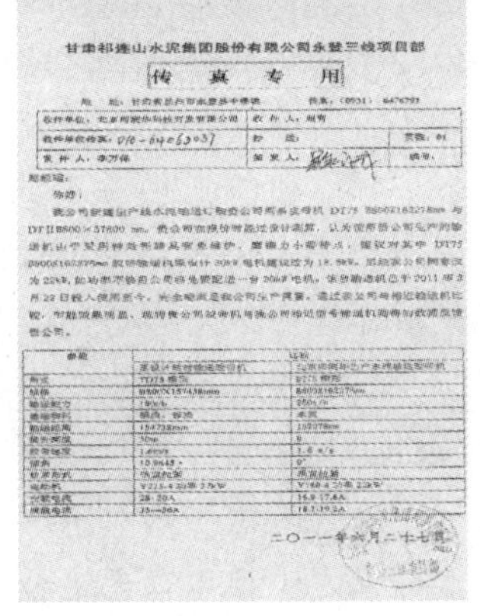
甘肃祁连山水泥集团股份有限公司永登三线项目部

传　真　专　用

二〇一一年六月二十七日

2011年初，在冀东水泥集团三七水泥厂一条长度190m，带宽1.2m，3401-1号原料皮带机上，进行全部更换托辊改造，与同样的但没有更换托辊改造的3401-2皮带机进行数据对比试验。结果使实际运行功率下降约10kW，吨石灰石耗电下降约0.01kW·h/t，（经计算大约1.5年，节省的电费将托辊费用冲零）。如果采用拆分配置功率的方法，节电效果将更加显著。

2009年在内蒙古乌兰水泥改造的长度1200m、宽度0.8m的皮带机，驱动功率220kW，托辊更换前电流为390 ~430（A），更换后为360 ~380（A），平均降低电流40 ~50（A），至今运行电流没有变化。

4.7.2　橡胶输送带

它是胶带输送机的主要外协件，一般为专业橡胶制品企业生产，其种类质量差异很大，因此，必须在确认其规格与质量要求后，才能确定胶带输送机的价格。

橡胶输送带的高性能标准：

①耐物料冲击，不会因为个别重物冲击而使胶带表面出现坑凹凸不平，甚至穿孔。表面抗磨损，使用寿命长。

②骨干材料（蕊体）应选用比重小、强度高的材质，使胶带又轻又薄，不仅减少接头数量，而且可少用托辊，延长托辊寿命。可以大幅下降输送物料所耗功率。

③胶带抗折性好，不仅耐折断，而且可以减小皮带轮直径（图4.6）。

④符合环保要求，废弃的胶带可以自然消解，对环境无污染，甚至可以作为有机肥料改良土壤。

⑤材料安全性高，不会因高温融化、腐蚀、燃烧、导电及产生火花。

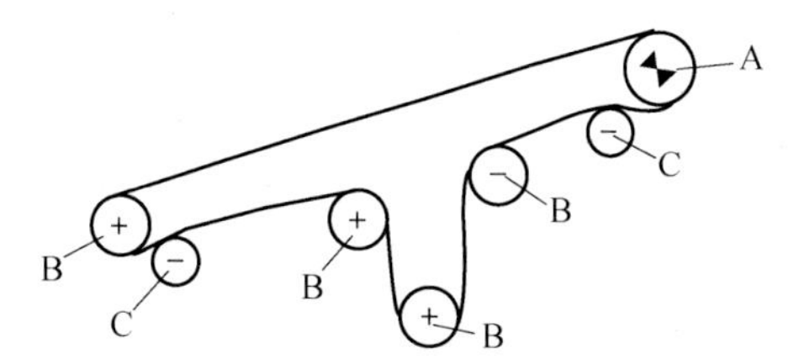

图4.6　各处皮带辊筒直径示意

⑥需要输送温度偏高的物料时，应该选用耐热胶带。胶带的耐温性能可分四级，T1，100℃；T2，125℃；T3，150℃；T4，175℃。耐热性能最佳的材料为三元乙丙胶。但它与纵向钢丝绳的粘结性能较差，不宜于垂直输送使用。

★　*推荐优秀供应商*

鑫永铨橡胶（天津）**有限公司**（总部在台湾）

该公司有四十余年历史，在世界橡胶行业中无论生产规模，还是技术水平均名列前茅。其产品畅销于美国、欧州、日本等地。

制品规格较多，能生产各种环境使用下的胶带。如具有耐高温（最高≤250℃）、耐油浸、耐燃、高耐磨、防尘密封、耐寒、耐切割、耐（化学）酸碱、抗静电等各种性能，还生产管状输送带、斗提机胶带、大倾角输送带等胶带，满足不同应用条件。

该企业产品具有如下特性：

（1）采用人造纤维SW或芳纶（KEVLAR）的高强度、高模数、坚韧及耐温稳定性的材质，它能以最轻重量获取最高强度，是化纤制品的两倍，钢索的五倍。可以用“轻、薄、力、韧”四个字概括其特点。因此，用它取代传统的钢索或化纤输送带，乃至一般帆布，都可大大提高蕊体的粘结强度。为此，它的橡胶输送带制品性能要比国内知名橡胶厂家（该厂正在研制使用芳纶材料）高得多。

在使用寿命上要提高2~10倍，尤其是使用环境较为恶劣时，更会显出优越。制造成本仅高出20%。

（2）比一般橡胶带要轻1/3以上。

（3）该材质可用于最小直径皮带辊筒（见表）。

	SW400×1P	SW600×1P	SW800×1P	SW1000×1P
A	500	500	600	600
B	400	400	450	450
C	300	300	350	350

接头方式同传统胶带，既可用硫化机“热接”，也可用皮带卡子“冷接”。

4.7.3　陶瓷包胶辊筒

（1）陶瓷包胶辊筒的发展与优势

每条胶带输送机都有一个头轮辊筒作为驱动动力，一般辊筒用橡胶包衬，防止皮带打滑。但实际应用中，特别是露天雨天作业，辊筒很容易沾上泥浆而使皮带打滑。

一些厂家研发生产出陶瓷包胶的辊筒（图 4.7），利用包胶后的辊筒表面有防滑和抓牢的特点，再加之陶瓷面设有菱形或条形纹路，有效增加辊筒表面摩擦力，与输送胶带抓紧、不打滑、耐磨损、防静电，使胶带耐磨性与使用寿命比橡胶辊筒包胶增加 5～10 倍。

图 4.7　陶瓷包胶辊筒

目前此技术只应用于旧辊筒改造，建议以皮带运输机制造厂商直接选用的技术要求为生产标准，避免用户再进行第二次投资。该原理还可推广至皮带输送机的托轮、张紧轮及尾轮等，可根据输送的物料重量、传送速度、输送量等实际工况进行选型。

（2）陶瓷包胶辊筒的高性能标准

①使用寿命长，辊筒不能因衬胶磨损而失效。

②与胶带之间的摩擦系数大，消除相互间的打滑可能。

③在原皮带辊筒不受损伤情况下方便更换。

★　***推荐优秀制造商***

南通高欣金属陶瓷复合材料有限公司

该公司以研发金属陶瓷耐磨性能为已任，在开发复合整体浇注耐磨陶瓷（详见 7.3）之后，成功地将耐磨陶瓷应用于提高胶带头轮的保护中。该公司在沿用将陶瓷颗粒熔入橡胶的传统包胶做法之后，另辟溪径，采用在普通钢板上均匀钻孔后，将烧结好的陶瓷柱塞入孔内，再用熔剂填实，通过局部烧结使其成为整体。这种工艺虽然复杂些，但再不会因为橡胶老化而使包胶失效，寿命将提高数倍。

用户使用报告

我公司水泥粗粉皮带输送机，主滚筒规格为 Φ800×1350，长期以来因滚面磨损，常常引起输送带打滑、跑偏，检修频繁，影响物料正常输送，故于 2007 年 8 月购买了南通高欣金属陶瓷复合材料有限公司生产的包胶陶瓷滚筒产品，由于陶瓷表面设计成具有很大摩擦阻力的麻面，使用后有效的解决了皮带打滑及磨损现象，同时使其耐磨性能得到提高，数倍的延长了皮带输送机滚筒运行寿命和检修周期，较少了停机维修次数，节约了成本，保证了生产的安全和可靠性。包胶陶瓷滚筒，这一新材料、新工艺值得推广应用。

公司（盖章）：

2010 年 11 月 15 日

用户使用报告

我公司水泥粗粉皮带输送机，主辊筒规格为 ϕ 800mm × 1360mm，长期以来因辊面磨损，常常引起输送带打滑、跑偏、检修频繁，影响物料正常输送，故于2007年8月购买了南通高欣金属陶瓷复合材料有限公司生产的包胶陶瓷辊筒产品，由于陶瓷表面设计成具有很大摩擦阻力的麻面，使用后有效地解决了皮带打滑及磨损现象，同时使其耐磨性能得到提高，数倍地延长了皮带输送机辊筒运行寿命和检修周期，减少了停机维修次数，节约了成本，保证了生产的安全和可靠性。包胶陶瓷辊筒这一新材料、新工艺值得推广应用。

华新水泥（南通）有限公司　设备部　2010年11月15日

4.7.4　胶带卡子

胶带断裂的修复方法：当运行中发现胶带断裂时，可以采取冷粘、热粘、金属搭扣等多种方式抢修。金属搭扣又分梳式及合页式、日式三种，这些方式中各有利弊（详见文献［2］操作540题）。合页式、日式为新型的金属胶带搭扣，更适于适合高负荷皮带横向断裂及皮带局部损伤（见图4.8），既抢修快捷，又能达到经受高负荷要求，与皮带同样寿命的使用效果。但国内大多企业仍采用其他方法，降低了维修效率与修复后的使用寿命。

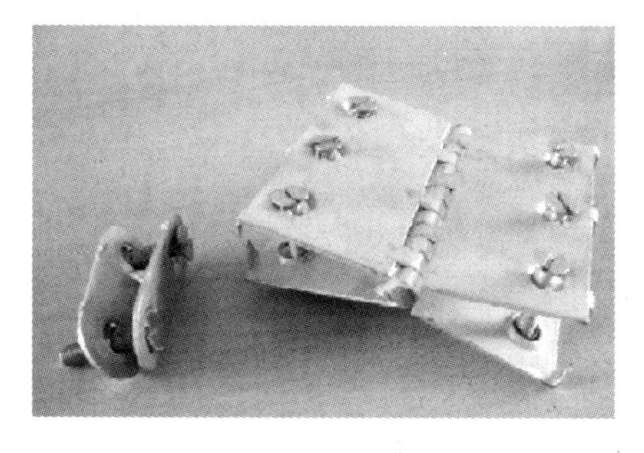

图4.8　胶带金属卡子

★　**推荐优秀制造商**

大连海顺矿山设备厂

该厂自行开发使用的合页式及日式金属卡子，得到当地水泥企业的长期使用。

用户使用报告

我公司为中日合资的大型水泥生产企业，生产现场大量使用皮带输送设备，由于皮带输送机的运转工况差，在使用中皮带常出现破损、撕裂等故障。

皮带的修复方法主要是：硫化、冷粘、打卡等方法，皮带硫化、冷粘成本高、修理时间长，对整个生产线影响大，不适合抢修作业。皮带打卡修复虽然时间短，但以前使用的“梳式”皮带夹使用寿命短，无法在较大负荷皮带机上使用，而夹板式皮带卡安装时间长，使用效果也不好。

我公司经过考察引进了大连海顺矿山设备厂生产的“日式”及“合页式”皮带卡，“日式”适合对皮带局部损伤的修复，“合页式”皮带卡适合高负荷皮带横向断裂的场合下使用，这两种皮带卡安装方便、快捷，使用效果非常好，寿命可得到皮带的正常使用寿命，且价格低廉，最大限度地节省了修理时间，又确保了皮带在修理后的正常使用，将皮带故障带来的损失降到了最低点。该皮带卡目前已成为我公司的常用备件，在皮带修理作业中广泛使用。

大连小野田水泥有限公司　2012.1.11

4.7.5　胶带失速自动保护装置

为了防止胶带输送设备会因胶带压死、打滑、跑偏等原因引起胶带拉断、撕裂等事故发生，有必要设置性能可靠的胶带失速自动保护装置。

（1）保护装置的高性能标准

①采用 XSA-V11801 型接近开关，它集成了脉冲检测、处理和信号输出转换的功能。

②皮带正常运行时，从动轮带动检测条同步转动，每有检测条通过一次，电子测速开关必须产生一个脉冲。只有单位时间内脉冲数达到预先设定数时，表明皮带运行正常；如果脉冲数少，说明皮带打滑，便发出报警信号。

曾经使用的 DH-HI 失速开关控制，由于带动检测条的触轮磨损快、抗干扰能力差，不应再继续使用，否则会发出误报警带来其他事故。

（2）安装要求

①安装检测条的数量根据从动轮的转速决定，转速越快，安装的数量可以越少。检测条应安装于同一个平面上，检测条和测速开关的距离为5 ~ 10mm。

②为防止测速装置检测的脉冲数目不均匀或者内部电位器调整不理想，导致测速装置误动作，对现场到 DCS 控制系统的信号加 3 ~ 5s 的闪跳延时。

③对于斜度大于 30°的胶带输送机，测速开关应安装在加配重处的摆动轮上，以防止皮带抱闸时倒料撞坏测速装置。

★　**推荐优秀供货商**

（暂缺），可向 XSA-V11801 型电子测速开关制造商询问。

4.8　空气斜槽

在现场具备高低差时，空气斜槽是由高向低输送粉状物料的理想设备。

（1）空气斜槽的高性能标准

1）整机具有一定的刚度及整体强度

①壳体材质应不低于 Q235 规定的钢板，厚度应不小于 5mm；公差尺寸的极限偏差、焊条、钢结构件的焊接质量都应符合相关国家标准，焊缝对口错边量不得大于 0.5mm，各法兰结合面的焊缝应磨平。单节槽体在长度方向只允许有一个对焊接头，其长度不小于 300mm。

②两端部法兰面的平面度及其对槽体轴线的垂直度，以及上、下槽体结合面应在同一平面内的平面度均见下表。

斜槽法兰平面度与垂直度要求　　单位：mm

		平面度	垂直度
槽宽	≤500	1	2
	>500	1.5	3
槽长	<1000	1.5	
	1000～2000	2.0	

③透气层要用涤纶合成纤维作为底布，但合成纤维应为大化纤（详见4.8.1），具有耐高温腐蚀能力，厚度为6mm，安装时需张紧安装，当槽宽小于等于500mm时张紧力不小于500N，大于500mm时不小于800N，被切断和开孔处必须熔断封边，不得有散边。

2）密封性好，节约输送能量

除了设计的输送角度及物料的含水量之外，透气层具有良好透气性是节能的关键环节。

每节斜槽之间的“日”字形密封条材质应当既耐磨，又能耐一定高温（200℃以内），并具有可压缩弹性，有利于密封，一般使用普通海绵橡胶，厚度为10mm。

在出厂前要求进行压力试验，至少连接两节槽体之间压力在10kPa时，能持续15min内不漏气。

3）为方便运行中的检查，应设置必要的观察窗；为维修更换方便，标准槽及配件应有互换性。

（2）使用要求

①斜槽的布置必须是向前下方输送物料，角度应大于4°。

②防止被输送物料含水量过高（≤1%），包括吹入的空气中带入水量在内。否则湿料将透气层堵塞而无法运行。

③为避免物料漏入下方风道内，增大风的吹透阻力，甚至堵塞风道，无法完成物料输送任务，需谨防透气层被损坏。透气层的损坏主要有两点：一为高温物料或局部电焊渣烫坏，二为受机械外力扎出孔洞（尤其是处理堵塞时）。

该设备制造简单，故凡能按照上述技术要求制作空气斜槽的厂商，只要购置高质量的透气层（详见4.8.1）及密封材料，配置名牌风机，应视为优秀制造商。

★　*推荐优秀制造商*

南通亚威机械制造有限公司

该公司除以上要求能做到外，还许诺以下措施：

（1）为增加透气层刚性，通长设置支撑的花钢板垫于透气层下。在入料口处，有花钢板促使物料分散，并保护充气层免受物料直接冲击。

（2）对于露天置放的斜槽，上法兰口应有向下包边结构，以免受雨水渗入。

（3）出厂前对整机进行预装并编号，以方便现场组装。

用户使用报告

该公司荣获由天瑞集团有限公司发放的2009年度友好合作单位。

4.8.1　透气层

透气层是决定空气斜槽性能的关键材料，订购空气斜槽时应该向制造商明确透气层的货源，如果维修更换，则更要选择高性价比的透气层。

（1）透气层的高性能标准

1）原料质量高

一般为涤纶合成纤维作为底布，但合成纤维分四种等级：大化纤、仿大化纤、中化纤、小化纤。其性能差异为：

①使用寿命差异

纤维具有耐磨、耐热、耐腐蚀性能。大化纤制造商许诺产品寿命为1.5年，实际可达3～4年；而仿大化纤只许诺1年，实际是2～3年。原因：大化纤的纤维断裂强度径向≥5400N/mm，纬向≥3500N/mm；因此大化纤可纺成21支纱，而仿大化纤只能纺成19～20支纱。大化纤不仅作为透气层表现出不易变形的特性，而且织布更耐磨。

大化纤的伸长率低，也是不易变形耐磨损的原因之一。

②有利于节省物料输送用电

透气层的阻力始终小而稳定才能节省风机用电。一般在 $<3m^3/m^2min$ 的条件下，阻力 $<2000Pa$；与此同时，还要求材料的吸潮率要小，一般为2%～3%，仿大化纤则是3%～4%，才能少吸附对被输送物料中的水分，而不易粘附在透气层上，堵住透气孔。

2）具有独特的加工纺织技术，确保定型时纺线不易拉长，尺寸稳定不变形，有利于降低材料的吸潮率与伸长率。

3）用于斜槽透气层厚度应为 $6\pm0.2mm$（加工时为5.7mm），或保证单位重量不低于 $3.5\sim3.6kg/m^2$。

（2）识别高性能透气层的简单方法

从外观上就能识别出大化纤与其他低级化纤的区别，仅与仿大化纤的材料

第5章 动力设备

5.1 离心风机

水泥行业使用的风机一般为气固两相流风机，即输送介质为含有一定量大小不等、形状各异的固体颗粒。因此，对风机耐磨性能要求较高。

（1）离心风机的高性能标准

1）具有良好的平衡性能

这是保证风机高效、免除振动的基本条件，因此风机制造厂必须拥有风机动平衡试验台，出厂之前进行用风平衡试验。国外最好性能的动平衡效果为风机无须地脚螺栓，可借助弹簧底座直接装在混凝土基础上。

2）风叶要有高耐磨性能

风机叶轮叶片的磨损形式可分为磨粒磨损、侵蚀磨损、化学磨损和疲劳磨损等。影响叶轮磨损的因素主要有工作介质、叶轮、运行的调节等。

风机叶轮的自身因素主要在于叶片形状及材料：单直型叶片通风机比机翼型叶片通风机耐磨，后向式叶片通风机比前向式叶片通风机耐磨。

提高材料的耐磨性，既要提高材料硬度，也要选用合适的材料。如经过热处理后的各种不同成分的钢，尽管硬度可以相同，却有不同的耐磨性。如40号钢和16Mn热处理后硬度相近，但16Mn比40号钢耐磨性强得多。

具体材质的耐磨性要求如下：

部件名称	进口材质（US）	国内制作材质	耐磨材质
前后盘	A242	50MnVB	HARDO×400
叶片	AR360	16Mn表面堆焊	HARDO×450
轮毂	AIS11045	45钢	40Cr锻钢
轴	AIS11045	45钢	40Cr锻钢
寿命	5年	不到1年	5年

3）具备耐高温性能

使用于高温介质的风机应能长期经受300℃左右的环境，瞬时（数分钟）忍受500℃左右的高温。要具备上述要求的风机，主要取决于风叶材质的耐高温性能。

4）满足降低噪声的要求

结构上降低噪声的措施有：

①增强叶栅的气动力载荷，降低圆周速度。

②采用合理的风舌间隙和风舌半径。试验表明，风舌间隙 $\delta t/R=0.25$；风舌半径 $r/R=0.2$ 时，风机效率最大，噪声最小。

③把蜗舌做成倾斜式，蜗舌的倾斜角 α 可按 $\tan\alpha=(t-2r)/b$ 计算，其中 t 为叶轮出口栅距；r 为蜗舌半径；b 为叶片宽度；所有单位为 mm。

④叶轮上适当增设短叶片分流。叶片较少时，叶片通道后半段易产生负速度区，容易导致气料分离。叶片较多时又容易产生进口阻塞。

⑤叶轮入口处加紊流化装置。

⑥在叶轮进出气边上设锯齿形结构，使叶片上方气流层流附面层较早转化为紊流。

⑦蜗舌处设置声学共振器。

⑧蜗壳内设置挡流圈，增加风机进口集流器与叶轮入口边间的密封效果，减少蜗流区（水泥技术，1/2009，P84）。

（2）风机节能的前提条件

①系统用风的设计水平。包括系统管径大小、线路走向、设备工艺布局对管道长度的影响及相关阀门等附属设施的水平。

②风机自身的制作水平。风机选用的风量与风压与实际要求的余量有关，还与安全系数取定有关，也与传动效率（传动中的阻力）有关。

③风机的选型合理。风机工作区应选择为风机额定最高压力的 0.95 倍以下，且为最大效率的 0.85 倍。如果运行中需要频繁调节，在选型时就要考虑加装变频器。

★　***推荐优秀制造商***

冀东日彰节能风机制造有限公司

该公司是冀东发展集团有限责任公司与日本机械技术株式会社的中日合资企业，风机为该企业的产品。

（1）风机的效率高达 88%，压头高，流量范围宽、噪声低。在同一系统上用此风机取代其他风机后，可以降低 10% ~30% 轴功率，相当于节电 10% ~30%。其原因在于拥有独家研发的软件系统，可对机壳型线、叶轮弧线、叶片数及流线、集风器型线等优化设计，能使风机内气体少涡流、紊流损失、效率高、重量轻，结构紧凑。

（2）叶轮的前盘形状为圆弧流线型结构，而不是锥形；叶片形状为圆弧直板叠加型，而不是直板式；后盘为锯齿型，而不圆盘式。机壳与集风器的结构也有特色。

（3）该公司具有先进的制造装备和完善的风机性能检测手段。下料采用数控激光或等离子切割，风机叶轮、前盘、喇叭口采取压力机模具压制成型，叶轮和主轴装配为500t压力机冷压装，轴承采用SKF专用工具装配。每台风机都是单独“量身制造”，出厂前要经315kW风机试验台进行风机性能试验。

（4）在原有电机及相关电气设施不变的条件下，只更换风机，便可达到增加风量、风压或节电目的。

（5）风机运行噪声保证在95dB以下。

（6）使用寿命可保证同等条件下增加原有风机的1.5倍。

用户使用报告

冀东滦县公司有2条日产5000t水泥熟料生产线，其中一线使用国内其他公司生产的风机，二线使用日彰风机公司生产的节能风机。根据现场运转数据统计，二线比一线风机实际功率共降低1892kW，按每度电0.5元计算，每年风机运行成本降低713万元。日彰风机公司对一线2台原料磨循环风机改造后，实际功率降低910kW，按每度电0.5元计算，每年风机运行成本降低314万元。风机运行情况对比如下：

（1）原料磨循环风机

	立磨台时(h)	风量（万 m^3/h）		入口风压（kPa）		入口风温（℃）		风机实际电流（A）		风机实际功率（kW）	
		A	B	A	B	A	B	A	B	A	B
一线	420	60	60	-8100	-8400	93	89	250	255	2252	2342
二线	420	60	60	-9900	-9900	88	88	210	210	1877	1877

从表格中数据可以看出：A磨循环风机电流平均降低40A，实际功率降低375kW；B磨循环风机电流平均降低45A，实际功率降低465kW；两磨同时运转，两台循环风机实际功率合计降低840kW。按照80%的运转率计算，每度电按照0.5元人民币计算，每年大约可节约290万元人民币。

（2）窑尾排风机

	风量（万 m^3/h）	全压（Pa）	电机功率（kW）	电压（V）	工作电流（A）	实际功率（kW）
一线	116	1400	1800	6000	141	1246
二线	115	1400	1600	6000	114	1007

从表格中数据可以看出：窑尾排风机电流平均降低27A，实际功率降低239kW，按照94%的运转率计算，每度电按照0.5元人民币计算，每年可节约97万元人民币。

（3）窑尾高温风机

	风量（万 m^3/h）	全压（Pa）	电机功率（kW）	电压（V）	工作电流（A）	实际功率（kW）
一线	973	5500	2500	6000	250	2208
二线	973	5800	2500	6000	180	1590

从表格上数据可以看出：窑尾高温风机电流平均降低约70A，实际功率降低618kW，按照94%的运转率计算，每度电按照0.5元人民币计算，每年可节约251万元人民币。

其余窑头排风机、煤磨排风机、原料磨循环风机资料略。

根据上述运行数据分析看到，日彰风机比国内其他风机厂制造的风机节能效果显著，可大量降低运行成本，为使用单位带来可观的经济效益。

冀东水泥滦县公司　王戈　2011.11

5.1.1　风机叶轮修复

国内水泥企业对风机叶轮的抗磨处理，一般采用以下方法：

（1）采用复合板材制作叶轮，抗磨性较好板材是碳化铬及耐磨复合板。

（2）陶瓷片粘贴或镶嵌在叶片及易磨损部位。

（3）在叶片上用耐磨焊条堆焊耐磨材料。

（4）叶片表面采用渗碳、渗硼、涂刷防磨涂料、喷焊耐磨合金等工艺处理。

上述各种方法均有利弊，实际效果参差不齐。只有合理分析运行工况和叶轮磨损失效机理后，所采取的防磨措施才能达到预期的延寿效果。

以第三种技术为基础，新发展出等离子弧熔覆堆焊修复叶轮技术，即在叶片及易磨损部位堆焊耐磨材料。根据磨损失效的旧叶轮磨损状况及其运行工况，采用不同的耐磨焊材和熔覆参数。

为降低成本，建议采取综合方案：留取和加固中盘、前后盘；更换叶片；叶片表面、中盘表面及其他易磨损部位堆焊耐磨材料。

★　***推荐优秀修复商***

北京华电泰锐科技有限公司

该公司依托华北电力大学材料研究所，采取的步骤及工艺程序如下：

（1）采用强束级等离子弧熔覆。参数为：电流150～200A，保护气3.0～4.5m^3/h，速率以实际焊材合理调节。

（2）针对工作温度≤200℃的循环风机叶轮，采用HT-50（FeCr-WC-Nb系焊丝材料）和HT-88（NiCr-WC-Co系焊丝）耐磨材料结合使用，采用两种焊材间隔搭接熔覆方案，并依据叶片形状和流场通道设计堆焊成波浪型焊道布置。

（3）针对工作温度≥300℃的窑尾高温风机叶轮，采用HT-88（NiCr-WC-Co系焊丝）高韧性强度耐磨材料，焊道布置同（2）。

（4）对于中盘、前后盘、螺栓/铆钉连接处等易磨损部位，均采用HT-88

（NiCr-WC-Co 系焊丝）高韧性强度耐磨材料堆焊防护。

（5）堆焊耐磨层性能及检测

堆焊后严格检查焊层，以表面不出现焊道纵向裂纹、无气孔、200kg 级冲击锤撞击不脱落、硬度达到 HRC65 以上为合格。

（6）动平衡试验校核。

用户使用报告

我公司于2004年6月投产以来，由于原料品种多，配料方式复杂，水渣配比比较大，造成立磨循环风机及窑尾高温风机的叶轮磨损情况相当严重，主要磨损体现在叶片表面、根部、两侧及叶轮中盘，为此我们先后更换了多家叶轮耐磨堆焊厂家以及耐磨方式和材料，但是使用效果都不理想，每年叶轮至少要在线堆焊并做动平衡3次以上，并且到年末中修都不得不进行更换，这一难题制约了我们的生产顺利进行，增加了我们的维修费用，也是一个重大的设备隐患。2009年北京华电泰锐科技有限公司为我公司修复了高温风机及循环风机叶轮，叶片耐磨层厚度为8mm，外观质量良好，硬度达到HRC68到HRC70之间，2009年12月两叶轮开始投入使用，截止到2011年3月叶轮表面磨损轻微，之前没进行过在线补焊，使用效果良好，目前还在继续使用中，预计至少还能使用一年以上。

使用证明

我公司于2004年6月投产以来，由于原料品种多，配料方式复杂，水渣配比较大造成立磨循环风机及窑尾高温风机的叶轮磨损情况相当严重，主要磨损体现在叶片表面、根部、两侧及叶轮中盘，为此我们先后更换了多家叶轮耐磨堆焊厂家（如：四平风机、天津威鹫、四平万通、鞍山矿冶等）以及耐磨方式和材料，但是使用效果都不理想，每年叶轮至少要在线堆焊并做动平衡3次以上，并且到年末中修都不得不进行更换，这一难题制约了我们的生产顺行，增加了我们的维修费用，也是一个重大的设备隐患。2009年北京华电泰锐科技有限公司为我公司修复了高温风机及循环风机叶轮，叶片耐磨层厚度为8mm，外观质量良好，硬度达到HRC68到70之间，2009年12月两叶轮开始投入使用，截止到2011年3月叶轮表面磨损轻微，之间没进行过在线补焊，使用效果良好，目前还在继续使用中，预计至少还能使用一年以上。

鞍山冀东水泥有限责任公司
技术管理部
2011年3月20日

鞍山冀东水泥有限责任公司技术管理部

2011.3.20

5.1.2　阀门

现代水泥生产中经常遇到的一是风量、风压控制；二是固体物料量的控制。液体流量的控制相对要少些。因此，主要介绍各类气控阀门及料量调节阀。

（1）阀门类型

①按用途分类有：调节型阀门、截止型阀门、分流型阀门；具体又分有百叶阀、蝶形阀、翻板阀、弧形阀、闸板阀、棒条阀等类型。

②按动力分类有：手动型、电动型、气动型。

（2）阀门的高性能标准

①应该采用当代先进的变频技术控制，使阀板的位置调节灵活，能按要求准确、可靠地控制流量与料量；操作灵活；需要截止时，不应有漏风漏料。

②尽量减小阀门全开时，阀板在管道内的阻力。

③阀板的材质应该耐各种磨损与腐蚀，使用寿命长。

★　*推荐优秀制造商*

中国·凯斯通环保设备有限公司

该公司设计制造阀门种类齐全，能全部满足水泥企业需要，其中包括大风量控制阀、气动三通二路分料阀（详见3.1.1）等。

自行开发的“耐磨耐高温蝶阀阀板（专利号ZL200420048351.1）、变频智能型电动执行器（专利号ZL200520107747.3）及执行器行程限位及过载保护装置（专利号ZL03266237.8），研制了大口径智能热风闸阀，该阀门具有如下创新功能：

（1）效仿德国SEMENS、KHD技术，率先于全国将电动全智能化变频（控制）技术应用于阀门制造，即采用变频电机，减小启动力矩，使阀门的控制单元与任何DCS、PLC系统直接相连，并带有全智能一体化控制单元（微处理器），以编程设定功能，如输入开关量进行关闭（切断）作用，或通过模拟量4～20mA输入进行过程控制；反馈信号有三种类型，阀门全开、全闭限位开关信号、4～20mA输出信号或IKΩ电阻输出；采用柔性关阀，即阀门接近关闭位置时变频电机自动低速，以避免惯性使闸板与阀体冲撞，延长阀门使用寿命；并可优化控制闸板速度，提高稳定性；对电机温度、电流、堵转、过载等参数有故障自诊断功能，并记录累计运行时间、阀门开关次数。

（2）采用耐磨、耐高温材质制作的蝶阀阀板，高温型1Cr18Ni9Ti，超高温型0Cr25Ni20，闸体内和闸板外表面增加衬非金属高新技术产品耐磨、耐高温浇注料，使闸门在450～1200℃时仍长期运行，闸板不变型，开关稳定灵活，无别卡现象。

（3）引用执行器行程限位及过载保护装置代替以往的大扭矩过载保护，使阀门一旦过载，蜗杆上便有过载保护，避免扭矩过大损坏蜗轮、底座或阀杆，只要解除过载装置，便可恢复使用。

（4）采用控制单元分体安装的大胆创新，使用5～8m长高温控制电缆，把控制单元安装于地面环境好、温度低的位置，为长期正常运行、方便维护创造最佳条件。

（5）利用变频技术后，改传统的四、五级齿轮传动为二级蜗轮蜗杆传动，简化了机械结构，降低制造成本，减少机械零件2/3，从原来的450个/套减少到150个/套，降低噪声，延长产品使用寿命。

（6）用中文现场显示状态，便于巡检现场阀门状态。

5.1.3　电动执行机构

现代水泥生产中使用风机较多，风量与风压的控制都是通过阀门开度或变频调整，而远程电动控制阀门位置就需要在现场配置该装置。

（1）电动执行机构的高性能标准

①可直接接受 DCS 控制，控制位置准确可靠。

②具有完善的保护功能，在过力矩、超行程、断信号、电机过热等意外情况下能保证该设备自身的安全。

（2）造型依据

根据阀门类型：多回转型，角行程型，直行程型。

要求所能输出最大力矩 Nm（牛顿·米）；及额定速度 r/min（转/分）。

安装方式：直接对接或通过连杆连接。

★　*推荐优秀制造商*

天津津伯仪表技术有限公司（原天津自动化仪表七厂）

（1）引进法国伯纳德公司技术生产的“天伯牌”SD、SR、SM 系列调节型和智能型的角行程、直行程、多回转式电动执行机构，以及专门用于控制阀门开/关两位式的开关型 SL 系列电动执行机构。

（2）自主开发的 DKJ、DKZ、DYJ 普通、防雨、防爆、防火各种类型的电动执行机构及伺服放大器、电动操作器等辅助单元。

（3）法国伯纳德公司原装产品。

5.2　罗茨鼓风机

用风系统需要风压 10～200kPa，风量 0.5～1200m^3/min 范围时，可选用罗茨鼓风机。罗茨鼓风机特别适宜用于压力有一定变化而流量需要相对稳定的场合。现代水泥企业一般用于煤粉输送及窑头一次风机。

（1）罗茨鼓风机技术进步的过程

①L 系列罗茨鼓风机（PJL350a、MJLS 型）是传统老一代产品，属于低速，体积大（一般为新型 2 倍）、质量大（重 1.5t），电动机功率大（20kW），零部件制造精度相对较低、容积效率偏低。

该系列产品中、小型风机前轴承采用脂润滑，后轴承齿轮及大型风机前轴承采用稀油飞溅润滑，油箱中设有循环水降温。该系列产品一般均采用直联传动。

该系列罗茨鼓风机使用稳定，故障率一般，但电耗较高。

②以引进技术为代表的 R(AR) 系列罗茨鼓风机，其设计技术、工艺技术获得大幅提升，零部件加工精度要求提高，整机使用寿命及齿轮、轴承、叶轮等关键零部件设计寿命延长，配套件技术水平也得以提高。该类型产品具有体

积较小、重量较轻、加工制造精度较高、整机设计更紧凑等特点。叶轮型线采用复合摆线叶型等，容积效率较高。

③近几年来，以S系列三叶罗茨鼓风机为代表。该新一代系列产品具有高转速、高度集成、结构更紧凑、主机承载能力更强、效率更高、能耗更低（较R系列可节省3%～8%电量）、重量也更轻，而可靠性和设计使用寿命却更高，系统安全保护措施更全面。该系列机型最大流量约180m³/min。目前中、小型风机逐步推广使用三叶型，而大型风机仍以二叶型为主。

（2）罗茨风机高技术性能要点

①能耗低。主要体现在叶轮型线的设计，风机间隙的精度保证，密封性能，主要部件的加工精度等。

②可靠性高、使用寿命长。主要体现在主要零部件的承载能力、易损件的设计、整机维护的便利性、关键配套件的技术质量水平以及系统安全保护措施等。

③噪声低。主要体现在反映主机气动设计水平的裸机噪声的控制和配套消声附件的设计水平。

★　*推荐优秀制造商*

长沙鼓风机厂有限责任公司

（1）在目前国内罗茨风机应用领域具有较强的技术优势，产品设计开发能力突出，可适应用户对产品性能的各种特殊要求。

（2）工装设备先进。使用日本进口NC数控龙门刨床FDN1512-40、德国数控加工中心PS1000E、俄罗斯镗铣加工中心等，可以对机壳等部件一次加工完成，与国内机床相比，不仅零部件加工精度高，且能长期稳定。

（3）关键零部件选材精良。原用45号钢改为合金钢20CrMnTi，叶轮采用高强度灰铸铁或高强度球墨铸铁，齿面加工精度达五级（国家规定为七级），齿轮设计寿命在4万小时以上（原保证2.5万小时）。

企业工艺管理严格。对关键尺寸，如轴与叶轮的配合连接等部位，制定控制公差（高于设计公差0.01～0.02mm），确保配合精度；机壳、叶轮、墙板等关键铸件为自制，使用日本树脂砂铸造生产线；齿轮加工方式从滚齿改为精密磨齿；热处理都为渗碳淬火；大小机型叶轮动平衡精度为G2.5级（国家标准是G6.3）。

（4）对特殊球磨铸铁或铸钢件或小零件为外协铸件，有明确的标准要求。

（5）检测手段先进，拥有意大利进口的三坐标检测仪、动平衡机等设备，严格控制质量。

（6）采用国内少有的内回流技术、三风叶结构、进出口结构形式的变化等都是降低噪声的有力措施，使噪声降低2～3dB。

（7）可根据用户使用要求，提供齐全的配套保护装置。轴承温度、振动、压力监控并提供接口；消声器、隔声罩隔声措施，控制柜内设电流保护、电压保护等。

该公司也生产轴流风机及中小型离心风机，但特色不够鲜明。

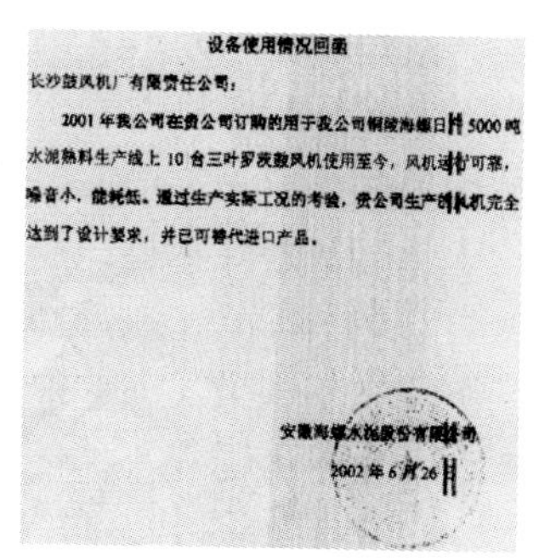
设备使用情况回函

长沙鼓风机厂有限责任公司：

2001年我公司在贵公司订购的用于我公司铜陵海螺日产5000吨水泥熟料生产线上10台三叶罗茨鼓风机使用至今，风机运行可靠，噪音小，能耗低。通过生产实际工况的考验，贵公司生产的风机完全达到了设计要求，并已可替代进口产品。

安徽海螺水泥股份有限公司

2002年6月26日

用户使用报告

长沙鼓风机厂有限公司：

2001年我公司在贵公司订购的用于我公司铜陵海螺日产5000t水泥熟料生产线上10台三叶罗次鼓风机使用至今，风机运行可靠，噪声小、能耗低。通过生产实际工况的考验，贵公司生产的风机完全达到了设计要求，并已可替代进口产品。

安徽海螺水泥股份有限公司　2002.6.26

5.3 空气压缩机

现代水泥企业中需要压缩空气的设备主要是袋收尘清灰、空气炮及部分测示仪表的冷却。空压机将越来越少用于粉状物料的输送泵用风。

（1）空气压缩机的发展及先进空压机原理

空压机是获取清洁空气动力来源的设备，该设备已从旧式往复式空压机被新型螺杆式压缩机所取代，后者制作工艺要求高，价格比前者高0.5～1倍，但性能及可靠性大大提高，又节约能源，致使往复式空压机几近销声匿迹，这是高性价比设备胜出的典型范例。然而，技术进步不会停止，在双螺杆基础上发展出单螺杆压缩机，单螺杆因其结构巧妙，比双螺杆更有优势是：受力状态好、寿命长、噪声低、维修方便、节能、运行费用低。

单螺杆空压机是由一个圆柱螺杆和两个对称配置的平面星轮组成的啮合副，装在机壳内，螺杆螺旋槽、机壳内壁和星轮片齿面构成封闭的基元容积。运转时，动力传到主轴上，由螺杆带动星轮旋转，星轮相当于往复式压缩机的活塞，当星轮在螺槽内相对移动时，螺槽内气体受压缩。螺杆上有6个螺槽，对应配置两个星轮体组件，将每个螺槽沿水平分成上下两个工作空间，各自实现吸气、压缩和排气过程，螺杆每旋转一周产生12个压缩循环。因此，一台单螺杆空压机相当于一台六缸双作用活塞压缩机。

（2）空压机的高性能标准

①节能性能好

衡量空压机单位能耗效率的关键指标是比功率，比功率低表明空压机单位能耗效率高；根据行业标准对比，相同功率的单螺杆比功率要比双螺杆低。再加之采用智能控制系统及全自动加、卸载调节，确保设备均按需求量自动开停。这些技术均是最大限度降低能耗的措施。

单螺杆压缩机由于螺杆每转一周，各螺槽均工作两次，空间利用率高，使结构尺寸小，且螺槽深度随压缩腔压力的增大而变浅，在排气结束时为零，理论上不存在余隙容积，故容积效率高。再加之完整的控制系统，具有伺服式无级自动调节气量，自动卸载与负载转换，自动停机与自动启动等功能，可满足各种用户用气量需求，能耗减少60%。

②星轮齿受力小，使用寿命长，维修费用低

单螺杆空压机的星轮位于螺杆两侧对称配置，作用于螺杆上的径向与轴向的气体力相互抵消，同时作用于螺槽内的气体轴向负荷也互相抵消，另外在螺杆的两端面间有引气通道，故作用在螺杆两端面上无气体力。因此螺杆不承受任何径向或轴向气体力，星轮齿上所受的气体力很小，只及活塞式压缩机或双螺杆压缩机的1/30左右。轴承寿命长达10万小时，耐用度远远超过其他类型空压机。

③供气质量高

供应的压缩空气含油量少，不仅压力精确度达0.1kg/cm^{3}以下，且油气分离元件滤油面积大，降低空气流速，分离效果好，延长了元件寿命。

④排气温度低。对压缩空气有较高冷却效率。

⑤振动小、噪声低，符合环保要求

单螺杆压缩机主机高速轻载，啮合副线型设计先进，螺杆每旋转一周产生12个压缩循环，每分钟排气达35760次，排气基本没有脉动现象，因此振动极小，加之采用了消声、隔声装置，故噪声很低，能保持较安静的工作环境，可做到硬币在设备满负荷运转时，直立于机身上而不倒。

⑥占地少，对现场适应性强，便于安装、操作、维护。

日常运行中仅需定期更换空气滤芯、机油滤芯、油气分离器精滤芯和压缩机油，维护费用低，运行可靠。整机布局紧凑合理，体积小巧美观，箱罩拆卸容易，更换零部件快捷方便，安装快速。

⑦优质的控制系统

操作控制屏设有监控装置，显示各种有关参数、工况，故障显示一目了然，控制系统精心设置超压保护、超温保护、电机过载保护、断水保护，断相及相序保护，滤油器、空滤堵塞报警等。另外PLC控制、人机界面、多机联控，运程和网上监控等多种控制模式可供用户选择。

★　推荐优秀制造商

1. 上海飞和实业集团有限公司

(1) 制作精度高

掌握了生产浮动星轮技术的要点，且自行设计星轮加工专用装备，提高传动副、螺杆和星轮齿的啮合精度，使加工的分度误差由国际最先进指标 15″控制到 10″以内，大大提高星轮片的寿命及运行稳定性。

（2）节能效果好

①不存在余隙容积，容积效率高，控制系统的控制功能完备。比功率优于国家标准的 7.2%，优于双螺杆标准的 8.5%。

②独特的气量调节方式。控制系统具有伺服式无级自动调节气量、实现用气量和排气量自动平衡以节能，当空载运行时，能耗可减少 60%。

③高效弹性联轴器。传动平稳、效率高、使用寿命长，传动效率高达 99% 以上。刚性齿轮连接与之相比，传动效率仅为 93% 左右，且在开停时空压机易产生敲击现象，加速齿轮和转子磨损，压缩机与电机轴心对中困难，减少轴承使用寿命。

（3）传动副的星轮运转时采用世界最新科学技术——星轮浮动技术，主机在啮合传动中，星轮片和螺杆始终保持在最佳的啮合圆上，同时能自动补偿磨损，确保正常间隙，保证了空压机的排量和排压的数值。啮合副型线的先进设计高速轻载，每分钟排气 3.5 万余次，基本无脉动现象，振动极小，噪声低。

（4）安全运行寿命长

改进了螺杆空压机的关键件星轮片的材质，使用进口的航空级复合碳纤维合成材料 PEEK，具有良好的自润滑特性和机械性能，使螺杆与星轮啮合为软性摩擦。该特种工程塑料耐高温性能十分突出，可以在 250℃ 以下长期使用，瞬间温度可达 300℃，其刚性大，尺寸稳定性好，线膨胀系数小，力学性能稳定，能耐油、耐温、耐压、耐磨，各项材料性能优于铝合金材料；又由于结构新颖，轴承仅承受微小重力和摩擦力，寿命长达 10 万小时以上。

（5）因壳体坚固，占地小，噪声低，因此可以放置在任何需要位置，且安装简单，甚至可选用移动型，放在靠近位置，成为节能的重要措施。

（6）油质质量高

高效的油气分离系统采用三级分离。第一级为旋风分离法，压缩机排出的油气混合气体切向进入筒体，沿筒内壁流动，在离心力和重力的作用下，油滴聚合在内壁上旋转沉降，95% 的油即被分离。第二级为上返分离法，油气混合气上返，经过隔板，油滴被拦截沉降。第三级为精过滤法，含有少量油雾的气体经过分离器滤芯被最后拦截和聚合，再次分离。最后的压缩空气含油量仅为 2ppm。

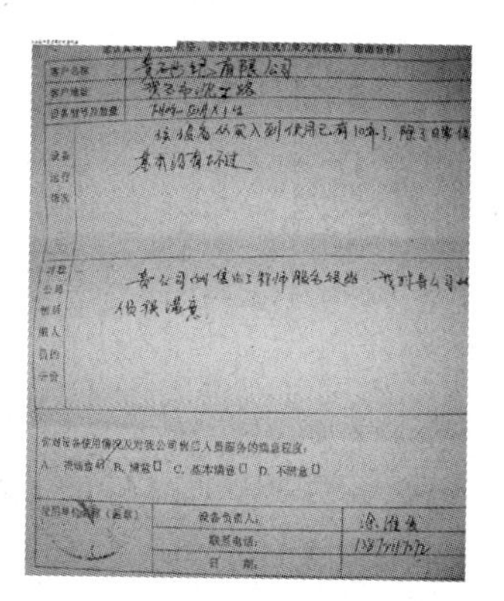

用户调查表

该设备从买入到使用已有 10 年了，除了日常保养，基本没有坏过。贵公司的售后工程师服务很好，我对贵公司人员的服务很满意。

黄石世纪有限公司　涂维发

2. 复盛机械有限公司

该公司为台湾最大的双螺杆压缩机制造商，在大陆投资近 20 年时间内发展有 3 个制造基地，27 个办事处。其产品特点如下：

（1）该公司独有的自动无级调节进气装置，加之自有的专利技术，采取以五对六的齿形，这与四对六齿形相比，压缩传递效率要高 15%。使本品的节能效果显著。

（2）油气桶组件采用独创的二次回流技术，使空气流速更低，油水分离好，出口压缩空气含油量小于 3ppm，并可配备空气干燥机、精密过滤器等，以满足精密仪器对压缩空气的高质量要求。

（3）设计的高品质重磅式冷却器，能保证风冷型的排气温度不高于环境温度 10℃；水冷型应小于 40℃。水走管内、气走管外可使冷却器的清洗方便。该公司正研制热能回收技术，用于提高锅炉进水温度，提高发电能力。

（4）所有辅件都使用可靠品牌产品：轴承为 SKF；热控阀为美国 Amot 公司产品；PLC 为西门子品牌；空气开关由施奈德供货；滤芯为德国曼牌；电机为空压机专用的国内产品。

（5）当成组订购空压机时，该公司开发有联控技术的标准配置。只要有一台为变频能力，其余均可为恒频电机传动，有利于调整使用风量时的节电。

（6）设置的隔声罩内空气流动合理，既能消除噪声，又能排出罩内热量。

5.4　水泵

泵是一种将机械能传送给被抽送的液体的装备，使其动能、压能、位能增加，从而达到抽送液体的目的。原动机通过泵轴带动叶轮旋转，从而使需要的液体数量，由吸水池经泵的过流部件送到要求的高处或压力高的位置。水泥企业中，无论是清洁生活用水，还是生产冷却用水，乃至污水排放，以至现在的余热发电，都离不开水泵。水泵的类型种类多达 50 多个系列。这里只涉及通用标准。

水泵的高性能标准：

（1）效率高而节能

水泵是一种与风机类似的高能耗动力装备，因此，节电性能是对该设备提出的最高要求。

①设计结构合理，既有通用泵的合理标准设计，又有能满足专业用户要求的特殊设计。在扬程及水量相同能力下，具有较高比转数，电机功率最低，并能直接应用变频技术调节水量。

②制作精度高、工序质量把关严格。叶轮与密封环间隙最小，椭圆度最小，确保水泵的容积损失最小。设备运行的振动小。为此，企业自己应当拥有铸造、精加工机床及热处理等所有机械加工手段。

（2）振动小、运转平稳、运转寿命长，维护简便

材质或工艺不能因为价格低而降低档次或省略工序。

★　推荐优秀制造商

山东博泵科技有限公司

始建于1929年的老牌泵业企业，原名博山水泵厂，历经沧桑，至今仍为国内泵业中质量声誉较高的企业。2005年，与日本荏原制作所成立了合资企业。其特点是：

（1）拥有优化设计能力，提高了泵的性能。

（2）原料保证：灰铁250、200，决不会使用150。

（3）铸造质量：独有的配方，配有光谱分析仪控制成分，一般铸件采用树脂砂成型；精密件采用蜡模成型。

（4）热处理：对泵轴等关键件保证进行调直热处理。

（5）机械加工中广泛采用数控机床和加工中心，有效地保证了零部件的加工质量。

（6）水泵效率在同样工况参数条件下可比其他一般水泵要高3%～5%。可通过所选用电机功率或运行电流大小比较。

（7）测试：出厂前有动平衡试验机，达到G2.5级，以降低泵整体的噪声和振动；还可进行带负荷测试并出具报告。

（8）易损件：叶轮、轴套、密封件等保证使用1年，轴承在正常润滑条件下可使用3年。

5.5　液压系统

水泥生产中使用液压系统的设备越来越多，如堆料机、立磨、辊压机、回转窑挡轮、篦冷机等主机的传动或施压，三道锁风阀、分料阀等控制装置，以及千斤顶、磨辊的升降机构、液压扳手等各种维修使用工具，都离不开好的液压件。随着设备大型化，这种应用会越加广泛。为此，选择优质的液压系统是使这些设备正常运转的基本条件。

（1）液压传动与机械传动相比的优缺点

优点是：

①易于获得较大动力或力矩。当机械传动在大设备规格中所产生的换向冲

击力，使传动轴难以承受时，液压传动可以胜任。

②易于在较大范围实现无级变速，且变速时无需停车。

③传动平稳，便于实现频繁换向；因而节约动力，先进的液压传动可比机械传动节能 25% ~30% 以上。

④机件在油中工作，润滑好，使用寿命长。

⑤体积小、重量轻、结构紧凑，惯量小、反应灵敏，安装方便、操作灵活，易标准化、通用化。

缺点是：

①由于流体流动阻力损失、泄漏较大，工作效率较低。

②工作性能易受温度变化影响，不宜在很高或很低温度下工作。

③不能得到严格的定比传动。

⑤工作场地易被油品泄漏污染，成为火灾隐患。

（2）液压结构的合理组成

液压传动设备包括：

1）泵阀控制站

控制液压缸换向、调速，并为液压缸提供需要的高压油。

①插装阀分两路。一路接先导溢流阀——泵的安全阀；另一路接比例换向阀，通过它控制液压缸的换向与调速。

②溢流阀和单向阀分别与比例换向阀连接，免受外负载惯性过大带来的冲击。

③采用负载敏感泵与比例换向阀合理搭配，达到节能与平稳效果。

④测压接头接在插装阀前，可以检测负载敏感泵的输出压力。

⑤插装阀防止电机停止时压力油倒流，使负载敏感泵反转。

2）循环冷却过滤系统

给泵阀控制站提供冷却清洁的液压油，保证比例换向阀及液压系统正常工作，提高所有密封件寿命。

3）油箱

①油箱内部分为吸油区与回油区，为充分冷却过滤提供条件。

②主回油管、回油箱前的双筒过滤器及油箱上装的空气过滤器，均为保证油箱不受外界污染；

③油箱上装有液位继电器，当油箱内的液面低时可报警提示；

④油箱上热电阻用以检测油箱温度，控制加热器与冷却器的工作。

4）电气控制部分

①PLC 按程序控制及设定参数，控制比例换向阀调节液压缸速度及平稳换向。

②根据液压缸实际速度与设定速度相比，调整 PLC 控制比例换向阀，实现电气的闭环控制。

（3）液压系统的高性能标准

1）节能是液压系统高性能的核心标准

①选用节能液压元件

a. 高压使用条件下，选用负荷敏感式变量柱塞泵。该柱塞泵专门设计有一外控负荷敏感口，用于采集来自指定阀口的负荷信号，泵的排量能随负载变化自动调节。

b. 变截面液压缸。由于液压油可在此类缸体内部进行“体内循环”，从而在实现相同的快速上下空行速度时，油缸的进油流量与排出流量可大幅下降，油泵及电机的功率便会降低。

c. 自保持型电磁阀。它只需瞬间通电便可完成阀门开关动作，无需带电保持阀芯位置，不仅达到节电效果，且不会有温升影响线圈寿命。

d. 插装式锥阀（或称二通插装阀或逻辑阀）。通过该阀的开闭对主油路通断起控制作用后，可尽量减少每条流道上的串联阀个数，简化大流量的主回路。该插装阀与同直径滑阀相比，开启度大、流动阻力小、密闭性好，因此压力损失及泄漏损失均最小。

②选用先进的节能液压系统

a. 合理选择液压泵类型

高压泵在低压区运行，或低压泵在高压区运行都不会有高效率。2.5MPa 以下应选齿轮泵，2.5～6.3MPa 应选叶片泵，6.3MPa 以上应选柱塞泵。液压泵最佳转速范围 1000～1800r/min 时效率最高，因为转速过高流量成比例增加，泄漏量减小，这时的容积效率虽提高，但相对滑动表面的摩擦增加，机械效率降低；转速低会造成滑动表面油膜不易形成，同样机械效率降低。

b. 液压阀的高效率

高容积效率：确定液压阀滑动表面的合理间隙，以大幅度减少泄漏量，但间隙过小又会增加粘性摩擦阻力，引起功率损失。

高压力效率：要求实际流量小于液压阀的额定流量，以减小局部阻力造成的压力损失。

③满足科学运行管理

a. 减小液压管路压力损失

控制液压管路吸油管中流速小于 1～1.2m/s，压油管小于 3～6m/s，压力高、管路短、黏度低时取大值，反之取小值；减少管路长度和局部阻力个数。两个局部阻力之间的距离应大于 $20d$（管道直径），避免相互干扰形成的阻力；管道内径合理，没有过流断面突然扩大或缩小现象。

b. 合理选择液压油的黏度

粘度过高，虽可使泄漏减少、容积效率高，但内摩擦阻力增大，管道压力损失增加，机械效率降低，并导致泵的自吸能力下降；粘度过低时，与上相反，同样效率也低。

c. 保持系统低温运行

不仅延长油液使用寿命，而且减少冷却设备投资。

d. 降低外泄漏量

密封材料可选用聚氨酯（PU）、丁腈橡胶（NBR）、氟橡胶（FKM）、硅橡胶（SIL）、聚甲醛（POM）、聚四氟乙烯（PTFE）等物质，抗磨性好，元件内表面的光洁度和精度高，装配中无毛刺、防尘。

良好密封件的判断原则：密封件的结构形状和密封件材料具有变形抗力；密封件的唇边或棱边不应过长，否则难以承受高压；综合使用硬质与软质密封材料，以兼顾密封间隙润滑与密封效果。

综合检查能耗高低的效果主要看：液压油温度、液压油外泄漏量及电机电流。

2）运行可靠度高，不仅不会因为液压元件的损坏而报警或停车，而且元件使用寿命长。

★　*推荐优秀制造商*

北京中冶迈克液压有限责任公司

该公司作为中国液压系统集成创新的领军企业，国内市场占有率大于90%，长期坚持机电液压全面发展的高新技术，采用德国博世力士乐液压公司技术标准与中国实际结合，其产品有如下特点：

（1）所有元件都选用高档可靠来源

①从国际三大名牌液压公司德国力士乐（Rexoth）、美国帕克（Parker）及威格士（Vicker）购置液压元件；优先采用负荷敏感加比例阀技术。

②油箱及阀块采用先进防锈技术，采用喷涂英国进口的磷化涂料，该涂料能保证既便磨损也不会发生锈蚀的可能，代替以往的镀镍、铬、锌等技术。

③采用进口密封件。液压缸活塞的密封采用U型结构，即满足间隙密封的特点，同时还可不断密封补偿，活塞杆密封采用特殊形式，延长密封使用寿命。

④采用合金钢高强螺栓，不仅强度高，不会有拉伸断裂，更富有弹性性能，再受力后不变形，使连接部位不会渗、漏油。这种高强螺栓比普通螺栓价格昂贵，而且需要批量成套订购，小型液压件制造公司不易实现。

⑤液压油输送管道所用的无缝钢管依然是系统关键件。该厂也从重点钢厂

谨慎选择，一旦发现有运行中破裂，导致油品泄漏，将终止此进货渠道。本文后所附的用户使用报告证明该厂处理这类事故的态度。

⑥管道所用蝶阀内的橡胶密封件均为本公司特殊定制的丁腈橡胶，使用寿命高于3年。

（2）坚持以设计为龙头，采取液压整体解决方案

对液压、润滑、自动化控制系统、液压缸等执行器和中小液压机械，实行加工制造、现场管路安装、清洗循环、调试、售后培训和备件服务一条龙服务。

以管道连接为例，为考虑使用中配件更换方便，坚决贯彻大于M33的管接头全部为SAE标准法兰，这种配置还有利于减少泄漏点。这一点是与液压件同行的明显区别。

（3）采用“三用一备制”为液压设备连续运转提供保障。

（4）篦冷机液压传动设备和控制技术为独自研制，并获得国家专利。

公司拥有主流自动化控制技术的应用设计能力，其中包括工控机、PLC、人机界面HMI、组态软件、现场总线、变频器、测控等。拥有四项国家软件著作权技术。该公司的电控技术擅长于液压测试技术、液压比例控制、液压伺服系统的实时控制及测量。将具有多轴控制功能的PLC对液压比例系统的位置及速度进行控制。

（5）液压缸为该公司拥有自主知识产权的特殊设计

换向采用比例阀控制，速度调整范围比较大，对选用材质、加工精度、连接方式、密封形式都提出了严格要求。其中加工精度、表面粗糙度和尺寸精度直接影响其性能、寿命；采用非标准、高强度、超大整体的双耳环连接方式，配有关节轴承及注油装置，大大方便了使用维护。

（6）现场工程完全依据国际液压系统的工艺标准

钢板使用前必须用喷丸机除锈；管路全部采用氩弧焊接工艺；该公司所有焊工均持有英国劳氏船级社的焊接证书；拥有德国进口的2010K液压系统检测仪、德国进口CCS1、CCS2在线液压介质清洁度激光检测仪、8台申报国家专利的专业高效高压循环过滤设备，每分钟过滤流量可达3500L/min、工作压力6MPa的强大冲洗能力（清洁度达到NAS5级以上）。

（7）拥有一整套高标准要求的检测仪器

进口液压管路清洁设备、探伤仪、漆膜厚度检测仪、材质检测仪等设备可以确保所有配管、循环冲洗及调试工程一次合格。

用户使用报告

中冶迈克公司领导：

你们好！

针对近一时期贵公司承制我单位几个项目的篦冷机液压系统管路质量造成漏油的问题，贵公司给予了高度的重视，并相继对山西闻喜、内蒙武川二期等项目的油管进行了全部更

换处理，为整个系统的正常运行提供了保障，用户很满意。特别是本次在丰润三期C线篦冷机的检修中，贵单位派出了技术水平较高的安装队伍，在工期紧张的情况下，按甲方丰润三期设备部的要求，仅用了四个昼夜的时间就完成了C线全部液压管道的更换、冲洗、打压等工作，可以说彻底排除了篦冷机液压系统漏油的隐患，为整个液压系统提供了更高的可靠性，甲方设备部对我们的产品服务意识及工作作风给予了很高的评价，彻底挽回了我公司的产品及服务形象，在此，我代表我公司对贵公司的大力配合表示感谢，并希望在未来的合作中继续得到贵公司的支持与配合。

通过这些事情，我们看到了迈克公司作为行业内的大公司以“顾客第一，诚信至上”的经营理念及风范，这也与我公司“共创、共赢“的理念相契合，同时增加了我们彼此间的信任，真心希望在今后的项目中能够与贵公司有更多更好的合作。

顺祝商祺　　　　冀东水泥工程公司机械装备公司　2009.12.5

5.5.1　液压油

液压设备故障或事故有90%是因油品质量和油液清洁度造成的，因此，慎重选择优质液压油，与选配液压主要元件同样重要。

（1）液压油的高性能标准

①油液清洁度直接影响液压系统运行质量，避免事故，提高液压元件使用寿命的重要指标。

在设计液压系统时，要根据其设备特点、现场条件、使用液压元件清洁度进行选择油液清洁度，其规定如下：

伺服液压系统要求油液清洁度为NAS（5-6）级；

比例液压系统要求油液清洁度为NAS（7-8）级；

常规液压系统要求油液清洁度为NAS（9-10）级。

购买具有一定清洁度（NAS10级左右）的液压油，并不是新油就好，新油并不干净，清洁度指标最多为NAS10级以下，必须通过再循环、再过滤，提高油品清洁度，所以应反复强调提高油液清洁度指标，并不是依靠加新油。必须提醒的是：液压油必须配备专用滤油机，不得与其他机械油混用。

②分水性能高

（2）选择液压油规格

可参见《机械设计手册》第5卷21-119相关内容

液压油使用中需要检测的指标：黏度、酸值、机杂或元素浓度、水分等，依靠过滤提高油品的清洁度，势在必行。

常见的液压油规格：HL、HM、HV、HS、HG、HFC、HFDU。

液压油选用黏度的参考依据：

泵型：	最高黏度（mm^2/s）	最低黏度（mm^2/s）
叶片泵	500 ~ 700	12
柱塞泵	1000	8
齿轮泵	2000	20

（3）液压油选用的参考依据

工况环境、温度、负荷、介质、密封材料、黏度、闪点、倾点、黏度指数、消泡性、破乳化性、抗氧防锈性、叶片泵磨损测试等。

★　推荐优秀制造商

（详细资料暂缺）

常规用品使用长城液压油；

重要设备可选用进口壳牌液压油。

5.6　减速机

任何设备的转速只要不与电机同速，就需要减速装置。减速机的性能不只是影响运转平稳与寿命，更影响能耗高低。

减速机的高性能标准：

（1）齿轮设计中应合理选取齿轮模数与齿数，既考虑到弯曲疲劳强度的承受能力，又要兼顾有足够的接触疲劳强度。既做到正常运转与负荷条件下，没有断齿现象；又能使齿轮表面耐磨蚀，不出现点蚀现象。

（2）圆柱齿轮的设计精度应符合 ISO 1328—1997，加工精度应确保在六级以上，制造厂商要有能保证三级以上精度的磨齿机，磨齿机能自动调整模数——轮齿两面的加工余量，保证轮齿有效硬化层深度符合齿轮的技术要求，并实行在线监测，使齿轮的磨齿过程中加工精度受控；齿轮关键工序的加工应在恒温下进行，可提高齿轮加工精度；在齿轮加工后会有弯曲变形，要具备齿形的修形能力，提高齿轮的承载能力。

（3）减速机箱体承受着齿轮运行的各种支反力，应具有足够刚性，避免变形。因此，要有足够厚度及重量的壳壁承受机械负荷。箱体孔中心线形位公差控制在六级以内（误差 $< 0.03mm$），保证齿轮的啮合精度。制造商要有保证精度的检测手段，如检测箱体的三座标检查仪、检测齿轮的齿轮精度检查仪等。

（4）外协件要有高质量要求。如锻造齿坯时，锻造比不能小于 3；齿轮箱的铸造要有保证不出现铸造缺陷的工艺手段，保证箱体的制造质量（浇注口占总浇注重量的 50% 以上，以减少气孔率）；轴承应是国内外名牌产品。

（5）通用减速机轴承座处采用骨架油封，为优质产品，能保证一年内减速机箱体正常运行不漏油。

★　*推荐优秀制造商*

1. 南京高精齿轮集团有限公司

该公司为国内大中型减速机专业制造公司，装备精良，技术力量雄厚，大型水泥企业生产用主机设备的减速机类型，该公司都有产品生产。目前，对立磨、球磨机、辊压机上的减速机有良好的生产和销售业绩，立磨减速机最大功率达 5400kW，球磨机中心传动减速机最大功率达 4800kW，辊压机减速机最大功率达 1800kW，均已成功安装使用，运转情况良好。产品特点如下：

（1）设计的计算依据是 DIN3991 及 AGMA2001-C95 标准，满足 KA = 2.5 时，SH≥1.2，SF≥1.5，AGMA 服务系数≥2.5。

（2）对新产品的设计进行 pro/E 建模，并通过 ANSYS 软件进行有限元分析，能准确找出薄弱环节，优化结构。

（3）制造材料均选用最高档次，齿轮材料用 20CrNi2Mo 或 17CrNiMo6，而轴料采用 42CrMo，轴承选用 SKF 品牌。

（4）最近购置如下大型进口装备，用以生产大型减速机

①德国产螺伞铣，加工螺伞的最大直径可达 2m，用于加工立磨减速机关键件的必备设备，使大型螺伞加工不再依赖进口。

②4m 奥地利制造的渗碳炉，可以渗碳层深达 8mm，确保齿轮的耐磨寿命。

③6m 德国制造的磨齿机，是渗碳后硬齿面加工的必备设备。

上述设备是生产大型高耐磨齿轮的关键硬件。

（5）有独具匠心的工艺技术措施

①使用专利滚刀，以保证齿根的圆滑过渡，避免应力集中。

②采用穿杆镗加激光跟踪仪，能在加工过程中随时检测，确保多排孔、大规模箱孔的同心度。

③立式磨床应用特殊的装夹方式，确保零部件精度和尺寸稳定性。

④特定的热处理工艺及适当的工艺留量。

⑤齿轮修形的专利技术，保证齿面间足够的接触面。

⑥推力滑动轴承组件中对球面与限位等细节特别关注，如扇形瓦面、球形

支撑、瓦面修形倒坡、重心偏置等都为散热、润滑中的进油及楔形油系的形成创造最佳条件。

⑦高速轴采取机械加骨架油封的双保险密封措施，确保轴头不漏油。

（6）进口德国高端的质量检测设备——三坐标检测仪，确保箱体，行星转架等重要结构件精度，保证装配后的齿轮受力均匀。

2. 杭州杰牌传动科技有限公司

该公司为 1988 年起步的以制造减速机为主业的民营企业，迅速发展壮大成为中国齿轮行业协会中有相当影响力的佼佼者，已经是国产中小型通用减速机技术研究开发的领头羊。其主要减速机类型为：蜗杆减速机、齿轮减速机（JRH 系列）、齿轮减速电机（JRT 系列）、行星齿轮减速机（JEP 系列），该公司的业绩一直在电力、钢铁、橡塑、电梯、环保等行业获得良好口碑，目前正准备向水泥领域进军，以替代进口减速机为目标。

该公司制订的目标是：与国际名牌弗兰德、SEW 减速机相比，在如下六个方面要超过、至少不低于其能力：

（1）比设计理念

采用“模块化、等强度、抗疲劳、长寿命”设计理念，建有中国机械工业中小功率减速机工程机械中心，组织起草“蜗杆减速机、齿轮减速机”行业标准八项，积极参与如奥的斯电梯对减速机的振动、噪声、安全可靠性的高要求研制，有些国外名牌企业并未解决的技术设计难题，经该公司两年的潜心研制，成功解决。

自行开发的组合润滑密封装置，能成功保护骨架密封唇口不受污染而长期可靠不渗油。

（2）比工艺

箱体采用金属模精密铸造，经进口加工中心加工，采用专业设备进行清洗磷化后储存。

齿轮经预先热处理后，采用进口车削中心完成齿坯加工，数控高速滚齿机滚齿，奥地利箱式多用炉热处理生产线渗碳淬火，英国强力喷丸机喷丸强化，德国数控成型磨齿机精密磨削。采用专有的修形技术降低齿轮运行噪声。

装配采用柔性流水线作业，以往调整齿轮轴承间隙是靠有丰富经验的技师逐台进行，现在该公司有大量类似经验累积，并以最小摩擦力矩作为检验装配的效果，然后通过编程固化此类成功经验的技术文件。这样做不但冲破了行业标准的约束，提高并稳定了装配质量，而且节约了劳动力。

对产品运输前的包装，该公司也采取特殊的防腐、防锈处理工艺，实现堕性气体保护，避免使用前的锈蚀发生。

（3）比检测

箱体采用美国三座标测量中心检测，齿轮采用“超声波探伤仪、金相组织分析仪、齿轮检测中心”检测。

（4）比试验

建有中国齿轮行业实验室（CGMA-IRL），拥有成套数字化仪器设备，可进行减速机各项整机性能试验、静扭试验、寿命试验。

动载试验采用数字化封闭功率流试验台，形成“电机→减速机→陪试增速机→发电机（作为加载器）→电能→电机”的闭环系统，相对于传统的开式试验台降低试验电耗达 80%。

静扭矩试验台理论上可加载到无限大载荷，减速机的试验扭矩可人为设定；测试减速机真正的过载能力，是评价减速机性能的重要指标。

（5）比配置

所有外协件都不会低于国外进口减速机。如逆止器选用德国瑞班产品；油封选用德国弗雷伊登贝格产品；轴承选用 SKF 或 FAG 等名牌。

（6）比性能

表现为六大性能：承载能力、传动效率、密封性能、噪声、温升、寿命。详见下列数据对比：

产品规格型号	噪声	温升	密封	数据来源
JRHH2SV8（$i=9$）杰牌传动	≈67dB（A）	≈30℃	无渗漏	某磷化厂现场测试
德国某企业类似规格传动比	≈70dB（A）	≈50℃	无渗漏	

3. 山东华成中德传动设备有限公司

该公司为近年来迅速成长为技术领先于国内中小型减速机行业的领军企业，它的质量目标就是世界名牌减速机弗兰德及 SEW 技术。该公司与德国合资，投资五亿元，严格按照国外的先进生产机械装备、加工工艺及管理，产品已经开始推向市场两年。其产品特点如下：

（1）设计理念先进

①采用二维、三维和有限元分析软件设计，减速机型号扭矩和传动比采用递减形式划分，更符合降低功率节能的要求。

②从箱体到内部齿轮，采用完全的模块化设计，零部件的种类减少而规格数量增多，适合大规模生产和灵活多变的选型。

③既使是中小型减速机也都是采用强制冷却润滑技术，分轴端泵或风冷风机两类，全部为进口配置；前者效率高，但不方便，后者效率较低，但维护简单。通过对润滑油的强制冷却，不仅有利于润滑质量，延长设备寿命，而且可以增加散热能力，减小热功率，虽然为冷却增加投资，但由于冷却效率高使选

型降低一个规格，总投资可少20%。

（2）原材料严格把关：一般采用国外牌号，国内制作，抚顺特钢生产。

轴材为42CrMo，4H-V；齿轮材质为高纯度低碳合金钢18CrNiMo7-6。一般是整炉钢采购，并进厂自检，特别关注稀有元素的检查。

铸造箱体采用高强度HT250材质。

（3）按照德国弗兰德技术要求采购相同进口机加工装备，提高加工精度。

①机箱壳体加工包括所有定位、镗孔及钻孔在日本三菱卧式镗铣加工中心上一次完成，不仅高效而且精密。

②所有机床精度均在3级以上；齿面磨损精度为5级，特殊要求可达3级。最大可磨削齿轮的直径为2.5m。

③所有磨齿都要在德国霍夫勒数控成型磨齿机上恒温进行，确保精度在4级以上；为加工特殊齿形齿轮，引进了美国格里森弧齿锥齿轮磨齿机。

④轴的装配工艺采用最先进的方式：轴采用液氮冷却、齿轮用电加热，即同时进行冷装、热装1～1.5h，不但温度范围适中，不会影响金属微观晶相，而且安装同心度高，小功率减速机甚至可以免除配键。

⑤齿轮间隙、轴与轴承座间隙的调整最后要靠有经验技师调整公差。用三座标测量仪把关。

（4）齿轮强度高

为保证齿轮高强，除精选钢材外，在热处理上更有独到之处，有箱式多用炉及井式炉两种炉型，每种炉型都由渗碳、清洗、回火组成。VBES-250/250一套，全部由奥地利爱协林公司引进，最大装炉量20t，热源为天然气，热处理工艺制度全部采用自动化控制。

所有齿轮均经喷丸处理，可消除热处理后的残余应力。

（5）可靠的质量控制手段

热处理效果将定期进行定样检测；齿轮加工后由德国克林贝格齿轮检测仪进行；出厂检验：出厂前需逐台空载试车，并经加载试验中心检测运行效果：包括轴承温度、振动及运行电流等指标。

用户使用报告

我公司在煤矿用带式输送机项目中，配套使用了山东华成中德传动设备有限公司研制生产的B3SH11-25+水冷型减速器6台，经过半年以上的连续运转验证，该设备运转平稳，振动小，不漏油，温升低，噪声小于85dB（A），传动效率高，性能可靠，各项指标均达到技术性能要求，满足了采煤输送的正常生产。

特此证明

沈阳矿业有限责任公司　2010.11.12

B3SH11型减速器使用证明

我公司在煤矿用带式输送机项目中，配套使用了山东华成中德传动设备有限公司研制生产的B3SH11-25+水冷型减速器6台，经过半年以上的连续运转验证，该设备运转平稳，振动小，不漏油，温升低，噪音小于85dB（A），传动效率高，性能可靠，各项指标均达到技术性能要求，满足了采煤输送的正常生产。

特此证明。

沈阳矿业有限责任公司

2010年11月12日

4. 国茂减速机集团有限公司（原常州国泰减速机厂）

该集团公司是以生产中小型减速机为主，并准备向大型化发展的民营企业。历经十余年，现在有五大系列减速机产品供各行业选用：ZLYJ系列减速机；软齿面QJ、ZQ系列减速机；SEW系列减速电机；DBY、DCY垂直轴，ZDY、ZLY、ZSY平行轴，ZLYJ摆线针轮减速机等。

产品特点如下：

（1）对于水泥行业使用的专用减速机，按照行业标准，输出功率应是额定承载功率的2.5倍，但该公司标准为3倍。为实现此目标，该公司合理取定齿轮模数与齿数，并用德国进口的尼尔斯（Niles）磨齿机，加工达到六级精度标准。该公司可以承诺产品2年内不出任何故障。

（2）齿轮材料为低碳合金钢，材质为20CrMnTi（Mo）

（3）公司的外协件每年确定一次供货商，确保锻件及铸件的质量合格，并有3亿元的材料备货，不仅有利于缩短供货期，而且不会因客户订货价格的交低而随意降低外协件质量。

（4）该公司骨架密封为台湾采升品牌，确保一年不漏油。

（5）由于减速机经常是随主机供货，有的主机制造商订购假冒“国茂”产品骗取最终用户。因此，用户在接收主机时，要对减速机的真正制造商进行确认，甚至可向该集团公司确认后验收。

5.7　滚动轴承

轴承是所有运转设备都离不开的重要元件，分滚动轴承与滑动轴承两大类。市场上滚动轴承质量差异甚大，设备订货时必须指明轴承品牌后，才能定价；维修时更换轴承则更要选择品牌，以保证维修后的使用寿命及效率。

（1）滚动轴承的高性能标准

①制作材料过硬

轴承必须使用纯净的轴承钢，世界知名轴承企业都拥有自己的轴承钢生产基地，提供纯净度极高的轴承钢；国内轴承企业则应选用上钢五厂等通过电渣重熔冶炼的精炼钢，与其他方式冶炼或热处理的钢材制作的轴承相比，寿命可提高一倍以上。

②设计先进

企业应有自行开发的轴承设计软件，可根据特性化需求进行尺寸调整，采用优化的多半径接触型面几何设计，使轴承区的应力有效均化，避免局部应力集中而导致提前失效。

③高标准的表面加工精度

有利于润滑效果，当油膜厚度相同时，减小金属间的接触摩擦程度，延长轴承寿命。

④有优异的热处理工艺制度与装备

国内最好轴承与世界名牌相比，差距关键在于长期寿命稳定性不够，其原因正是以上内容。

（2）如何避免购置假冒优质的轴承

①特殊轴承的更换不但要看型号，一定要看制造商，因为相同型号的性能不见得完全相同，与设计理念有很大关系。

②与名牌产品企业直接签订供货合同。

③优质轴承制造商的标准轴承上有明显标记，以区分真假，并可通过查对轴承上的编号，与制造商联系核实。

（3）制造商必须具备的条件

①有大型高精度加工磨床，确保加工精度；

②有高档稳定的热处理工艺装备；

③制造商能提交轴承保证使用疲劳寿命的计算依据；

④具有质量检验的仪器与资质。

（4）合同中必须承诺的内容

①向用户承诺正常运行的使用寿命，并负责赔偿提前损坏的损失。

②提供专用轴承钢的材质证明书。

★　*推荐优秀制造商*

1. 大连冶金轴承股份有限公司

从一个小型民营企业发展成为中、大型调心轴承领域的行业骨干企业，有独特的企业高标准管理做法。

（1）精炼钢材来自国内公认的上钢五厂等八大公司产品，经ERP信息管理确认方能采购，并按轴承要求选择最合理的尺寸段。

（2）目前拥有全国同行中唯一的1500mm×500mm规格的贝氏体盐浴淬火热处理线，代替传统的马氏体油浴淬火，使晶粒细化度均匀，提高了热处理后产品的稳定性。

（3）产品精度高，均达到P5级，部分关键的轴承已达P4级，某些性能可与SKF轴承抗衡。最近又引进意大利法利图公司的内外径共用数控超精密自动立式磨床。为目前国内同行唯一拥有的装备。

（4）重视技术研发，每年有销售额的3%专项投入，以不断满足用户对轴承质量日益升高的需要。

用户使用报告

关于大冶轴水泥轴承使用情况的说明

大连冶金轴承股份有限公司：

贵公司与我公司合作十多年，经我公司多年实践证明，大冶轴轴承有以下优点：

（1）质量的可靠性：我公司水泥设备采用大冶轴轴承，质量非常稳定，从没出现过质量问题，远远超过了合同规定的质保期，得到了我公司客户的高度评价。

（2）技术的先进性：贵公司设计的轴承结构先进、合理，符合水泥设备的特殊性，所采用的热处理技术也属行业领先。

（3）使用寿命长：我公司采用贵公司的水泥设备轴承，使用寿命远远超过了国内其他厂家生产的轴承，在使用寿命方面，完全可替代进口轴承。

（4）环境适应性强：贵公司生产的水泥轴承，能适应各种工况需求，无论在北方，还是在南方，或是粉尘较多的生产环境，都能运转自如，这与贵公司多年的生产经验是分不开的。

（5）售后服务及时，无论是什么原因，或者是配合客户安装、拆卸，贵公司售后服务人员都能及时到达客户使用现场，为客户提供一流的服务。

合肥水泥研究设计院肥西节能设备厂　2011. 6. 21

关于大冶轴水泥轴承使用情况的说明

大连冶金轴承股份有限公司：

贵公司与我公司合作十多年，经我公司多年实践证明，大冶轴轴承有以下优点：

1、质量的可靠性：我公司水泥设备采用大冶轴轴承，质量非常稳定，从没出现过质量问题，远远超过了合同签定的质保期，得到了我公司客户的高度评价。

2、技术的先进性：贵公司设计的轴承结构先进、合理，符合水泥设备的特殊性，所采用的热处理技术，也属行业领先。

3、使用寿命长：我公司采用贵公司的水泥设备轴承，在使用寿命远远超过了国内其他厂家所生产的轴承，在使用寿命方面，完全可替代进口轴承。

4、环境适应性强：贵公司生产的水泥轴承，能适应各种工况需求，无论在北方，还是在南方，或是粉尘较多的生产环境，都能运转自如，这与贵公司多年的生产经验是分不开的。

5、售后服务及时：无论是什么原因，或者是配合客户安装、拆卸，贵公司售后服务人员都能及时到达客户使用现场，为客户提供一流的服务。

合肥水泥研究设计院肥西节能设备厂

2011年6月21日

2. 洛阳LYC轴承有限公司

为国内最大综合轴承生产企业（原洛阳轴承厂），现归属河南煤化集团。

（1）产品品牌为LYC，国际汽车验收标准ISO 16949所认可的品牌为LYDS，表明该企业轴承已为国际汽车生产所认可。

（2）该公司有严格的保证所签订合同的产品质量的审查程序，决不会有为降低价格而随意改变工艺加工程序的可能，这是打造名牌产品必须具备的基本所在。目前，该企业产品已供不应求。

（3）该公司拥有国家认定的企业技术中心，有研发新产品的雄厚实力，在航天领域、风电领域、精密机床领域等行业中都有突出贡献。对水泥大型机械的各种高难度要求，可以单独设计，完全予以满足。如公司开发的用于大宽径比辊压机磨辊的轴承，为满足设备性能提供了基本条件。

（4）拥有国内同行业少有的意大利法力图大型双柱数控立式磨床等高端加工装备，确保产品加工精度。

（5）检验手段齐全先进，有力保障了半成品及出厂产品质量。有投影测长仪、泰勒表面轮廓仪、三坐标测量仪、网络测量传感器、泰勒朗圆度仪、大型超声波探伤仪、荧光磁粉探伤机、OLYMPUS GX51倒置式金相显微镜及图像分析系统、X射线应力分析仪等设备。

（6）由于公司产品为名牌，故市场上成了“一分真货，十分假货”的局

④采用低阻的脉冲阀储气包组合结构（图6.3），直接将脉冲阀安装在储气包上，脉冲气流不会有任何方向改变，极大地减少气流能量损耗。

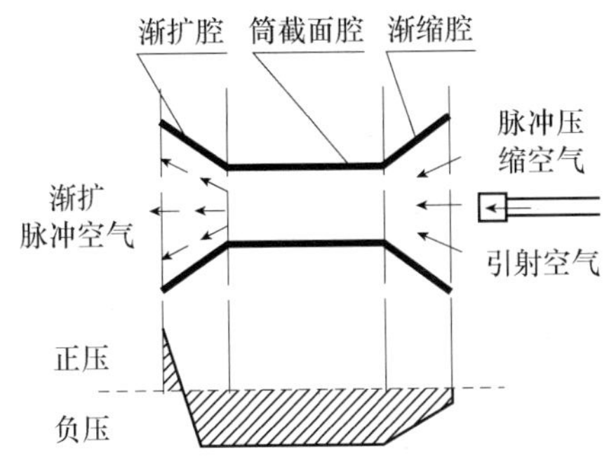

图6.2 脉冲引射装置结构示意

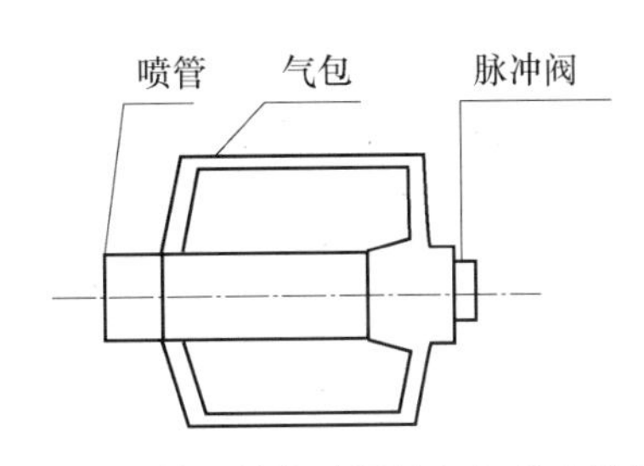

图6.3 低阻的脉冲阀储气包组合结构

（2）性能优势

①大幅度节能

节省1/3压缩空气耗气量；无需对机械提升阀等运动部件控制；花板开孔率低，加之清灰效果好，不易结露，使系统阻力比气箱式低300～500Pa。

②收尘器的结构简单，机械易损件大为减少，易于维护。

③降低清灰喷吹阻力，延长滤袋使用寿命。

用户使用报告

我公司于2010年1月点火投产，大连海顺收尘器厂研制开发的新型LJP冲脉喷吹收尘器贯穿于我厂生产线大部分系统中，经过一段时间的投入运行后，发现该收尘器收尘效果良好，本体及反吹系统运行稳定，不仅改善环境，而且大大降低了投资成本。LJP除尘器的结构设计合理，性能稳定可靠，更换滤袋方便。压缩空气的用量少，能耗低。便于维护，工作效率高。收尘器运行至今，粉尘治理效果良好，没有发生环境事故，对此我公司非常满意。

大连水泥集团特种水泥有限公司 2012.1.11

6.1.1 滤袋滤料

以往常见滤料为编织袋及针刺呢袋，它们的气布比［$m^3/(m^2\cdot min)$］分别为0.5～0.9和1.7～2.3，压降标准为1.5～2.5kPa，效率为99.95%。但越来越高的收尘标准向滤料提出了更高的要求。以玻璃纤维机制布为基材，以小孔径、高强度的PTFE微孔薄膜为滤膜，经过高温热压复合而成的新型覆膜滤料应运而生，它的发展在国际上已有十余年历史。

（1）高性能玻纤覆膜滤料的过滤机理

1）玻纤覆膜滤料的特点

作为滤料，玻纤覆膜同样需要具有筛滤、拦截、惯性碰撞、扩散及静电等五种功能，但一改传统滤料的深层过滤为表面过滤，基布只起骨架作用，覆膜则起透气及过滤功能，即依靠聚四氟乙烯微孔膜（ePTFE薄膜）过滤粉尘。首先通过筛滤功能去除大量1μm以上微粒，然后通过拦截、碰撞作功能去除更小微粒；又由于膜表面非常光滑，灰尘很难驻足。所以，覆膜滤料最大特点就是：

①既不会、也不靠表面形成粉尘层才有好的过滤效果。所以，过滤阻力不会逐渐增大，清灰所需压力可以变小，次数可以减少。

②滤袋清灰前后的过滤效果、风阻几乎为恒定，稳定了除尘器的工作状态，则有利于为之服务的生产系统状态稳定。

③覆膜耐磨损、表面光洁、强度高、柔韧性好、延伸率大，除尘效率高、清灰次数少、风阻低、能耗小、烟尘处理量大、滤袋使用寿命长。

④由于PTFE微孔滤膜孔隙率高，过滤风速高。采用高温将覆膜热压到基料上，覆膜滤料的透气率已近损失一半，一般控制在2～6cm/s。

总之，玻纤覆膜滤料是玻纤滤料的升级换代产品。当生产工艺需要降低系统阻力、提高产量时，只需将已有的收尘器原玻纤滤料改为玻纤覆膜滤料，阻力就可减少40%～75%，使通风量提高至少15%。

2）玻璃纤维覆膜滤料的关键技术

①织物组织结构独特，织纹稳定、不滑移变形，透气率高、经纬纱高低错落有致，不位于同一平面，滤膜与基材接触点少，透气性高。

②特有的耐折、耐腐蚀、抗结露、易覆膜的表面处理配方及工艺，使基材防水、耐高温、与PTFE微孔滤膜结合牢度高，且表面非常光洁。

③PTFE微孔薄膜孔径小、强度高、韧性好、耐磨损、大孔隙率，能阻隔掉大于1μm的颗粒，完全满足国家高排放标准；且延伸率大，使用寿命长。

④独创的覆膜设备与工艺，使膜与基材的热粘合点也是很小微孔，再加上PTFE微孔滤膜孔隙率高达80%～90%，过滤效率高、能耗低。

（2）滤袋的高性能标准

①透气性好

高透气率既不只是依靠材料的透气率，更不能依靠增大孔径，而是缩小孔径的同时，还能增大孔隙率，才有阻力小的优势。

②表面光滑、灰尘不易粘结

只有易清灰才具有自洁性能，风阻小而少变，减少清灰次数节省能源。

③过滤风速高

目前滤料的最大允许过滤风速是1.2m/s。凡强调过滤风速过高会威胁滤袋寿命，或增加滤袋阻力的说法，都是对滤料自身质量的怀疑，这种观点必将导致袋子数量增加、收尘器体积增大。

④滤袋寿命长

为延长滤袋寿命，滤袋材质应具有强度高、韧性好、耐磨损、耐高温老化的特点。

⑤选择适应性强

可根据待处理气体的不同温度，选择不同耐高温滤料：聚酯纤维袋的运行温度最高为150℃，尼龙纤维袋为230℃，玻璃纤维袋为280℃。

★　*推荐优秀制造商*

中材科技股份有限公司过滤材料事业部（南京玻纤院）

（1）基布质量高

该院研制的玻璃纤维素布有特定组织结构，经、纬纱支数及膨化度有较大差异，便于控制经、纬纱张力及打纬力度；采用异构四枚缎组织结构。

（2）薄膜质量好

自行研制的微孔薄膜具有孔径小、孔隙率大、强度高、抗断裂的伸长率大、透气高、过滤效率高、损耗低、使用寿命长等优异性能。为此，所采取的主要措施是：

①高质原材料，优化配方及相应配料方法，确保粉料均匀紧致排列，润滑剂能在短时间内充分浸润PTFE的每个小颗粒。

②加工中力求使PTFE粉料受力、受热均匀，在形变过程中尽可能多的形成连接纤维，降低结点比例，使薄膜趋向于少结点、多纤维、密集网状分布的三维立体结构。

③通过配方的核心技术，助剂的选购与混合，减小PTFE膜的孔径，并加强工艺调整。提高薄膜的强度、延展率、柔韧性、耐磨损、孔隙率和表面光洁度，确保薄膜质量达到国外同等水平。

从图6.4中看出，中材科技的覆膜拉伸比、压延带厚度达到了最佳组合，才出现了近似正方形的纹路结构；整个膜片平整，有别于国外公司膜片的波浪状和层叠状；纵横向延伸率几乎相等，各项力学性能都比国外公司高，膜孔径小。

（3）覆膜工艺及设备先进

①加热中避开玻璃纤维、聚四氟乙烯不吸收微波的特性，使效果最好。

②压力的选取要控制既能让膜与基布牢固结合，又只与纬纱或经纱结合。撤压后，凸起的纱点立即恢复原状。

③覆膜速度控制基布与膜的接触时间，保持粘结点不成死板一块，存有诸多微孔。

④整条覆膜机组需要恒张力控制，在基布与膜的喂入过程中，设备与操作保证不出现褶皱现象。

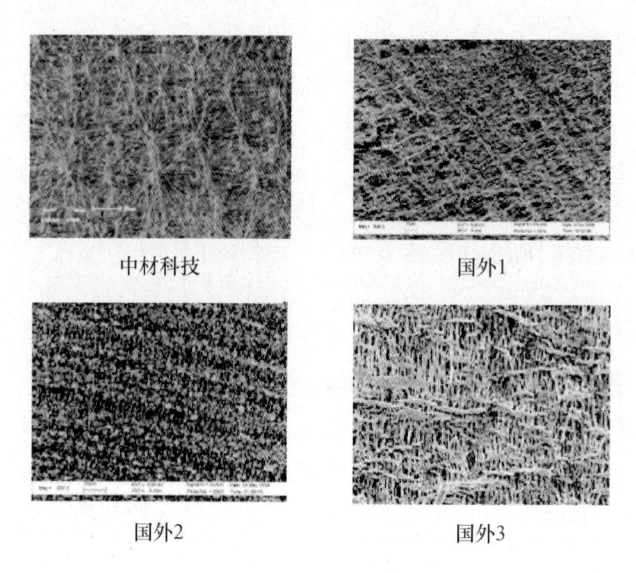

图6.4　与国外产品纤维图像对比

用户使用报告

本公司4000t/d新型干法水泥生产线窑尾除尘系统中进行了批量使用。此生产线窑尾原采用电除尘方式，后由河南中材环保有限公司设计并更改建为“前电后袋”组合式除尘系统，并选用中材科技股份有限公司生产的玻纤覆膜滤袋。该生产线于2008年9月重新投入运行，相关数据参数如下：

项目	单位	参数
处理风量	m^3/h	800000
总室数	个	6
每室滤袋数	条	554
总过滤面积	m^2	13125
过滤风速	m/s	1.02
运行温度	℃	130
入口浓度	g/m^3	≤100
出口浓度	mg/m^3	≤30
滤袋尺寸	mm	¢160×8000
滤袋材质	—	750玻纤膨体纱覆膜滤料
脉冲压力	MPa	0.3
清灰周期	min	30
系统压差	Pa	1000

自生产线投产以来，袋式除尘器运行正常，目前无滤袋破损现象，系统运行阻力在

1000Pa 左右，滤袋承诺使用寿命为三年，至今质量稳定。本项目的成功应用，将为今后水泥行业电除尘器的改造提供依据。希望中材科技进一步提高产品性能，使国产高温滤料在水泥行业得到广泛应用，为广大水泥生产节约成本，为环保事业做出应有贡献。

辽阳千山水泥股份有限公司

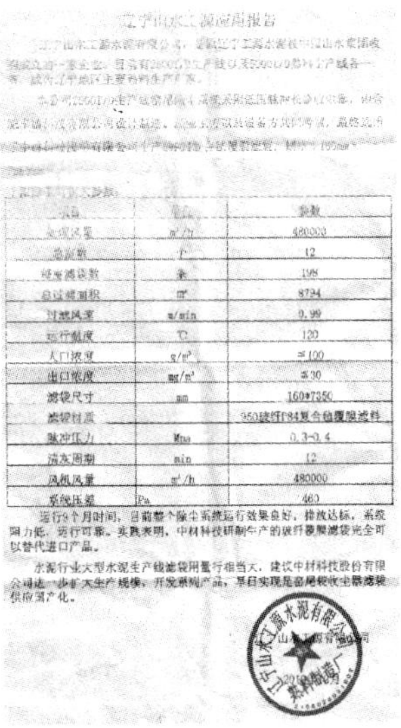

[illegible]

项目	单位	参数
处理风量	m³/h	480000
[illegible]	个	12
每室滤袋数	条	198
总过滤面积	m²	8794
过滤风速	m/min	0.99
运行温度	℃	120
入口浓度	g/m³	≤100
出口浓度	mg/m³	≤30
滤袋尺寸	mm	160*7350
滤袋材质		350玻纤P84复合毡覆膜滤料
脉冲压力	Mpa	0.3-0.4
清灰周期	min	12
风机风量	m³/h	480000
系统压差	Pa	460

运行9个月时间，目前整个除尘系统运行效果良好，排放达标，系统阻力低、运行可靠。实践表明，中材科技研制生产的玻纤覆膜滤袋完全可以替代进口产品。

水泥行业大型水泥生产线滤袋用量相当大，建议中材科技股份有限公司进一步扩大生产规模，开发新型产品，早日实现[illegible]国产化。

6.1.2　电磁脉冲阀

电磁脉冲阀是袋收尘清灰的关键元件，目前大多使用进口产品。近几年，有些国产产品质量过关，某些指标已经达到、甚至超过进口产品，成本可以大幅降低。

（1）电磁脉冲阀的高性能标准

①为保证在相同压缩空气量下的清灰效果，并节省压缩空气用量，性能优良的电磁脉冲阀必须具备：膜片开启快，关闭快；喷吹压力峰值高；单位时间内喷吹量大。

②各组成元件材质优良

膜片是该产品关键元件，必须使用进口产品。膜片应具有良好的抗撕裂性，良好的抗腐蚀性，良好的抗老化性。为识别真假，可检查其厚度要低于 0.8mm，且弹性较好，则为质量优良，否则为假冒。

弹簧及电磁先导装置是另两个关键件，质量也必须可靠、优质。

③结构设计要减小电磁脉冲阀自身的阻力，即保证压缩空气的喷吹动能损失小，且节约能源。

④在正常工况条件下电磁脉冲阀使用寿命为 5 年或 100 万次。

⑤在特殊工况条件下仍能使用，能满足各种等级的防爆要求。

（2）对喷吹系统的要求

为提高电磁脉冲阀的喷吹效果，喷吹系统应当注意如下环节：

①为电磁脉冲阀所提供的分气箱必须有足够的容积。

②供气管道要最大限度降低阻力损失，因此，管径不应太细，弯管要少，转弯曲率半径要大，制作要精，避免焊接连接，管径变化要渐进。

③喷嘴要与花板孔同心对准。

★　***推荐优秀制造商***

苏州协昌环保科技有限公司

为保证上述高性能的要求，该公司做了大量研究与开发工作，为此配备了拥有各种性能测试的试验室及仪表。使其产品在如下性能上在该行业领先：

（1）除了使用来自美国公司的进口膜片，弹簧精心选择其弹力适中的品牌。该公司拥有的专利技术电磁先导装置（专利号ZL2004200226084.8），成为其产品缩短电磁阀开启与关闭时间的又一“杀手锏”。

下表是协昌电磁阀与国际著名电磁阀的性能试验对比数据：

关键指标	打开时间	关闭时间	喷吹压力峰值
协昌	16ms	14ms	0.25MPa
进口名件	22ms	18ms	0.24MPa

（2）自行研制铝壳体铸压的加工工艺与机装装备，保证组装后精度高、阻力小、连接严密、防护粉尘与水分污染。

（3）为提高袋收尘清灰系统的用风清灰效果，使电磁脉冲阀组发挥更高效率，延长袋子的均匀使用寿命，该公司又独具匠心地对从电磁阀到袋收尘口的气路进行研究，并提出等压喷吹及最佳气包容积的要求。

6.2　电收尘器

由于电除尘器对高比电阻和极微细粉尘的收集难度大，加之袋收尘器技术的飞跃发展，面对日益严格的环保要求，越来越不被看好。但任何技术都在竞争中发展，电收尘技术也在进步。如国外水膜静电除尘技术、国内泛比电阻电技术、移动网板式收尘电极、高频电源的应用、电场内增加声波清灰系统等，电收尘还会有新的生命力。

与袋收尘技术相比，电收器具有在高粉尘浓度下效率高而阻力较低的优势，如果与含尘量较低、高收尘效率的袋收尘相结合，发挥各自特长，组合电袋复合除尘器，尤其对现有的电除尘，后端改用袋收尘，不失为一种高效而又经济的技改途径。

（1）选用电除尘器的首要条件

①要注意欲除尘的工艺系统特点：如常见的有窑尾+立磨、篦冷机+AQC锅炉、预热器+SP余热锅炉等，不同系统所提供的设计参数，如处理烟气量、废气温度、含尘浓度、气体露点或含湿量等都不会相同，设计选型必须整体考虑，只根据处理风量及电场风速选型远远不够。

②将有效截面积、除尘效率和收尘极板总面积综合考虑。不要认为电场数多的电收尘一定比电场数少的收尘效率高。比如，对湿度较大易收粉尘，应选用少电场数的电除尘器，有利于防止腐蚀。

③粉尘比电阻宜在$10^5 \sim 10^{11}\Omega/cm$范围以内。该值过低，粉尘到达收尘极的表面后，释放电荷过快，并获得正电荷，与电极相互排斥又重返气流，

无法提高收尘效率；该值过高，粉尘在电极上释放电荷太慢，使粉尘层间形成较大电压梯度，以致发生局部放电，出现反电晕现象，在收尘极和物料层中形成大量阳离子，与气流中阴离子中和，使电晕电流增大，电压降低，耗电增加，除尘性能恶化。如果粉尘比电阻超出此范围，必须有增湿塔等设备对烟气调质。

④设计风管与电收尘器必须是垂直连接，并且要求垂直段长度大于风管直径的三倍，如果现场位置不足，须在风管弯头内增加导流板，以防气流斜向进入电除尘器，导致偏风现象严重而降低除尘效率。

（2）电收尘器的高性能标准

1）提高除尘效率必须同时满足两个条件

①适宜的处理风量

即恰当的通过风速，窑头、窑尾均为0.7～1.0m/s；用下式可以核算：

$$V = Q/(S \times 3600)$$

式中 V——气体流速，即电场风速，m/s；

Q——气体处理量，m^3/h；

S——电除尘器的有效截面积，m^3。

②合理的比积尘面积

同样条件下，比积尘面积越大，处理能力越强，但经济性不好。应通过如下公式计算：

$$A = [-Q\ln(1-\eta)/3600w] \times K$$

式中 A——电除尘器需要的有效集尘面积，m^2；

Q——气体处理量，m^3/h；

η——除尘效率，%；

w——尘粒的有效驱进速度，cm/s；对于水泥取7～10cm/s；

K——设备能力储备系数，一般取1.05。

考虑实际运行的工况波动、有时运行电压不足，以及为系统日后技改留有富裕量，选型时有必要计算K值。

2）极板、极线间距与选型

同性极距取宽为好，已由原来的250提高到400，对于比电阻$10^{11}\Omega/cm$左右的粉尘，宽极板间距有利于加大驱进速度，升高起晕电压至72～100kV，增强起晕电流至0.7～1.2A，以利提高除尘效率。

极板型号多选用480C，板面压有沟槽，两侧折边。为防止极板受热变形，极板上部悬挂，下部固定，确保极板上下自由伸缩。在阳极排中部设置数道卡子使极板间限位固定，有利于防止极板受热变形。

极线采用BS型新型芒刺线，机械强度较高，起晕电压低，放电性能好。

但鉴于后电场因粉尘浓度大为下降，导致离子运动速度加快，电晕电流过大，操作电压太低，宜选用放电性较弱的极线，即前电场用V15极线时，后电场用V0极线。

3）对进出口烟箱与气流分布板的要求

进口烟箱通常设置两到三道X形分布板，分布板的开孔率要保证电除尘两侧进风量相对偏差小于5%。在分布板上设置百叶窗式导流板两道，令气流转折方向，尘粒将相互碰撞而沉降至灰斗内，达到初步收尘效果。

出口烟箱的喇叭大口端面积应小于进口面积，且中心线也要略有抬高，以使出口烟箱下部形成死区。在除尘器出口垂直气流方向竖置一层槽形板，用以捕集各种原因漏网的粉尘。

要在灰斗及极板四周设置导流板和反射板，以防止粉尘从灰斗及极板与壳体之间的间隙短路逸出。

4）合理选择清灰方式

阳极可在不同电场采用不同振动周期的侧向回转挠臂锤振打，阴极的前几个电场可用顶部电磁锤振打，后面电场采用腰部振打装置，振打力度与周期的选择要保证清灰效果好，又能减少二次扬尘。

5）严格壳体密封与保温效果

如有漏风存在，不但影响系统的热工制度，而且增加风机负荷。密封与保温都有利于减少烟气结露对构件的腐蚀。为此，尽量减少现场的低质量焊接，壳体连接处都要连续焊，并有气密性检查，人孔门应为双层、周边用耐热硅橡胶密封。

壳体钢板厚度不能低于8mm，并有足够加强筋，焊接保证使壳体为整体，以保证壳体的足够刚度。

6）选择高质量电源

不宜简单采用常规的T/R电源。对于不同的工艺条件和烟尘特点，应该选用不同的电源和控制系统，ALSTME的EPICⅡ型控制系统，就可以针对各个供电单元的个体差异，通过对T/R一次及二次电流和电压的高精度、高速度的波形分析，进行电场电压和电流的合理匹配，取得整台电除尘器供电的最佳化。

7）制作质量要求高

大多数电收尘因零部件组成较多，不会是一个制造厂家完成，因此要求每个外购件的质量达标并非易事。必须对焊缝长度、高度或间距，或钢板拼接位置、开孔大小与光洁度、加强筋大小与规格等指标，实施严格检查制度。电机、减速机、轴承应选用高性能产品（详见9.2、5.6、5.7节）

8）运输包装环节不可忽视

电收尘零部件极易变形，运输、包装是保证安装、使用质量的重要环节，严防大梁弯曲、极板变形、极线生锈等现象发生。

（3）订购合同必须规定的内容

①保证设计工况下不超过国家允许标准的具体烟气排放浓度。

②正常使用条件下的极板与极丝的使用寿命。

③保证壳体的最低总重量。

④外协件的供货商品牌。

（4）对用户的使用要求

①进厂后的零部件在安装前的保管十分重要，精度较高的横梁、立柱、阴极框架、阳极板、阴极线、振打轴等必须放置平整，不得相互叠压，并用枕木铺垫，其中易锈蚀部件要有防雨设施。

②安装技术要求高，除施工队伍有经验之外，监理要有高度责任心。其中防止基础支座的热膨胀位移、高度气密性防止漏风、阴极线及其放电针不得折断与脱落、阳极固定螺栓紧固等要求是检查重点。

③冷态调试空载升压试验中，二次电压应达到保证值，点火时不宜启动高压，避免极板粘附油烟物质。

④不允许进口温度长期高于 300℃以上。

★　*推荐优秀制造商*

江苏紫光吉地达环境科技股份有限公司

该公司除能满足上述高性能要求之外，对电收尘技术进步有大胆尝试。为使电收尘排放浓度能真正达到小于 $30mg/Nm^3$ 的水平，在研究日本日立技术的基础上，采取以下改进措施：

（1）将阳极板改为移动式电极，即原整条极板改为履带式组装极板，可以回转到电场以外用旋转毛刷清理极板上粉尘。目的在于消除原机械振打必然造成的二次粉尘扬起，从而提高收尘效率，减少电场的无用功。这种极板的造价肯定高于原有极板一倍以上，比相同处理风量、达到同样排放标准的袋收尘投资也要高 30%，但其运行成本由于无袋子更换费用、压降低而省电，最终效益可在两年内收回。因此，此方案已为电气行业所接受。如果为提高收尘效率对现有的电收尘改造，也不失为更可选方案。

（2）选用高频三相电源代替原单相的硅整流电源，其频率达到 1 ~ 10 万 Hz，由于电力强度高，电离释放电子量增大，不仅使脉冲宽度变小，而且使可捕捉的粉尘比电阻范围扩大至 $10^4 \sim 10^{12}\Omega/cm$，提高收尘效率约 2% 左右。购置此电源价格虽高 1 倍，但运行节电幅度为 30%，以原70kW · h/h 降为 50kW · h/h 计，一年以 7000h 运行时间，所省电费早已抵消多投资的部分。

用户使用报告

常州广源电厂 5#燃煤锅炉（75t/h）移动电极式电除尘器参数测试结果

序号	项目	设计要求	检测结果
1	入口浓度	25g/Nm^3	21. 6g/Nm^3
2	排放浓度	≤50mg/Nm^3	21mg/Nm^3
3	收尘效率	≥99. 8%	99. 89%
4	漏风率	≤3%	2. 1%
5	设备阻力	≤400Pa	280Pa
6	烟气温度	145℃	133℃
7	烟气流量	120000Nm^3/h	110100Nm^3/h

6. 3　增湿设备

随着低温余热发电的普及，烟气排放温度进一步降低，增湿环节只有在发电出现故障时才起作用，因此会降低对装备的质量要求。只是一旦使用，它对烟气调质的稳定性，不仅影响收尘效果，而且改变了风机处理风量，将直接威胁窑况的稳定。

增湿设备的高性能标准：

（1）能用较少水量实现对烟气的调质目标。应采用喷雾效果良好的喷头，保证在达到降温要求的条件下，增湿设备不湿底。

（2）先进的自动控制软件设计，既能根据烟气工质的状态自动调节增湿水量，又保证设备在异常工况时的安全。

（3）集机械设备、电气设备及自动控制为一体的增湿设备，无需专用厂房，占地面积小，无需专用水泵房，布置容易；但须有两台水泵互为备用。

（4）节电性能好，水泵为变频控制。

★　*推荐优秀制造商*

美国斯普瑞喷雾有限公司（上海）

该公司开发的 GCS 烟气冷却系统，采用空气雾化喷枪和具有专利技术的控制器，以实现良好稳定可调可控的增湿降温效果。

（1）特殊的空气雾化喷枪 FM25 为该公司的专利产品，它的优势诸多：

①喷雾效果好（详见 6. 3. 1）。

②节能显著。不只是无需水压（≤4kg）与气压（≤3kg）过高，就可实

现微细雾化；而且由于不湿底的情况下，烟气温度降低显著，风机所耗电能也相应减少。当生产工况不稳定时，该喷头最大调节比率达到10.6∶1，使喷水量的调节增加了范围，使雾化粒径不变。

③雾滴捕捉粉尘能力强。因为出口速度快，在距离喷头1.2m处，速度可达25～30m/s，高速水雾的弹性碰撞可促进粉尘团聚而沉降，降低了收尘器的负荷。

④抗堵性能好。该喷枪八个口径的直径为6.3mm，比一般喷头口径2mm要大，避免水中带入的杂质堵塞喷头，减少水处理费用。

（2）泵站是系统的动力源，设计结构紧凑合理，适应性强，且两台水泵相互备用。

（3）控制系统以Spray Logic为支持专利软件，可根据烟气温度的变化自动调节喷头的喷水量，保持增湿塔出口温度在指定范围内，即由进口热电偶的温度检测确定调整措施，出口安装三支热电偶监督调整结果。除此自动调整模式外，当系统处于异常状态时，还有安全模式及停车模式，保证整个窑以及喷水系统的安全。

用户使用报告（摘录）

一点体会：通过近半年的生产运行，该系统具有节能（两台水泵相互备用，90kW，气雾喷枪11kW）、调节方便，只要中控设定增湿塔出口温度，系统将自动跟踪，维护量小等特点。确保了窑尾袋电收尘的正常运行，是水泥厂及其他行业烟气调质处理系统的理想设备。

另外，在该系统运行中应注意以下问题：（1）根据生产水质状况，要定期检查外部设备的压力过滤器及内部的过滤单元，并及时在线清洗，一般1～2次/月。（2）在停车检修时，要将喷枪抽出检查喷枪的导气环和喷孔，一般2次/年。若水质过硬时，会发现不同程度的水垢集结严重影响雾化效果，需要拆下在弱酸中浸泡除垢。（3）外部的储水装置易采用玻璃钢储水箱，并用液位控制阀自动控制水量。（4）操作调整增湿塔出口的设定温度，要兼顾系统工况，若空气采用袋收尘器，其入口温度不得小于120℃，否则产生结露。

鉴于该系统的优异烟气调质功能，建议在5000t/d以上的新型干法水泥生产线上考虑不设增湿塔，采用该系统，用废气管道作为烟气的调质处理（因5000t/d窑尾废气管道直径一般达ϕ3500mm左右），这样可节省大量的土建及设备安装费用，降低投资成本。

6.3.1　高压喷嘴

（1）喷枪技术的进步与演变

1）传统高压回流喷嘴（图6.5，Flowback）

①完全靠高水压（≥30barg）工作，因此高压水泵成本较高；管道、阀门、法兰等均应承受高压要求；控制系统昂贵；能耗高。

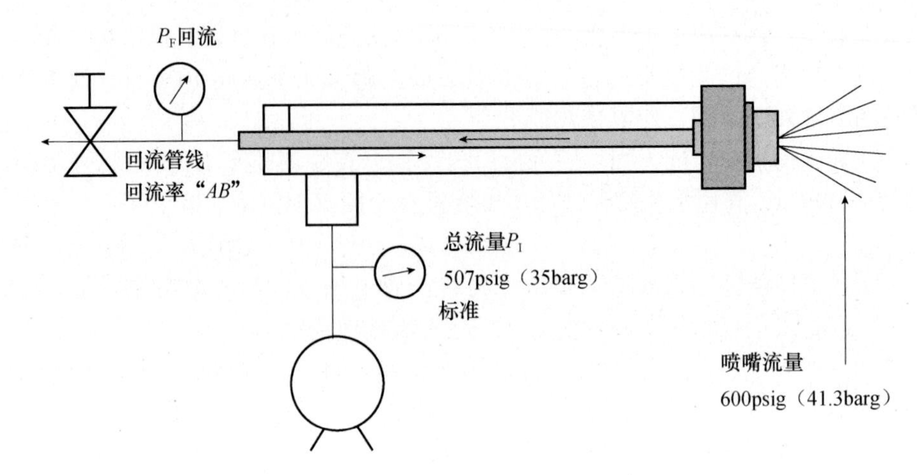

图 6. 5　高压回流喷枪工作原理

②回流喷枪的最大喷雾颗粒直径一般在 500μm，甚至更大，雾滴需要更长的蒸发时间。

③孔径很小，不但容易堵塞；流量相对较小，同样的喷水量要用更多的喷嘴。

④小水量调节时，喷雾颗粒会显著增大；为此，烟气变化时，对水量和喷雾颗粒的控制不能直接到位。

2）FloMax 喷嘴（图 6. 6）主要特点

①该喷嘴是靠压缩空气与高压水的双相流喷嘴。所需水和气的压力都在3 ~5barg范围，对水泵、管路、配件等的压力等级要求很低。

图 6. 6　FloMax 喷嘴

②喷雾颗粒非常小，最大颗粒小于 200μm。蒸发时间可比高压回流喷枪的喷雾成倍地缩短，典型的水泥烟气降温可以在 4s 以内蒸发；且喷雾颗粒大小随压力流量的变化非常小，容易调节控制。

③喷嘴流量很大，相当于 4 ~6 个回流喷嘴流量；管道少；流量范围宽。

④畅通孔很大，常用的 FM25 喷嘴有 6. 3mm 的畅通孔，FM10 喷嘴有 4. 7mm 的畅通孔，不容易堵塞。

⑤由于使用压缩空气，系统可设置在喷嘴停止喷雾时仍采用空气对喷嘴进行连续或不定期的吹扫。

⑥雾化角度选择范围大，形状好（实心锥形）；

该喷嘴有多种材质 316SS，310SS，Stellite，Hastaloy 等提供选择。

（2）高压喷嘴的高性能标准

①喷嘴喷出的雾滴直径越小，雾化的角度越大越好，不仅水雾分散好，更

有利于缩短雾滴蒸发时间。

②喷嘴口径>6.0mm，不易被水中异物堵塞，且流量增大。

③降低所需水压，有利于减缓磨损速度，为此，磨损少，维修简单容易；能耗低，大幅度节约运行费用：使用寿命长。

★　*推荐优秀制造商*

美国斯普瑞喷雾有限公司（上海）

采用专利的空气雾化喷嘴（FlowMax），能通过靶钉、导气环和喷孔的三次雾化（图6.7），不仅使雾化后的液滴表面积增加几倍至十几倍，确保雾滴100%蒸发；而且水雾复盖面积大至3~4m，能与烟气充分混合。

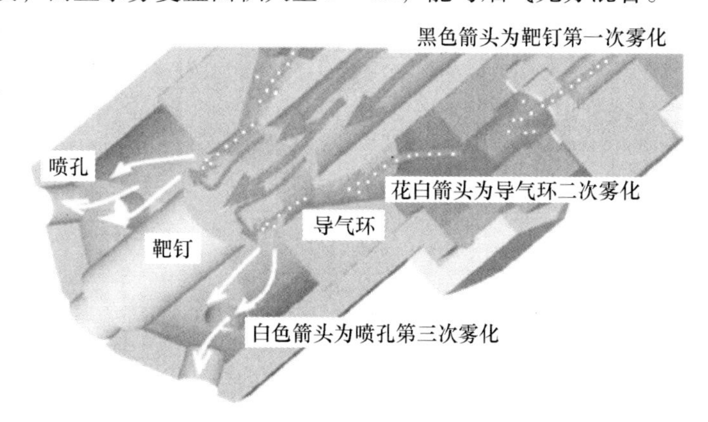

图6.7　FlowMax喷嘴三次雾化示意

这种能力有可能降低增湿塔的高度，用于管道增湿，可节约投资。

应用案例

安徽皖维水泥有限公司，系统基本参数烟气量：850000Am^3/h，入口温度：330℃，要求的出口温度：≤150℃，管道尺寸：直径4.5m，高度90.0m，8只FM喷嘴。

6.4　水处理设备

水泥企业中生活污水及生产污水处理均需要有专用的水处理设备。

（1）订购水处理设备的指导思想

①环保达标是保护人民身体健康的大事，也包括决策者自身。对污水处理同样需要高性能、高标准，不应有任何侥幸心理，只为应付环保检查就降低采购资金，最后使该设备形同虚设。

②不要选择没有任何加工能力的中间商，通过他们找制造商，用户不仅白白多付一笔费用，而且质量没有保证。

（2）水处理设备的高性能标准：

①经处理后水的生化指标，如生化储氧量（COD）、五日生化储氧量（BOB）、悬浮物（SS）、酸碱度（pH）及氨氮等指标均能达到国家标准。达到城市杂用水标准为一级A，达到绿化用水标准为一级B。

②必须要有足够容积，保证待处理污水在设备内停留的时间足够长，一般生活污水不得低于12h，而高浓度有机废水则要达十余天。

③配置的流量计、液位计等仪表均应为名牌产品（如E+H），严防选用市场上的冒牌产品。

④滤料应根据不同需要标准选择，不应以次充好。当今滤料价格差异极大，性能也无法比拟。如最低档为石英砂（仅可用三年）；活性炭则也有污水型及净水型之分，质量高者含碘量较低，机械强度较高，不易粉末化，吸附性高，且能经反冲洗再生；更高要求时应选用纤维球或核桃壳；最高要求在缺水地区应使用膜处理技术。

⑤设备整体所用钢板厚度应明确不得低于10mm。

6.5　消声设备

风机等高噪声设备都要求配置消音设备。

消音设备的高性能标准：

（1）设计的吸声片结构及液体通道前应对风机使用现场进行噪声源的测试，按测定的音频特性确定不同频谱范围所需要的消声量。

（2）因风机在最大噪声级时，频谱往往不止一种。不同频谱带要求不同的消声量，故消音设备应同时采用对高、中频噪声起消声作用的阻式结构，及对中、低频噪声起消声作用的抗式结构，同时在阻式通道中采用两种消声区，最大限度增宽消声频率，提高消声效果。

（3）采用具有较大吸声材料饰面在狭矩形的通道上，增强吸声效果。消声后噪声应小于85~90dB。

6.6　脱硝设备

目前我国水泥企业年烟气NO_x总排放量达200万吨，约占全国总量的10%，仅次于电力行业和机动车尾气排放。当水泥窑燃烧器与分解炉采用低NO_x型时，其NO_x排放浓度一般为750~850mg/Nm^{3}之间，如果未采用，NO_x排放浓度还要高50mg/Nm^{3}左右。显然不进一步采取措施则很难达到现行的GB 4915—2004《水泥工业大气污染物排放标准》，NO_x排放浓度应保证

<800mg/Nm^3、10% O_2，新的国家标准有可能更加严厉<500mg/Nm^3、10% O_2。

脱硝设备的高性能标准：

水泥厂窑尾烟气的脱硝法目前主要有SCR及SNCR两种方法，采用选择性非催化还原原理的SNCR法，是当前较为推崇的脱硝方法。

（1）脱硝率高，保证NO_x排放浓度达到国家脱硝验收标准，降低到300mg/Nm^3左右。

（2）投资省。采用的SNCR脱硝技术投资费用低。2500t/d、5000t/d生产线的投资费用分别不高于200、300万元。

（3）节能和降低运行成本。NO_x排放浓度每降低100mg/Nm^3，每吨熟料增加的运行成本不超过一元。

（4）操作控制简单可靠。只需调整还原剂溶液喷入量，即可控制窑尾烟气中NO_x排放浓度，开停方便，不影响熟料产质量。

（5）易损件消耗少。

★ 推荐优秀制造商

广元市昌鑫建材有限公司

2011年该公司承建的拉法基都江堰水泥厂烟气脱硝项目已顺利建成投产，可将NO_x排放浓度从900mg/Nm^3降低到300mg/Nm^3，脱硝率达到66.7%。并已经通过环保部门的验收，获得了政府的财政补贴。

本公司采用SNCR脱硝技术特点：

利用余热发电系统热水加热还原剂溶液，提高还原剂溶解度，从而减少喷入烟气的水量，既减少因电加热溶解而消耗的电能，又因浓度提高而降低了窑尾烧成热耗。经对该公司的烟气脱硝技术治理后的实测结果是，每百毫克NO_x降低量0.65元/吨熟料。

用户使用报告

拉法基都江堰水泥厂2线SNCR系统。

第7章　耐磨耐高温材料

7.1　复合式耐磨钢板

水泥生产中经常遇到磨损较快的配件及壳体，轻者漏料漏风，重者则必须停机更换。因此，选择优质耐磨钢板是水泥企业提高设备运转率及降低能耗的重要措施。

(1) 复合耐磨钢板的耐磨机理

在普通钢板上堆焊以碳和铬为主要成分的耐磨层，是传统复合耐磨钢板的基本原理和做法。

为了提高堆焊表面的硬度及耐磨性，堆焊材料的成分中含碳的量应该高于4%，实际上确实很难做到。目前已有两种路径可以解决：

1）已能将碳加到最高5%，国外“信铬钢”就是代表，其产品特性为：

①“信铬钢”工艺使碳含量4%～5%；其余为SAS特制成分，气孔极少，应力缝为丝状。

②宏观硬度58～62HRC，微观硬度1300～1750HV。碳化铬硬质颗粒为扁平状，颗粒大，数量多，分布均匀。

③通过严格工艺控制使复合层与基板之间达到尽可能少混合，能适用于水泥行业中冲击严重的场合。

2）国内有学者研究通过添加B和Re元素，以弥补C元素的不足，并于工业实践中成功应用。加B等元素的堆焊层较大改善了以下性能：

①强化基体，使耐磨层的表面硬度提高到60HRC以上，尤其是高温（800～1000℃）的硬度更有明显增加。

②使堆焊表面材料具有自熔性和自愈合作用，即当表面出现较大裂纹时，通过非熔化极的电弧熔化过程，可以使裂纹自行消失。

③不仅是在堆焊过程中，防止了原有基板中成分向堆焊层中渗透，即防止所谓“稀释”作用，而且应当是使堆焊的耐磨成分向基板内部“反渗透”。这种“反渗透”不但加强堆焊物质与原基板结合的牢固程度，还由于这种合金的液相表面张力低，使最后形成的堆焊表面更为平滑。

在生产堆焊耐磨复合板的明弧焊或埋弧焊工艺中，会有两个因素导致的材料局部稀释。一是焊丝钢带融入高碳铬铁粉造成稀释。二是电弧加热融化基板造成耐磨层与基板结合层稀释。此部位的微观硬度只有700HV。对于前者，堆焊中融入耐磨层的焊丝钢带成分约有60%，大大降低了耐磨层中的碳、铬含量。为此，在堆焊过程中，有必要加入高碳铬铁粉及金属碳化铬粉。对于后者，明弧焊的稀释率较低，2mm左右，但焊道飞溅多，气孔多，表面粗燥，致密度不够理想。而埋弧焊正相反，稀释率高至3mm，致密度较好。

耐磨层微观硬度的下降梯度越大，耐磨性越差，所谓“表面耐磨，越磨越不耐磨”就是这个原因。梯度的下降程度受稀释率影响。对耐磨层采取分层切割直至基板结合部，测试金相分析及硬度，便可了解梯度大小。

④这类合金形成的硬质相主体由金属碳化物改变为金属碳硼化合物，产品硬度大大提高。

（2）耐磨钢板的高性能标准

①具有较高的耐磨性能，在同样环境中，由它制作的工件寿命最长。

耐磨钢板整体外观要求是：整张板的表面平整度较高，无焊接变形；焊道接缝平整度较高；硬面层与线材的熔接线的平整度较高。这是确保整体硬面层厚度均齐，磨损及磨耗均齐而获得较长使用寿命的基本条件之一。

②有较高的加工性能。随着基板与耐磨层抗拉强度的提高，耐磨钢板适应弯曲、钻孔、焊接等加工工艺的能力越强，可以更广泛制成所需工件。

可用等离子弧切割成所需的形状和尺寸，包括开孔；可借助压力机或卷板机加工成弧形或锥体、圆柱体等部件；可通过焊接将钢板进行拼接，但焊接必须将普通焊条的焊缝用制造商生产的耐磨焊条覆盖，才能使焊接后的钢板具有整体耐磨性。可通过塞焊与其他钢结构连接；可预留螺栓孔（留孔处不应有堆焊层），通过沉头螺栓与其他工件连接；也可用闪光焊或熔化焊方法将螺栓焊接到该板的基材上，再与其他工件相连接。

③可以承受耐高温要求，在较高温度环境中工作，耐磨性能损失最少。

（3）优质耐磨复合钢板的识别方法

碳化铬耐磨复合钢板的使用虽已有十几年历史，但并没有统一的生产标准，大多数生产商采用明弧焊或埋弧焊工艺，主要原材料是高碳铬铁粉，且耐磨层表面都有明显焊道及应力裂缝。但可以在如下比较中区分质量：

①从外观上区分

从表面看无气孔，平整，波浪线落差小的产品为好。

复合板面积越大，焊接工序越少，材料利用率、性价比越高。多数复合板为1.5m×3m，无应力裂缝复合板只有650mm，很少有2m宽的产品。用户考量复合板应着重关心面积与宽度。同时，复合板的平整度应控制整张板误差为3mm/m^2，不能只看样品判断。

②化学成分区分

根据碳、铬含量，碳化铬大致分为：低碳低铬（碳：2% ~3%，铬：10% ~20%），中碳中铬（碳：3% ~4%，C 铬：20% ~30%），及高碳高铬（碳：4% ~5%，C 铬：30% ~40%）三类，再加之复合板耐磨层表面有应力裂缝及气孔，表现在不同点位的微观硬度可有 500HV 与 1700HV 之别，高碳高铬复合板比低碳低铬的宏观硬度相差无几，但前者微观硬度更高，耐磨性却有一倍以上的差别。

因此，根据宏观硬度而不是化学成分判断复合板耐磨性能，仍习惯于识别热轧热处理钢板耐磨性的方法（如 HB500 的耐磨性高于 HB400），是一种误区。

市场上能保持碳 4% ~5%、铬 30% ~40% 的复合钢板才为先进工艺生产。在水泥行业最常用 6 +4 复合板中，要注意基板厚度不同（6 或 8mm）、高碳铬铁粉用量不同（20 ~30kg），耐磨性能差异甚大。

各制造商应该报告所生产的复合板中 Cr、C、B 等主要化学成分的含量。

③金相组织区分

不同化学成分的硬质相分布、形状、数量都不一样。高碳高铬配方所产生的硬质相呈柱形六角形，且数量多。这种硬质颗粒的微观硬度一般在 1700HV 以上，而且与奥氏体的结合强度也高于低碳低铬所形成的丝状和颗粒状碳化物。高碳高铬形成的碳化铬硬质颗粒越大、数量越多、分布越均匀、微观硬度越高，耐磨性能就越突出。

当然，从经济效益出发，在满足设备检修周期时，也可选用低碳低铬复合板。因为每提高 1% 的铬含量，成本要提高 4%。

④检验区分

碳化铬复合板是适合中度冲击，磨粒磨损工况严重的理想材料。对大用户而言，为了避免无标设计和生产，不但要对照质保书验收产品，还要采取“封样验收”。可以要求厂商提供样品自行送至授权的化验机构进行 G-65 试验，依照检验的耐磨耗度选材。此方法虽可靠，但试验费用高。国内及欧洲一些复合板大用户，针对自身使用工况，设计出特定的检测设备，鉴定耐磨材料质量，小用户可以从大用户那里了解复合板质量。

硬面层硬度的检验要求：碳化铬复合式耐磨钢板成分相近时，其硬度值越高，耐磨耗度越优，而且要注意硬面层硬度分布的均匀性，确保硬面层的耐磨耗度一致，故检验硬度时不能只测试硬面层表面。

⑤从加工性及结合强度区分

对冲击较大（如矿山卡车，冲击严重的管道）的工况，用户应要求复合板耐磨层与机体之间的结合强度。该结合强度可用染色探伤检验结合面的裂缝，还可判断：允许卷曲半径越小，焊接后的结合强度越大。

耐磨层有丝状应力裂缝复合板的内弯直径要小于无应力裂缝的复合板。复合板的内弯直径一般是厚度的 20 倍，即 12.5 + 12.5（mm）厚度的内弯最小直径为 500mm。弯曲内径越小，说明结合强度越好，耐冲击性越高。

同样厚度的复合板无论内弯，还是外弯，允许直径都大于热处理钢板。硬度 HB500 以上时，由于加工应力没有充分释放，使用后会出现长条开裂。复合板既能作为结构钢又能作为耐磨钢，若焊道能通过压力检测，使用中基板不会开裂。无应裂缝的复合板也同样发生此现象，但开裂的深度至基板为止，只要修补即可。外弯时会造成耐磨层开裂、脱落，无应裂缝的复合板更加明显。

由于稀释原因，基板的机械性能也下降，对于强度高的结构件，基板强度设计必须要有足够余量，耐磨层的强度一般应忽略不计。对复合板的强度与耐磨性有极高要求的工况（如高速耐磨风机），必须采用高强钢做基板，以保证安全。

⑥制造厂商做出区分

“信铬钢”能做到每块耐磨板都有编号并附有质保书，用户在任何现场都能跟踪该钢板的使用情况。

（4）订货与使用须知

①掌握上述鉴别真假耐磨钢板的方法，向制造商直接订货最为可靠。

②应了解不同使用要求的不同类型钢板，在选择产品种类时，一定要将使用用途、条件环境向制造商准确表述，制造商应该提出负责任的建议，并明确告之用户，说明生产此类耐磨钢板的特点所在。

（3）熟悉耐磨钢板的加工性能

目前国内市场常见高档的耐磨钢板有瑞典进口的哈道斯板、台湾生产的 UP 板及国内生产的三盾双金属复层耐磨钢板。前者属于经热处理的合金贝氏体型材料，UP 属于碳化物型复合钢板，后一种则是碳硼化合物型的复合钢板。现在美国生产的“信铬钢”则更胜一筹，寿命比低碳低铬堆焊复合板提高一倍。

哈道斯板是世界知名品牌的非复合型耐磨钢板，为瑞典钢铁奥克隆德公司的独家产品。它有 370HB 到 600HB 不同硬度的六种规格。作为耐磨材料的最大优点是其焊接性能不亚于普通钢，且有很好的耐冲击韧性和工件曲率半径较小的弯曲性能，因此，用它制作的配件很少有开裂等损坏。用哈道斯钢板制作的配件寿命比一般 16Mn 配件高 3 倍以上。但由于该钢板在高温下会退火，硬度降低，因此不适宜在熟料煅烧系统中使用，而且与 UP-PLATE 复合钢板表面硬度达到 HV750 的等级相比，哈道斯钢板性价比已不理想。

★　*推荐优秀制造商*

1. 威海三盾耐磨科技工程有限公司

“三盾”双金属复层耐磨钢板是在普通钢板上平铺自熔合金块，采用非熔化极电弧自动堆焊工艺，实现熔敷一定厚度的耐磨合金。这种独特具有专利技术的焊接工艺，根据基板厚度等因素可以对焊接电流、电压调节，并通过对焊接弧高、焊头移动速度及摆动速度的稳定控制，不仅适用于大面积钢板的堆焊速度，提高生产效率，而且更能保证堆焊质量均匀。加之独特的焊药配方，还能经受<800℃高温的环境下耐磨。

（1）“三盾”双金属复层耐磨钢板，因材料具有加硼元素的能力，在冶金、煤炭、采矿、码头、交通等行业的耐磨材料中赢得较高信誉，现在已逐渐在水泥行业的耐磨元件中占有一席之地。

（2）该公司自行研制的自动化堆焊机，不但大大降低操作人员的劳动强度，而且避免了人工堆焊可能产生的质量波动及缺陷，再辅之实施严格科学的质量管理体系，以最低成本保证了每块复合钢板的质量可靠稳定。

下表为三盾耐磨钢板的型号与使用要求。

<table>
<tr><th>型号</th><th colspan="2">硬度（HRC）</th><th>使用条件</th></tr>
<tr><td>FB-01</td><td colspan="2">55～62</td><td>≤45°，轻冲击、低应力颗粒磨损</td></tr>
<tr><td>FB-02</td><td colspan="2">60～65</td><td>≤30°，低应力颗粒磨损</td></tr>
<tr><td>FB-03</td><td colspan="2">≥58</td><td>≤60°，中等冲击、高压力辗压颗粒磨损</td></tr>
<tr><td>FB-04</td><td colspan="2">62～66</td><td>≤30°，低应力、高温（≤700℃）颗粒磨损</td></tr>
<tr><td rowspan="4">FB-05</td><td>64～66</td><td>常温</td><td rowspan="4">≤30°，低应力、高温（≤1000℃）颗粒磨损</td></tr>
<tr><td>48～52</td><td>600℃</td></tr>
<tr><td>38～42</td><td>800℃</td></tr>
<tr><td>20～22</td><td>1000℃</td></tr>
<tr><td rowspan="3">FB-06</td><td>58～62</td><td>常温</td><td rowspan="3">≤60°，中等冲击，高温（≤800℃）颗粒磨损</td></tr>
<tr><td>40～48</td><td>600℃</td></tr>
<tr><td>30～38</td><td>800℃</td></tr>
<tr><td>FB-07</td><td colspan="2">50～55</td><td>≤90°，强冲击颗粒冲蚀磨损（焊态18～22）</td></tr>
<tr><td>FB-08</td><td colspan="2">40～50</td><td>≤75°，较大冲击、凿削式颗粒磨损（≤450℃）</td></tr>
</table>

（3）该公司生产型号较多，可适应不同使用环境（见上表），产品具有较好的加工性能，且后五种规格具有耐高温性能。

用户使用报告

水泥磨选粉机叶片提高使用寿命实践

我公司日处理熟料3500t的干法线，由合肥设计院主持设计，运行过程中，选粉机动叶片磨损严重是该设备的突出问题，初期采用Hardox450制造动叶片，使用4个月左右磨损严重，已无法再继续使用，必须更换叶片。2008年2月采用威海三盾耐磨科技工程有限公司的型号为FB-01的双金属复层耐磨钢板替换Hardox450，截止2009年8月已经运行18个月，经技术人员观察发现表面耐磨层磨损轻微，使用状态良好，目前仍在继续运行，预计尚可继续使用18个月，提高设备使用寿命约9倍。

中联淮海水泥有限公司　2009.8.17

2. 上海信铬钢耐磨复合材料有限公司

该公司是美国信铬总经销商及信铬钢设备制造商，它就是基于加入5%碳的耐磨信铬钢，牌号为SA1750CR碳化铬耐磨复合板。表面光滑，钢板平整度高，±3.2mm/1.5mm；因有较低稀释率0.74mm，加工性能尤好，12.5mm + 12.5mm的最小内弯直径可达600mm；该材料的耐高温性能为593℃。

LAFARGE

NORTH AMERICA

Cement

June 13, 2006

To whom it may concern:

As the buyer for the largest cement plant in the U.S. and Canada, I wish to express our preference for Sure Alloy Steel's Chromium Carbide overlay plate. You probably know that there is a very crowded field of manufacturers and suppliers of this particular commodity. Being the manufacturer and distributor, Sure Alloy is in full command of my requests for overlay plate. Sure Alloy's product SA1750CR stands out as a good value (vs. chemistry) with good quality (superior flatness) and timely delivery. We utilize their plate in 1/4" on 1/4" and 1/8" on 3/16" overlays. They have demonstrated, time and again, their ability to meet very demanding delivery requirements. I recommend Sure Alloy's SA1750CR to anyone needing a good quality, competitively priced, readily available Chromium Overlay plate.

Sincerely,

Martin Gougeon, Buyer

Lafarge North America, Alpena plant

GREAT LAKES REGION-ALPENA PLANT

1435 Ford Avenue, Po Box396, Alpena, MI 49707

OFFICEL (989)354-4171 FAX: (980)354-2223

Web www.lafargenorthamerica.com

用户使用报告（译文）

对所关注的人，

作为在美国和加拿大的最大水泥厂，我希望表述我们对信铬钢复合板的喜爱程度，你可能知道这种特定的商品是非常集群制造与供应的领域，但由于信铬钢的制造和销售，它已经达到我对复合板的要求。信铬钢生产的SA1750CR具有超群的特价比、优异的质量（极高的平整度）、快捷的送货。我们使用他们的1/4″+1/4″和1/8″+3/16″的复合板，无数次证明他们有能力尽心地满足客户发送的需要，我推荐信铬钢SA1750CR对于任何需要者都是优质、有竞争价格、方便应用的高铬复合板。

用户　　拉法基北美水泥厂　马丁·乔治　2006.6.13

3. 苏州优霹耐磨复合材料有限公司

该公司生产的UP板是对选定的基板实施加粉堆焊工艺，即在埋弧堆焊过程中，将耐磨合金粉末材料按一定重量比送入焊接熔池中，使合金粉末与焊丝一起熔化，凝固结晶后形成高耐磨合金堆焊层。

目前焊丝已经由单根实芯丝发展成为多根实芯线，并带有合金粉末，从而获得极高的堆焊效率。

该公司耐磨复合板测试对比表

试验设备：石英砂轮

试验条件：

（1）选择不同产品的试样，采用同工况条件磨损；

（2）合金（碳化铬耐磨层）损失量大于10g；

（3）随时观察，磨到本体（基板）即停。

委托测试单位：北京耐磨材料生产厂家

结论：信铬钢 SA1750CR 耐磨复合板是进口碳化铬耐磨板 2 倍左右的使用寿命；是国产碳化铬耐磨板 3 倍左右的使用寿命。

	耐磨板类型	磨损测试时间（min）	耐磨层磨损重量（g）
1	信铬钢合金粉末熔敷耐磨复合板	60	10.3
2	进口碳化铬堆焊耐磨复合板	60	17.54
3	台湾进口碳化铬堆焊耐磨复合板	48 至本体	21.4
4	进口碳化铬堆焊耐磨复合板	45 至本体	25
5	国产碳化铬堆焊耐磨复合板	37 至本体	29
6	国产碳化铬堆焊耐磨复合板	39 至本体	31

重要提示：同一制造商生产多品种耐磨钢板，性价比差异较大，因此订货时必须注明钢板型号，制造商应该有义务让用户识别不同型号耐磨钢板的方法。

7.2　耐热铸钢件

在水泥窑系统内经常遇到苛刻的工作环境，即要元件承受高温，又要非常耐磨，如篦板、预热器内筒及窑口护板等。从目前技术水平看，唯有耐热铸钢件是理想材料。也有用此材料制作三次风闸板（详见 3.1.9），只因质量过大，操作不便，尚不能认为是最佳材料。

（1）耐热铸钢件的高性能标准

①具有相当含量的耐高温元素 Ni、Cr 等成分，这种成分决不能因为价格而变动。书面合同必须规定具体含量。

②掌握浇注时的温度及冷却速度，确保微观晶相结构合理。

③铸件致密度高，采取必要手段减少气孔产生，才能具备较高寿命。

④为达到铸件的安装精度，要严格控制制品自身的尺寸误差，如篦板的误差为 ±0.1mm，挂板或窑口护板误差为 0.5mm。

（2）优秀制造商应当具备的条件

因为此产品制造起点不高，生产厂家很多，但真正具备满足上述高性能标准的厂商必须有如下装备和能力：

①有光谱仪分析在生产过程中控制耐热铸钢成分，而不应人工分析。

②用树脂砂制模时，树脂砂的制作应该用自动混炼搅拌机，既能严格控制掺加比例，又能混炼均匀，保证浇注质量。为干燥树脂砂模使用的含酒精涂料

应涂抹均匀足量。

③完成高质量的铸件，应采用蜡模铸件，以代替传统的树脂砂铸件。避免在对树脂砂成型后的尺寸加工中，需要机刨、打磨及抛丸等处理过程，使铸件再次受热退火而降低强度。虽然该工艺成本总体要比树脂砂高 15%，但由于减少强度损失为用户带来的使用寿命延长要大于 50%。

重要提示：那种强调使用周期一年就能满足检修要求，甚至以为换下的旧铸件照样能回收 50% 成本的观念，无论是制造者，还是使用者都并不是最经济的。

★　*推荐优秀制造商*

兴化市兴东铸钢有限公司（原兴东特种钢材料厂）

兴化是国内著名耐热铸钢件加工基地，该公司为兴化三大铸钢企业之一，在应用各项先进技术中能起带头作用。

（1）是上兴具有上述耐热铸钢生产的优秀制造商条件的引领者，而且该公司的蜡模生产已经在某些耐热铸钢件上拥有用户。

（2）国内主要篦冷机制造商的篦板加工及大型水泥集团都有该公司产品的应用案例。该公司正在于向国际先进的耐热铸钢件质量标准努力。

7.3　复合整体浇注耐磨陶瓷

复合整体浇注耐磨陶瓷是在现有的高铬铸铁在熔化中添加耐磨陶瓷颗粒后，经整体浇注成耐磨表层。

（1）基本复合方式

目前有四种方式：

（1）将陶瓷粒与铸铁整体浇注成型；

（2）陶瓷先烧制成圆柱形、棱柱形等后再与金属浇注成型；

（3）陶瓷成型为网格状预制体，然后浇注金属熔液；

（4）先将高铬铸铁浇注成留有孔的铸件，再将复合陶瓷浇注入孔内。

不同施工工艺的制品有不同的侧重特性，或耐冲击，或耐磨蚀，均应根据使用要求进行选择，并在实践中考察使用效果。目前国外成熟于上述第三种工艺。

（2）复合整体浇注耐磨陶瓷的高性能标准

复合整体浇注耐磨陶瓷（也有称为微晶耐磨陶瓷）是属无机非金属耐磨材料，使用高纯度氧化铝（纯度 >95% 的 $\alpha-Al_2O_3$）为主要原料，添加多种稀有元素及耐磨的陶瓷碎粒，经过电熔而成为复合耐磨陶瓷。

①具有超高强耐磨性和优良的抗冲击性能

可以制成复合整体浇注耐磨陶瓷衬板、陶瓷复合管道、陶瓷辊筒、耐磨陶瓷部件等产品。使用这些大大降低设备的运转负荷，并可提高设备易磨损部位寿命 20 倍以上。超高硬度为洛氏硬度可达 HRA80～90，仅次于金刚石。

②耐高温

在 1700℃高温下烧结而成的刚玉陶瓷材料，使用温度可高达 1600℃不会变形，且耐磨性几乎没有损失、工作表面光滑、摩擦系数小。

③耐腐蚀

适应设备的各种工作环境，提供合理选择耐磨陶瓷材料的条件。

④质量轻。密度为 3.6g/cm^3，不足钢铁金属材料的一半。

（3）生产优质耐磨陶瓷的基本条件

①优质原料的选择（选取高纯度 Al_2O_3 和晶体生长抑制剂）。

②独特的增韧配方形成较强的晶体结合键，大大增强抗冲击韧性。

③采用先进的粉体制备工艺，确保制成的造粒粉体颗粒分布均匀且具有良好的流动性。

④配置大吨位成型设备。如 200t 以上的干压设备、等静压设备、真空浇注等。

⑤拥有保持优良稳定烧结工艺的电熔炉：严格的成型烧结工艺和精确的温度控制。

★　推荐优秀制造商

南通高欣金属陶瓷复合材料有限公司

该公司已经成功将复合整体浇注耐磨陶瓷材料用于制作电厂煤磨立磨的磨辊与磨盘的耐磨层，并准备将复合陶瓷用于破碎机的锤头表面层。

如何在复合过程中将陶瓷均匀的分布在浇注过程中，是提高这种复合材料性能的关键工艺，该公司正全力以赴地攻克这个难题。

研制采用金属粉末熔合的复合耐磨钢板，成分自由组配，可以使现有耐磨钢板表面不再像复合耐磨钢板（详见 7.1）一样出现微裂纹。

陶瓷的材质种类繁多：除 Al_2O_3 外，WC、TiC、SiC、TiN、VC、TiB 等，均是该公司的研究课题。

7.3.1　耐磨陶瓷管道

输送粉状物料（如煤粉、水泥）的管道（包括燃烧器）在转弯处磨损非常严重，经实践证实用陶瓷片做内衬，粘贴在内管壁上，将成为使用寿命最长的工艺材料之一，可达十余年之久。

耐磨陶瓷管道的高性能标准：

（1）使用复合整体浇注耐磨陶瓷作为原料。采用 Al_2O_3 陶瓷粉干压成型，并在 1700℃高温下烧结而成，或者是将 Al_2O_3 陶瓷粉熔蜡后，采用热压铸工艺经两次烧结至 1700℃高温烧制而成。

（2）陶瓷与钢板粘贴技术过关，即不允许陶瓷片在工作中从被保护钢板上脱落，否则再好的陶瓷也不能发挥耐磨作用。

（3）管道钢板厚度要在 8mm 以上，确保弯管有一定刚度。法兰加工规整，便于连接与密封。

（4）陶瓷片厚度必须在 6mm 以上，且制作尺寸精确，特别是有弧度的管道衬砖，弧度应完全一致。

★　推荐优秀制造商

南通高欣金属陶瓷复合材料有限公司

（1）自有电炉熔制陶瓷。

（2）根据耐磨管道尺寸不同、工况要求等设计不同的陶瓷，如弓形陶瓷、弧形焊接陶瓷、平板焊接陶瓷、燕尾陶瓷等。根据陶瓷设计不同的模具。

（3）如需焊接陶瓷，每块镶砌的陶瓷片设计都留有一孔，用于放置钢碗与管道内壁焊接牢固，表面再用陶瓷圆盖盖住，该工序虽然复杂，但确保镶衬的陶瓷永远不会脱落。

7.4　耐火砖（定形耐火材料）

耐火窑衬的性能是决定窑炉安全运行的关键材料，直接影响企业的经济效益，不但对窑系统运转率有重大影响，而且也影响熟料质量及消耗。

（1）烧成系统各部位推荐使用的窑衬种类

为避免废砖中的铬污染，国外烧成带使用的镁钙砖，不适于开停窑频繁及原燃料不稳的窑况。我国研制的无铬化耐火砖全窑配套制品如下：

①镁钙锆砖 TD-MCZ 系列，采用高纯镁砂和含锆矿物等主要原料，以更复杂工艺，高温烧成制得。将镁钙锆砖与镁钙砖相比，在具有较高的荷重软化点（>1700℃）条件下，不仅可以有较好防水化性能，而且还有优异的抗高温熔蚀性、较好的挂窑皮性能及热震稳定性，对不稳定的水泥窑烧成带有一定的适应性，使用寿命大于 300 天。该砖型已为国内少数企业试用，取得初步效果。但此砖成本要比镁铬砖高 20%～25%，提高了用户门槛。由此进一步说明原燃料及操作不稳定，将使水泥企业在用砖上要付出更多代价。

②镁复合尖晶石砖（TD-CS 系列）采用高纯镁砂和复合尖晶石等主要原

料，高温烧成制得。它具有较好的挂窑皮性能和优异的高温韧性，适合在水泥窑烧成带使用，使用寿命大于 300 天。

③镁铝尖晶石砖（TD-MA 系列）采用高纯镁砂和镁铝尖晶石等主要原料，高温电熔法烧成制得。它具有优异的热震稳定性、较好的抗碱盐侵蚀性能，适合在水泥窑的过渡带使用，使用寿命大于 360 天。用于处理工业危险废弃物的水泥干法窑过渡带，展现出了优异的抗化学侵蚀性能。

④镁铁（铝）复合尖晶石砖为国内近来开发的产品，采用人工烧成结合的高纯尖晶石而制得。砖的常温强度高，高温韧性好，导热系数小，耐热震性能优良，制品中无铬含量，而且砖的高温荷重软化温度高，高温下砖的耐烧蚀性能优于进口产品。

⑤硅莫砖（TD-SM 系列）采用特级高铝矾土熟料和碳化硅等主要原料，高温烧成制得。它具有优异的耐磨性能、较好的热震稳定性能，适合在水泥窑的过渡带和冷却带使用，使用寿命大于 360 天。

⑥新型高耐磨砖（TD-NSM 系列）即为新型硅莫砖，是采用特级高铝矾土熟料和氮化硅等主要原料，高温烧成制得。它在耐磨性能、抗化学侵蚀性能方面均比传统硅莫砖优越，适合使用环境更为恶劣的水泥窑过渡带末端，使用寿命大于 360 天。

（2）耐火砖的高性能标准

通过制造商、筑炉与使用者的共同努力，实现全窑系列耐火材料消耗量达到每吨熟料为 0.3kg，并确保窑系统表面的散热损失最小。

1）镁铝铁砖的高性能标准

①材料的理化指标高。包括砖的强度、荷重软化指标及热震稳定性，不但由国家耐火材料检测中心检测合格，而且检测数值在同类砖中最高。

②砖的外形规整，外形尺寸的偏差短边应该在 ±0.5mm 以内，长边在 ±1.0mm 以内。严格的尺寸要求不仅是砌筑质量及速度的保证，而且表明砖的制作中，压制与煅烧工艺的稳定程度。

③应该使用无铬配方，保护环境。

④符合节能要求，不仅制作过程能耗低（少用电熔法），而且制品的导热系数低，有利于窑体隔热保温。

⑤包装完好。不仅不能破损掉角，而且运输及保管过程应防潮，特别如镁铬砖、镁钙砖等砖种，要采用优质防潮的包装材料。

2）硅莫砖的高性能标准

①为提高砖的韧性，减少脆性，避免产生横向与竖向裂纹，砖的密度要控制在 $2.5 \sim 2.55t/m^3$；需要降低 SiC 的导热性，而保留一定的气孔率。配料中使用红柱石等韧性材料。

②选料稳定，铝矾土氧化铝的含量取高值（85%、83%、80%、75%），碳化硅应为高等级（98%、97%、90%），不应加入棚板等烧砖窑具的废料，不能含有石墨、铁沟料等成分。

③原使用较为普遍的抗剥落砖已经不掺用价格高的进口锆英石，性能大大降低，不能承担耐磨及抗剥落的过渡带使用要求。

★　推荐优秀制造商

1. 淄博鲁中耐火材料有限公司（镁铁铝尖晶石砖）

国内最先自行研发的镁铁铝尖晶石砖，是由其研发的尖晶石合成，用烧结合成法工艺生产，不但性能好，制作上具有先进的节能性。此外还具备如下特点：

（1）此砖因镁的含量低，与镁铝砖、镁铁砖、镁钙锆砖等比较，其膨胀率小、导热系数低，隔热性能好，见下表。

性能	镁铁铝砖	镁铁砖	镁铝砖	镁钙锆砖
体积密度（g/cm^3）	3.06	2.85～3.0	2.90	2.90
热膨胀率（1400℃,%）	—	1.6～1.7	1.4～1.5	—
热导率［1000℃，W/(m·K)］	2.8～3.0	2.6～2.8	2.8～3.0	3.5（700℃）
荷重软化温度（℃）	>1700	>1600	>1700	>1700

（2）易于挂窑皮，砖缝小，有利于砖的使用寿命长。

用户使用报告

我公司自2010年10月开始在2#窑试用铁铝尖晶石砖，2010年10月29日检修后点火开车，已运行近7个月，镁铁铝砖使用情况如下：

（1）使用部分：窑口2.8～18.8m，烧成带，共计16m。

（2）镁铁铝砖试用中表现出的特点：

①易于挂窑皮且窑皮致密、厚度均匀适中。烧成带使用镁铁铝砖点火挂窑皮期间，现场观察窑内窑皮易于形成，且很少发生随温度的变化而脱落的现象，一层层生成，直至形成厚度适中的窑皮。2011年3月15日2#窑定检时检查窑皮情况，烧成带窑皮厚度均匀，平均厚度300mm左右且致密坚固。

②较使用镁铁砖时筒体温度降低20℃。原使用的镁铁尖晶石砖烧成带筒体平均温度310℃，最高367℃，最低260℃，停窑发现窑皮厚薄不均；使用镁铁铝砖后，筒体平均温度310℃，最高335℃，最低280℃。使用7个月以来，烧成带筒体未出现高温现象，同时由于窑皮适中，窑内通风顺畅，为熟料质量提升奠定了基础。

③砖与砖之间粘结牢固，2011年3月份，2#窑定检时窑口更换4.4m耐火砖，发现镁铁铝砖之间环向、纵向粘结紧密，很难找到砖缝，用验砖的探针都无法插进去，而以往烧

成带使用的镁铁砖环向、纵向都有不同大小的缝隙。

3. 2011 年 5 月中修镁铁铝砖情况：

本次中修现场测量情况，2. 8 ~ 11. 0m 砖厚 130 ~ 180mm，11. 0m 以后砖厚均大于 180mm，本次更换至 11. 0m 处镁铁铝砖，主要原因是有局部偏薄的，现场打砖时，窑皮与砖结合紧密，工人感觉非常难打，轴向找通的窑皮，转窑仍不下来，只好又停下来打，这也说明窑皮与砖结合的牢固程度。

从窑内实际情况看，预计剩余的镁铁铝砖使用到 10 月份应该没有问题。而以往使用镁铁尖晶石砖到半年检修时平均剩余厚度不足 120mm。

由此可见，使用镁铁铝砖与镁铁砖相比，有一定的优势，如果窑内工况稳定，烧成带使用镁铁铝砖寿命可以达到一年。

亚泰建材哈尔滨公司　2011. 5. 20

亚泰哈水镁铁铝砖使用情况

我公司自 2010 年 10 月开始在 2#窑试用镁铁铝尖晶石砖，2010 年 10 月 29 日检修后点火开车，已运行近七个月，镁铁铝砖使用情况如下：

一、使用部分：

窑口 2.8 米～18.8 米，烧成带，共计 16 米

二、镁铁铝砖试用中表现出的特点：

1、易于挂窑皮且窑皮致密、厚度均匀适中。烧成带使用镁铁铝砖点火挂窑皮期间，现场观察窑内窑皮益于形成，且很少发生随温度的变化发生脱落的现象，一层层生成，直至形成厚度适中的窑皮。2011 年 3 月 15 日 2#窑定检时检查窑皮情况，烧成带窑皮厚度均匀，平均厚度 300mm 左右且致密、坚固。

2、较使用镁铁砖比筒体温度降低 20 度。原使用的镁铁尖晶石砖烧成带筒体平均温度 330℃，最高曾达到 367℃，最低 260℃，停窑发现窑皮厚薄不均；使用镁铁铝砖 2#窑烧成带筒体平均温度 310℃，最高 335℃，高最低 280℃，使用七个月以来，烧成带筒体未出现高温现象，同时由于窑皮厚度适中，窑内通风顺畅，为熟料质量提升奠定了基础。

3、砖与砖之间粘结牢固，2011 年 3 月份，2#窑定检时窑口更换 4.4 米耐火砖，发现镁铁铝砖砖与砖环向、纵向间粘结紧密，很难找到砖缝，用验砖的探针都无法插进去，而以往烧成带使用的镁铁砖环向、纵向都有不同大小的缝隙。

三、2011 年 5 月中修镁铁铝砖情况：

本次中修现场测量情况，2.8--11.0 米砖厚 130-180 cm，11.0 米以后砖厚均大于 180 cm，本次更换至 11.0 米处镁铁铝砖，主要原因是有局部偏薄的，现场打砖时，窑皮与砖结合紧密，工人感觉非常难打，轴向打通的窑皮，转窑转下来，只好又停下来打，这也说明窑皮与砖结合的牢固程度。

从窑内实际情况看，预计剩余的镁铁铝砖使用到 10 月份应该没有问题，而以往使用镁铁尖晶石砖到半年检修时平均剩余厚度不足 120 mm。

由此可见使用镁铁铝砖与镁铁砖相比，有一定的优势，如果窑内工况稳定，烧成带使用镁铁铝砖寿命可以达到 1 年。

亚泰建材哈尔滨公司

2011 年 5 月 20 日

技术质检部

2. 巩义通达中原耐火技术有限公司（镁钙锆砖）

（1）实现全窑无铬化配料方案：方镁石-复合尖晶石砖 + 塑性相复合低导热硅莫砖两种主导砖型。前者是通过引入刚玉-铁铝尖晶石复合材料至镁质品中制取新型无铬砖；后者主要以特级矾土、高纯碳化硅和混合添加剂为主要原料，高压成型，严格控制烧成制取。

（2）装备先进

先后引进德国两条梭式窑和一条高温隧道窑。高温隧道窑窑长 151m，最高烧成温度达 1800℃，窑内同断面温差 ±5℃。该生产线配置了微机控制自动化破碎系统和混合系统，使原料从破碎、配料到混炼实现了自动化控制，有效保证了产品的均质和稳定。

配有德国生产的爱立许（EIRICH）均化混料设备。压砖机为全自动 1000t 级的摩擦压砖机，即将引入德国莱斯 2000t 液压压砖机。

（3）有较强的产品研发力量，该公司正在进行全窑系统窑衬的最薄弱环节——后过渡带用砖的开发。

（4）窑衬使用寿命保证期长。

（5）尺寸误差小，控制在 ±1. 0mm 以内。

用户使用报告

我公司在 2011 年 1 月水泥熟料生产线检修项目中，选用了通达耐火技术股份有限公司生产的“方镁石-复合尖晶石砖”和“塑性相复合低导热硅莫砖”。其中方镁石-复合尖晶石砖在烧成带使用，塑性复合低导热硅莫砖在过渡带使用，该公司提供的系列无铬砖在过渡带使用。该公司提供的系列无铬砖砖型外观

大型干法水泥窑用环保绿色无铬耐火材料

使用报告

我公司在 2011 年 01 月水泥熟料生产线检修项目中，选用了通达耐火技术股份有限公司生产的“方镁石复合尖晶石砖”和“塑性相复合低导硅莫砖”。其中方镁石复合尖晶石砖在烧成带使用，塑性相复合低导硅莫砖在过渡带使用，该公司提供的系列无铬砖砖型外观标准，标识清晰。截止 2011 年 07 月底，此系列产品已使用 7 个月，方镁石复合尖晶石砖展现出良好的挂窑皮性能，运行期间相对应筒体温度为 250℃；塑性相复合低导硅莫砖表现出良好的耐磨性和较低的导热性，节能效果明显。

总之，通过对通达公司供应的系列无铬砖的使用观察后，我们认为该系列无铬配套砖具有良好的综合性能，是值得在水泥窑高温带大规模使用的环保绿色耐材！

邯郸金隅太行水泥有限责任公司

2011 年 07 月 日

标准，标识清晰。截止2011年7月底，此系列产品已使用7个月，方镁石-复合尖晶石砖展现出良好的挂窑皮性能，运行期间相对应筒体温度为250℃；塑性相复合低导热硅莫砖表现出良好的耐磨性和较低的导热性，节能效果明显。

总之，通过对通达公司供应的系列无铬砖的使用观察后，我们认为该系列无铬配套砖具有良好的综合性能，是值得在水泥窑高温带大规模使用的环保绿色耐材！

邯郸金隅太行水泥有限责任公司　2011.7.19

3. 江苏国窑科技有限公司［（红）硅莫砖］

该公司生产的硅莫砖的特点：

（1）采取各种措施确保砖有足够韧性，配用红柱石，并严格控制砖的容重在2.5～2.55t/m³范围内。

（2）选料考究，铝钒土均为85%以上，碳化硅均在98%以上，不用废料。按改型1650、1680两类砖确定选料。

（3）注重砖的尺寸，而且出厂包装前，必须打磨掉砖的楞角飞刺，为保证镶砌质量创造条件。

用户使用报告

硅莫砖在华新4.8m×74m回转窑的使用

我公司是一条日产4800t的预分解窑，在大修时我公司经多方查询和反复论证，决定试用江苏国窑科技有限公司生产的硅莫红砖。自窑正式点火投料累计运转了386天，残砖厚度在110～140mm间，砖面整体平齐。一年来的实践表明，江苏国窑生产的硅莫红砖具有热震稳定性好，抗冲刷和耐磨性能优，导热系数低，是大型干法窑过渡带的理想使用产品。

江苏国窑科技有限公司产品质量优，价格合理，售后服务好，我公司使用的抗剥落砖和高强耐碱砖等效果均较理想。

华新水泥（秭归）有限公司　2010.6.28

7.4.1　耐火胶泥

窑炉湿法镶砌时需要使用胶泥，虽耐火砖供货商会随砖配送胶泥，但用户要重视胶泥的来源，否则会影响砖的使用寿命。非烧成带必须采用湿砌，以防止有害气体通过砖缝渗透并侵蚀筒体钢板。筒体变形后的砌筑更离不开优质胶泥的调整。

（1）耐火胶泥的高性能标准

①适合回转窑各带、分解炉、预热器等部位耐火砖的锒砌。所用胶泥应与耐火砖具有相同的耐高温性能及强度；不同砖型应选用不同型号胶泥适应。

②优异的施工性能，具有较好的和易性、压展性、粘结性，在砖表面拉出1～2mm薄层后，不断条、不翘皮，两块不超过13kg的砖揉搓后可相互提起。

③使用性能好。高温下体积稳定性较好，能与主体砌料粘结为一体，形成“焊接层”，并可有适当缓冲因筒体变形对砖产生应力的作用，也适于高温热补。

④配料中无有害人体健康的成分。

⑤易于长期保存，不会受潮变质。

（2）使用要求

①原则上必须用泥浆搅拌机，搅拌前应清洗干净搅拌器具。

胶泥以粉料加胶液，按照规定的使用量，调和均匀，随调随用。

②当天砌筑砖用的胶泥当天用完，有固化的泥浆不可加水稀释再用。

（3）识别高性能胶泥的方法

①用手直接搓捏，判断干胶泥中有无粗粒及含水量。

②砌筑使用前可进行预试验配制，确定不同泥浆的粘结时间及用水量。

③使用后，观察残砖与胶泥结合状态便可分辨胶泥质量及作用。

④认准品牌，以“科光871”与其他相似品牌区别，并直接向厂家订货。

★　*推荐优秀制造商*

江西科光窑炉材料有限公司

科光871LSF-8A系列型胶泥具有粘结强度高、抗冲刷、耐化学腐蚀、耐磨损、施工方便、保存期长等优点。还有如下特点：

（1）适应各种工作温度使用

低温粘结强度高于其他类型泥浆；中温时，以化学粘结为主，改性胶液冲破耐火砖界面，进入砖面开口空隙内，加上采用超微粉，更增加结构致密性，提高中温强度；高温时，窑衬出现早期液相，使烧成温度变宽，基料中多种化合反应形成针状莫来石，形成大分子结构和环状四面体骨架，产生陶瓷烧结。

（2）加入的膨胀剂能在高温环境中永久性膨胀，以补偿胶液蒸发引起的砖缝收缩，使窑衬线变化率极小。本产品为气硬性材料，不需加热自行固化。

（3）以优质铝钒土熟料为基料，与其他复合超微细粉剂混合成干混料；用高活性矿化剂与胶液调成改性胶液做结合剂。

用户使用报告

关于特种高温胶泥的使用情况介绍

鞍山冀东水泥有限公司窑型为ϕ4.7m×72m的4000t/d水泥熟料生产线，装备精良，技术先进。

在新线砌筑时由于耐火材料厂家配备的耐火泥颗粒较大，粘结性差且和易性不好，极大地影响了砌筑质量。后来改用江西科光窑炉材料有限公司特种高温胶泥砌筑耐火砖，有效地保证了施工质量。在2009年10月大修时，我们检查发现烧成带残砖厚度仅剩25mm依然完好，无变形和脱落现象，充分体现了科光特种高温胶泥良好的粘结性和耐高温性。

几年来，公司回转窑一直保持较高的运转率和较长的运转周期，这些成绩的取得离不开科光公司提供的高品质高温胶泥，我们始终认为江西科光窑炉材料有限公司是值得信赖的合作伙伴。

冀东发展工程公司

7.4.2　拆砖机

（1）机械化筑炉是窑衬更换的发展方向

随着窑的大型化，人工更换窑衬的工作量之大，难度之高，已经成为制约缩短窑检修时间的关键，采用机械化设备完成此项工作，越发迫在眉捷。包括拆砖在内的筑炉工程，如果能使用多功能的机械进行施工，不仅确保操作人员安全，还可提高窑衬镶砌质量，延长窑的运转率。只是这些装备以前依靠进口，价格昂贵，难以普及。近两年来，国内开发的设备质量已经过关，而价格已降至进口产品的 1/4 以上，因此，打旧窑皮、拆除旧砖、清除砖渣、运入新砖，以及镶砌新砖都应该尽快机械化，拆砖机与镶砖机理应成为大型水泥窑的必备装备。

（2）拆砖机的高性能标准

①拆砖机的外形尺寸不能过大，应该能在直径 4m 以上的窑内进退自如。一般为柴油动力。能承重 2t 以上负荷。

②集打窑皮、拆砖、清理旧砖及运入新砖等功能于一身。不同作业时只需方便地更换专用机头，并每次更换机头都能在 1 分钟内完成。

③所有装备都要经久耐用，主辅件的最短净工作时间均应大于 1000h，易损件少，且易更换。

④易掌握操作，易维护。

★　***推荐优秀供应商***

芜湖山猫工程机械有限责任公司

该公司生产拆砖机从 2005 年开始，销售量与日俱增，目前国内各大水泥集团都有使用，反映不错。其产品有如下特点：

（1）该公司自行开发的四项专利技术，将美国进口的山猫挖掘机改装为拆砖机。其专利号为 200920143564. 5；200920143566. 4；200910116441. 7；200920143565. X，分别用于制作拆砖破碎锤、拆砖机、清灰机、铲斗等辅件，并配有外购的叉车头用于运输未开箱的新砖入窑。挖斗、锤头等的更换只在 1 分钟之内便可完成。

（2）该机核心部分——柴油机、液压系统及车身均为美国山猫原装进口件；轮胎为台湾产的实心胎，便于在窑内不平整砖面上行走。

（3）易损件较少，仅有滤芯、油管等易损件需要更换，该公司可提供货源。每 250h 工作时间后应例行维护。主机正常使用能达 3 年免维修（按每年 1000h 工作时间计算）。

（4）操作简单易学，经过 5h 的正规培训，便可单独驾驶操作。

（5）山猫机械作业的条件

①耐火材料的砌砖是从前往后砌，山猫的清灰顺序为从后往前清。如要改变操作顺序，必须采用铝合金吊桥对部分窑门槛和吊桥加宽，减少架拆时间，便于机械在吊桥上频繁走动。

②“山猫小挖”属履带行走，若用橡胶履带不适应窑内拆砖时的高温环境，而用金属履带时为不损坏不需更换的砖面，可采用废旧输送带铺垫道路。

用户使用报告

美国 Bobcat（山猫）机械设备用于海螺集团干法回转窑的新建、维修调研报告

海螺建安集团在大窑检修中，制约检修进度的瓶颈问题是窑内清废砖、灰和向窑内运新砖的两个子项环节，而这两个环节被受控于当地民工的主动性，虽然海螺建安对此环节进行了督促和管理，但毕竟是“人挑肩扛”，管理再好成绩提升不是很显著，近年来如何提高劳动生产率，彻底解决瓶颈问题，海螺集团先后对皮带运输、架设轨道、机械化操作等进行研讨，最后选择了机械化操作，其优势大于前两项，继后对日本长野小挖和美国英格索兰——山猫小挖、山猫滑移进行窑内操作，实验证明山猫更符合大中型干法窑的维修，在近几年中，经对数据整理分析如下：

（1）解决了检修过程中的劳动生产率问题

根据近几年的工作跟踪测算，2000 ~ 2500t/d 窑型窑内清渣速度（两端同时清）平均为每小时 1m、4000 ~ 5000t/d 窑型窑内清渣速度（两端同时清）平均为每小时 0.6m、8000-10000t/d 窑型窑内清渣速度（两端同时清）平均每小时 0.3m（注：此数据是建立在正常的窑皮和有准备的停窑基础上）。检修劳动生产率由此大幅度提高。

（2）规避了检修高风险行业的安全风险

海螺集团建安公司在每次检修中，清渣或抬砖每个班（12h）安排不低于 25 个人，由于窑皮的松散（特别是大窑）、窑内道路的高低不平、人员交叉作业拥挤及川流不息，给安全工作带来了很大的隐患（对窑皮松散的窑，建安采取拆窑皮，既耽误时间，又增添了窑内道路的难行度）。采用 Bobcat（山猫）机械操作，由于驾驶室是防砸结构，对驾驶员的安全起到了一定的保护，真正规避了安全风险。

（3）间接价值测算

①产能相对增加。结合 2005 年、2006 年两年数据分析，每年窑内检修换砖约 1300m、新建窑内镶砖 350m，采用机械化操作检修清渣时间节省（平均按 5000t/d 窑综合考虑）：(1300/0.6 − 1300/6)/24 = 81.25(d)。相当于 1 台 5000t/d 窑的熟料产能 40.63 万吨。

②耐火砖的损耗率下降。当地人抬砖，因在窑外拆封往窑内抬，损耗是难以避免，现集团给出 2% 的损耗率，如采用机械倒运，整箱砖在砌砖机旁拆箱，那么耐火砖的破损率会降至最低，在运砖工作中，一块破损都没有，机械运砖与人工运砖破损率相差 0.5%，（以 5000t/d 为例），平均一块砖将节约耐火材料费用：（1300m + 350m）× 5 环 × 200 块 × 0.5% = 82500(块)

（4）检修费用成本的下降

建安公司对窑内清灰和抬砖的内部核算价格为（按 5000t/d 为例）：清运窑内废渣费用为 1300m × 150 元/米 = 195000.00（元）、抬砖费用为（1300m + 350m）× 5 环 × 200 块 ×

0.15元/块=247500.00元、壮工队的保底工资为40人×310元/月×12月=148800.00元、生活费用（估算）为［2000h/24（抬砖）+1300h/24(清渣）+100次(路途时间)］×40人×10元/t=95000.00（元)、交通费（估算）为100次×40人×100元/次（往返）=400000.00元、住宿费用（估算）20次×40人×4d×10元/d=32000.00元，累计上述费用为92.33万元。机械化操作一次投入，终身收益。

（5）筑炉检修形象得到改变

目前，世界上水泥行业筑炉在破砖、清渣和抬砖上，仍采用最原始的人破和人挑肩扛，质量、速度、规模都与水泥业发展不相匹配，筑炉业做大、做强、做规范就必须采取机械化作业。

（6）提高了水泥窑的运转率

由于采用机械清渣和抬砖，检修时间大大缩短（81.25d)，海螺集团40台干法窑平均每年每台窑能多运转2.03d，既提高了产能又提高了设备运转率。

（7）减少了筑炉公司检修上的浪费，同时规避了人员路途上的安全风险

每次检修前，海螺建安在人员调动，设备调遣，辅材准备上要花费很大的精力，若采用机械化操作，清渣、抬砖人员不要调动，费用可大大减少，组织相对简单，人员流动减少，只要在当地找一些民工帮助传递浇注料就可以了，既解决了环境差、工作量大、民工难找的问题，又减少了不必要的人事麻烦。

7.4.3　镶砖机

优质镶砖机的总体要求：

（1）具有足够的机械强度且机体轻便，易安装拆卸，为此，主要结构件应为铝质合金制作。

（2）所有气动液压缸必须控制灵活，反复操作动作上万次能准确无误，不能有漏油或卸压表现。目前镶砖机上的液压缸应为进口名牌产品。

7.5　耐火浇注料（不定形耐火材料）

在窑炉镶砌中，不定形耐火浇注料是对定形耐火材料的最好补充，虽然它的施工程序比耐火砖繁杂，但它适合于形状较为复杂的窑炉外壳，而且胜任环境极为苛刻的位置。

（1）耐火浇注料发展趋势及新产品应用

耐火浇注料制造商正在向着节能、环保和循环经济的方向发展，除了使产品具有更高的耐磨性能以减少用量外，更低的体积密度可以减轻设备载荷及减少散热而节能。这种发展趋势表现在：

1）降低材料的体积密度。从2800~3000kg/m^3降到2100~2400kg/m^3，耐磨耐火材料用量可减少15%~40%，减轻设备负重；导热系数也随之降低20%~40%，减少散热损失8%~50%，降低热耗。

2）开发轻质耐碱浇注料。新型节能轻质耐碱浇注料是中轻质耐碱型浇注料，它采用天然的清洁环保型原料做骨料，使得产品具有优异的耐碱性能和较好隔热效果，减少散热损失。

新型轻质耐碱耐火浇注料容重比普通耐碱料 $2200kg/m^3$ 轻了 $400kg/m^3$，材料使用量减少18.2%，自身承重将降低400kg。即节约了矿产原料资源，也为用户降低建设成本。

低于0.5W/(m·K)的导热系数使该产品具有良好的保温性能。通过对一条2000t/d的水泥窑计算，在1~4级预热器中，直接使用新型节能耐碱耐火浇注料后，能不同程度降低外壁温度。

3）开发快速修补技术。用户都希望将停窑维护耐火衬料的时间缩至最短，该技术能够将需要停窑的时间从72h减至30h。

4）耐火浇注料施工工艺发展。

耐火浇注料的施工机械化、高效化，使施工省工、省时、省力；通过烘烤技术的改进向快速乃至免烘烤的方向发展。

①自流浇注料的开发。它无需振动，依靠自重和位差即可产生流动，达到脱气、摊平和密实化；适用于砌筑和修补形状复杂的部位、薄壁衬体和锚固件较密的衬体，其性能与振动浇注料相当或更好。

②用浇注料预制件替代现场浇制的趋势。该工艺不需在现场搅拌、浇注，只需拼装组合，使筑衬简化；预制件不仅可节省大量现场施工时间，而且对烘烤条件没有苛刻要求，更重要的是能保证施工用水量的控制。

（2）耐火浇注料的高性能标准

1）要有较高的高温强度及耐磨性，延长使用寿命。取决于所选耐火水泥及骨料的质量与配料，并采取如下新措施：

①提高耐磨性。降低材料的临界粒度，从8mm降到3mm；提高材料的中温热态抗折强度，高强耐磨浇注料900℃热态抗折强度≥20MPa；提高材料基质结合能力，通过多级微粉和超微粉配制，形成最紧密堆积，有利于中温下烧结；选用高硬度耐火原料做骨料。

②提高热震稳定性。采用复合骨料和复合粉料，即复相技术。利用骨料与基质热膨胀系数的差异，平衡材料强度与热震稳定性；降低材料的热膨胀率，1200℃以下烧成时，可以同时改善抗热震性和机械冲击性。

③提高抗剥落能力。降低 Fe_2O_3 含量在1.8%以下。因为 Fe_2O_3 在还原气氛下会有 $Fe^{3+}\rightarrow Fe^{2+}$ 反应，伴有体积变化而造成衬体剥落损坏。

2）较低的需水量，一般不应超过6.5%。不只是可以缩短养护时间，更是有利于使用中的浇注料强度。工业陶瓷的性能及配入量对其有较大影响。

3）整体质量稳定。其前提是粒度与成分配比均匀稳定。

4）具有较好的抗碱性能，以经受系统内碱性物料的严重侵蚀。增加工业陶瓷及 SiC 含量，有利于耐碱性能的提高。

5）使用于易结皮位置的浇注料，要有较高的抗结皮性能。如窑尾上升烟道等处，采用 SiC 浇注料，有利于提高抗结皮性能。

6）浇注料自身导热系数低，具有较好隔热性能。有利于系统减少散热。

（3）预分解窑中耐火浇注料使用位置与类型选择

按照高温环境及磨损、腐蚀程度，选用不同品种耐火浇注料。

①前窑口及喷煤管处

前窑口浇注料存在剥落、掉块、耐碱侵蚀性能差等问题，使用周期一般4~8个月。建议采用高性能或改进型窑口专用耐火浇注料，该产品具有优异的抗剥落性能、高温耐碱性能以及抗水泥熟料侵蚀性能等。

喷煤管用浇注料相比前窑口使用温度变化更加频繁，温差更大，碱性气氛较强，又受熟料细粉冲刷。磨损程度与窑门罩、三次风管设计位置有关（详见文献[1] 6.2 节）。造成燃烧器前面 1m 及下部的浇注料易产生开裂、剥落、磨蚀等现象，使用周期一般是 3 ~5 个月。建议采用改进型喷煤管专用耐火浇注料。

②五级预热器及分解炉锥部、下料管、上升烟道等部位

当窑系统所用原燃料中碱、硫、氯等有害成分含量较多时，再加之操作不当，易导致频繁结皮，而使用空气炮、水枪清理，不仅不安全，而且影响浇注料寿命。建议该部位采用高强抗结皮碳化硅浇注料。

③三次风管进分解炉弯头部位

含熟料细粉的正常三次风工况温度在 750 ~ 950℃，风速在 20m/s 以上。对该部位耐火衬料磨损非常严重，短则 2 ~ 3 个月，长则 6 个月，常在浇注料磨掉后将钢板磨通才发现。建议该部位采用耐磨耐火浇注料。

④窑门罩下部、篦冷机前端顶部

该处浇注料受到出窑口的高温熟料反弹热冲击，热负荷较高，也承受一定机械应力；窑头罩顶部靠近三次风管处，粉尘气流冲刷严重，而且此处浇注料施工较困难，造成强度较低。建议该部位采用高强耐磨浇注料。

⑤低温余热发电系统

因炉中风速快，对管壁磨损严重，但温度较低，窑尾余热温度≤350℃，窑头余热≤500℃。开发出低温耐磨可塑料，以磷酸盐为结合剂，以刚玉和莫来石为主要骨料，并配合超微粉和高效外加剂的合理搭配。

（4）优秀制造商必须具备的条件

由于耐火浇注料制造商的起点投资并不高，因此，制造厂家较多，衡量浇注料的质量标准，首先要看其是否具备如下能力，否则无法保证浇注料理化性能指标。

大中型水泥窑系统耐火浇注料配置建议方案

部位	推荐产品名称	技术指标									
		最高使用温度(℃)	110℃烘后体积密度(g/cm^3)	Al_2O_3(%)	热震稳定(次)1100℃水冷	耐碱性(级)	110℃耐磨性(cc)	冷态抗折强度(MPa)		冷态抗压强度(MPa)	
								110℃ 24h	110℃ 3h	110℃ 24h	110℃ 3h
1#~3#旋风筒及下料管	高强耐碱浇注料	1300	≥2.10	<48	≥30	1级	≤6	≥7	≥7	≥70	≥70
4#、5#旋风筒(锥体部分除外)	高温高强耐碱浇注料	1400	≥2.20	≥45	≥30	1~2级	≤6	≥8	≥8	≥80	≥80
4#、5#旋风筒锥部、4#、5#旋风筒下料管、分解炉锥体、烟室	高强抗结皮碳化硅浇注料	1400	≥2.50	SiC≥55	≥30	1级	≤6	≥11	≥12	≥80	≥100
分解炉	高强耐磨浇注料	1600	≥2.7	≥80	≥30	1级(1350℃)	≤6	≥10	≥11	≥100	≥110
前窑口(1)	改进型板状刚玉浇注料	1700	≥2.8	≥90(Al_2O_3+SiC)	≥30	2级以上	<6	≥8	≥10	≥70	≥100
前窑口(2)	高性能窑口专用浇注料	1650	≥2.75	≥78	≥30	1级(1350℃)	≤6	≥10	≥13	≥80	≥110
喷煤管(1)	改进型板状刚玉浇注料	1700	≥2.8	≥90(Al_2O_3+SiC)	≥30	2级以上	<6	≥8	≥10	≥70	≥100

续表

部位	推荐产品名称	技术指标									
		最高使用温度(℃)	110℃烘后体积密度(g/cm^3)	Al_2O_3(%)	热震稳定(次)1100℃水冷	耐碱性(级)	110℃耐磨性(cc)	冷态抗折强度(MPa)		冷态抗压强度(MPa)	
								110℃ 24h	110℃ 3h	110℃ 24h	110℃ 3h
喷煤管(2)	高性能喷煤管专用浇注料	1650	≥2.75	≥83	≥30	1级(1350℃)	≤7	≥10	≥12	≥70	≥100
后窑口	高强耐磨浇注料	1600	≥2.7	≥80	≥30	1级(1350℃)	≤6	≥10	≥11	≥100	≥110
窑门罩	高强耐磨浇注料	1600	≥2.7	≥80	≥30	2级	<8	≥10	≥11	≥100	≥110
篦冷机喉部和前墙	高强耐磨浇注料	1600	≥2.7	≥80	≥30	1级(1350℃)	≤6	≥10	≥11	≥100	≥110
篦冷机热端顶部	高强耐磨浇注料	1600	≥2.7	≥80	≥30	2级	<4.5	≥10	≥11	≥100	≥110
篦冷机矮墙	钢纤维高强耐磨浇注料	1550	≥2.7	≥80	≥30	2级	<8	≥11	≥12	≥100	≥110
篦冷机冷端顶部	高强耐碱浇注料	1300	≥2.10	<48	≥30	1级	≤6	≥7	≥7	≥70	≥70
三次风管入口处、弯头、风阀	耐磨耐火浇注料	1650	2.5-2.9	≥75	≥30	1级(1350℃)	≤6	≥7	≥9(900℃)	≥100	≥100(900℃)
三次风管其余部位	高铝低水泥浇注料	1600	≥2.65	≥75	≥30	1级(1350℃)	≤6	≥10	≥10	≥100	≥100

1）有控制外购原料质量的能力

明确铝钒土、工业陶瓷、矾土水泥以及碳化硅（SiC）的供货来源及不同等级的合格指标，工厂有控制检验制度。

浇注料为满足不同使用要求，应有不同配方、不同的理化指标。主要用料为：工业陶瓷、碳化硅、纯铝酸钙水泥、SiO_2 微粉和矾土粉。

①纯铝酸钙水泥为结合相，是强度的关键成分，其质量好坏直接影响浇注料的性能，也直接影响价格。矾土水泥的价格相差较多，有进口及国产之分，国产也有优劣差异。

②工业陶瓷一般为陶瓷废品破碎用，但不同来源的工业陶瓷性能差异较大。根据原陶瓷煅烧的致密程度，对材料吸水性、化学稳定性影响较大。质量顺序为：电气陶瓷优于卫生陶瓷，卫生陶瓷优于日用陶瓷。其高硅低铝组分与碱气反应生成钙长石、钾长石等高粘度液相，附在浇注料表面，形成釉状保护层，从而阻止碱的侵蚀，增强耐碱性能。其中要注意工业陶瓷的种类及来源。

③使用 SiC 含量的确定

要明确 SiC 在材料中的利弊：

a. SiC 莫氏硬度大，对浇注料强度起主要作用，尤其高温（1100℃）下可以承受物料的冲刷和磨损。利用 SiC 粒度大于 150 目时不易氧化的特点，能起到颗粒增强作用；同时，SiC 颗粒周围产生部分缝隙，提高浇注料热震稳定性和强度。

b. SiC 表面光滑，与其他材料粘结和浸润性都比较差，抗结皮性能强。

c. 高温下表面形成氧化层，保护本体免受碱蒸气侵蚀，耐碱性能较高。

d. SiC 本身具有憎水性，不易被润湿，不易形成水膜层，使浇注料的用水量增加，流动性差，冷态抗折强度下降。

e. SiC 体积密度（$2.6 \sim 2.8 g/cm^3$）大于陶瓷（$2.2 \sim 2.4 g/cm^3$），SiC 含量增多会提高材料体积密度，当温度升高时，体积密度变化大，对材料线性变化有不利影响。

有 15%、30%、55% 三种 SiC 含量等级的配方，参照上述优缺点可确定综合性能。该成分在配料中成本较高，一般制造商都会惜用。用户应在确定此比例后再讨论价格。

2）有配料计量手段及足够精度的计量工具；不但要求物料的化学组成符合要求，而且要确保颗粒级配合理。

3）所用胶凝材料——矾土水泥应保证质量、计量准确，并防潮包装。

4）拥有较强研发能力。可通过水泥窑对耐火材料要求的研究，结合当今科技成果的层出不穷，为不同位置的窑衬开发出越发满足使用要求的浇注料产品。

★　推荐优秀制造商

1. 北京通达耐火技术股份有限公司

该公司最近也开发了喷涂料的制作与服务。

使用报告

2010年1月份，我公司的1#5000t/d新型干法水泥窑进行停窑检修，此次检修使用了通达耐火技术股份有限公司的湿法喷涂材料。该材料在1#窑的窑门罩、篦冷机等部位都进行了施工应用，共计用料50余吨。

喷涂施工总共持续了6个小时，施工结束后，很快就可以点火烘窑，到目前为止，使用已经到1年时间，湿法喷涂料使用的各个部位，还没有发现有损毁的情况，还在应用，其使用效果不弱于同类产品的浇注料。

总体评价：该公司的湿法喷涂产品具备了施工速度快、喷射反弹率低，施工粉尘极小等良好的施工特点。施工结束后材料硬化快，短时间内即可点火烘窑，可大大缩短水泥窑检修工期，为用户减少停窑损失。从实际使用质量上看，通达公司开发的湿法喷涂料有类似同类浇注料的使用效果，该湿法喷涂烂的各项指标，如“耐压抗折强度、线变化率、耐碱性能”等均优于设计指标。

喷涂施工期间，该公司能够高标准、快速、连续提供施工服务，因此该公司的湿法喷涂产品和湿法喷射施工服务值得向新型干法水泥窑行业全面推广。

我公司对该产品很满意。

鹿泉金隅鼎鑫水泥有限公司　2011.1.30

2. 浙江锦诚耐火材料有限公司（原长兴县锦诚耐火材料有限公司）

该企业特点为：

（1）外购材料有较严控制能力，拥有先进齐全的检验设备与仪器。

（2）厂内管理体制较为严格，能将不同原料区分堆放；配料有DCS系统的全自动控制，计量设施是皮带秤。

（3）在同行业中规模较大，不同使用要求及施工要求的浇注料品种较全，特别是刚玉-尖晶石窑口耐火浇注料、刚玉-莫来石自流耐火浇注料、特种耐酸耐碱耐火浇注料、叶蜡石质耐碱耐火浇注料、低铝莫来石耐火浇注料等品种均是该公司经省级科技鉴定的产品。

（4）对喷涂浇注料有独特的组织服务系统，有利于发挥喷涂浇注料的优势（详见7.7节）。

用户使用报告

我公司自从2003年12月开始在一条2500t/d和两条5000t/d新型干法水泥生产线上使用贵单位提供的JC-75MK、JC75MP、JC-50S、JC-PA80K、JC-PA80T、JC-M65、JC-M70莫来石等各种耐火浇注料后，烧成系统的运转率比原先使用别的厂家的耐火烧注料时的运转率提高了不少，贵单位能经常派热工工程、水泥工艺、耐火材料等领域的工程技术人员来我公司就如何进一步改进耐火烧注料的性能进行探讨，在此表示感谢。今年二月，我公司技术人员听说贵公司新近开发了 JC-75MTP 刚玉-莫来石自流耐火浇注料和 JC-A. AM92 刚玉-尖晶石窑口耐火浇注料，五月份，我公司在 5000t/d 新型干法水泥生产线检修时，喷煤管上全部采用 JC-75MTP 刚玉-莫来石自流耐火浇注料，窑口处全部改用 JC-A. A92 刚玉-尖晶石窑口耐火浇注料，在施工过程中贵公司技术人员一直在现场进行指导，我们发现自流式浇注料确实流动性很好，施工时加水量减少许多，稍加捣动就能充满整个腔体，浇注体保养时间可以大幅度缩短，并且强度高，经过近半年的使用，效果很好，目前，还在正常使用，估计可以使用 8 个月以上；据贵公司窑口处的浇注料使用说明书介绍，由于该料是一种碱性混合物，可以抵抗 K_2O、Na_2O 等碱性气体的侵蚀，同时具有很好的热震稳定性，使用至今，情况确实如此，虽然期间有过几次停窑，但没有发现浇注料有剥落现象，以前窑口处的浇注料使用寿命在 8 个月左右，估计 JC-A. AM92 刚玉-尖晶石窑口耐火浇注料的使用寿命在一年以上。

恳请贵公司再接再厉，不断为我们水泥企业开发出更好的耐火材料。

江苏金峰水泥集团有限公司　2006. 1. 19

7. 5. 1　耐火浇注料预制定形砖

（1）耐火浇注料预制定形砖的优越性

制造商用耐火浇注料生产出定形砖比现场浇灌施工有如下优越性：

①大量节约现场施工程序与时间。砌筑耐火浇注料定形砖与其他耐火砖一样简单，甚至当砖型较大时，可用专用工具以加快施工进度，免去焊扒钉、支模板，搅拌与浇灌混凝土，直至养护等一系列繁杂程序。

②节省施工费用。不仅省略上述工序，更节省大量耐热钢制作的扒钉。

③提高浇注料混凝土使用寿命。因为现场浇注难以准确控制用水量，往往为加快施工进度，严重超过规定，造成强度降低，易发生剥落、炸裂等情况。事实证明，预制定形砖使用时间可以比现场浇注相同品种浇注料要长一倍以上。

④有利于临时性抢修。因为定形砖不需要养护，可以缩短点火后的升温时间。

⑤有利于浇注料的保管。由于矾土水泥易水化，因此，浇注料的保管时间不应太长，否则强度大幅下降。制成定形砖后，将有利于在库房保存。

当然，当今预分解窑系统中仍有很多位置，还离不开不定形浇注料。

（2）预制定形砖的高性能标准

①配比不应低于同等品种浇注料的档次，尤其是矾土水泥、铝矾土骨料、碳化硅、钢纤维等。

②用水量不应高于 8%，产品表面不应有明显气孔。

③尺寸偏差不应超过 1mm。对需要烧制的定形砖成品不应该有毛边。

★　**推荐优秀制造商**

浙江长兴国盛耐火材料有限公司

该公司在众多以浇注料为主的耐火企业中，自行研发，生产出耐火浇注料的定形预制砖已有十年之久，并得到一些生产线的肯定，但由于设计院的传统设计，加上宣传力度不够，并未能推广到更大范围。

目前生产工艺还需要在自制的煅烧炉中烧成，所以制造成本较高，但总体对用户有较高效益。目前该公司正在继续改进工艺装备及提高质量，相信会有更大进步。它们的定形砖，在篦冷机矮墙、上升烟道、窑门及窑口、三次风管弯头、三次风闸板等处，都发挥了不定形现场浇制无法胜任的作用。

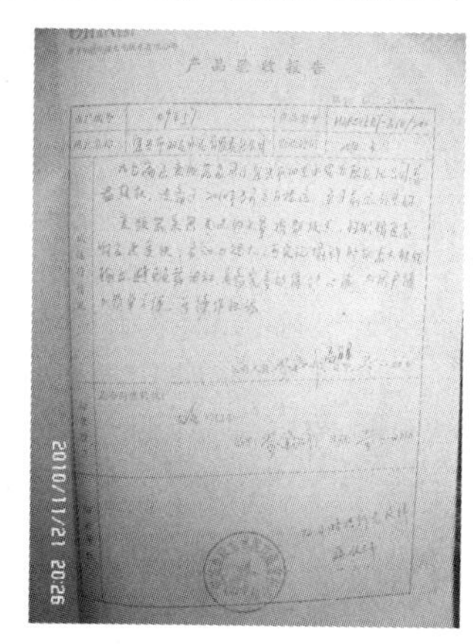

用户使用报告

长兴国盛耐火材料技改项目在我厂应用情况报告

2005年3月份我公司通过对闸板的首次使用后，与国盛有了更多的合作：

（1）篦冷机矮墙的改造，使用周期达到1年半以上；

（2）烟室改做砖后，使用寿命与浇注料比能翻倍，而且不容易结皮积料，有利于窑内通风；

（3）窑口浇注料使用寿命达一年以上；

（4）窑门罩框改砖后使用寿命达2年以上；

（5）目前燃烧器头改做套，春节大修点火开始正在试用中。

通过以上改造，大大提高了生产效率，目前我公司所有浇注料全部由国盛提供并施工，服务比较到位，使用后企业经济效益有了很大程度的提高。

苏州东吴水泥有限公司　2010.3

7.6　耐磨陶瓷砂浆

耐磨陶瓷砂浆是由骨料和超细粉组成的胶凝材料，原料采用特殊的处理方法和严格试验后组成，经化学反应能形成极高的强度及硬度，达到陶瓷的结合强度标准，属新一代柔性耐磨陶瓷材料，具有施工方便、易维护等特点。根据使用要求分常温与高温两大系列。

高温耐磨陶瓷浇注料的高性能标准：

（1）配料要使粒径级配的最佳组成达到最高堆积密度，耐磨性能表现在常温下能达150MPa以上的强度，特殊产品可高达280MPa以上，普通浇注料无法与之比拟。

（2）需要无定向钢纤维和定向网状增强双重措施，进一步改善材料的韧性，有效防止冲击力造成的破损和剥落。

（3）高温系列能承受 1200℃以下的磨蚀环境，经受耐磨使用寿命仍不低于 3 年以上。

（4）耐磨涂层不应过厚，一般用人工涂抹到金属网上 20mm 便可完成。

（5）能严格控制水灰比（≤8%），可进一步延长有效使用时间。

（6）不但本身能抵御环境的腐蚀与冲刷，而且产品自身不会污染环境，符合环保要求。

★　*推荐优秀制造商*

河南中隆科技有限公司

该公司依据丹麦维尔康浇注料的特性，从丹麦进口水泥作为凝结剂及减水剂，国内采购细钢纤维及矾土水泥等原料，精心配制而成。

因施工要求较严格，该公司除售产品外，还有现场施工服务。

目前，该公司产品在各类选粉机壳体、风机、三次风管、立磨排风管道、预热器等内衬中使用相当成功。

7.7　耐火喷涂料（非支模施工）

喷涂料是浇注料的一种，它与浇灌、捣打的施工方法不同，无需制模，仅此便对某些部位，如窑、炉罩顶部等处抢修补喷极为方便，更主要的是质量控制容易。

（1）喷涂料的特点

喷涂料是由粗、中、细颗粒耐火原料与结合剂、分散剂组成混合料后，与水拌合成可输送的湿料，由泵送装置通过管道输送到喷嘴，并根据湿料的流变特性和施工要求，考虑是否在靠近喷嘴处管道内添加由压缩空气输送的快干剂，最后借助高压空气通过喷嘴将湿料喷射到施工位置上。

与各类浇注料相比，喷涂料有如下特点：

1）施工方便

不需要支模板便可直接浇注，程序相对简单，施工效率高（3～9t/h），缩短施工时间，又不需要养护时间，可以使检修工期缩短 50%。对某些异型特殊位置，用喷涂料更为方便快捷。

2）便于抢修及修补

当发现局部位置有耐火混凝土脱落时，无需等到系统完全冷却，便可用喷涂料修补。尤其需要热喷涂时，无需人员进入设备内，便可喷涂作业。不但缩短检修时间，更为节约大量热能创造可能。这种作业虽会缩短使用寿命，仅 1～3月，但这是准备大修前延长运转的最好补救措施。

有的位置衬料脱落时，可采用“背书包”方式，此时牺牲了原有设备壳体钢板，停窑后要有更大范围的修补，花费更多的时间及费用。

3）性价比高

作为新型耐火衬料，为窑的高完好运转率创造条件。

喷涂料单价比同等浇注料要高 10%～20%，但表观密度仅为 2.1t/m^3，比浇注料（2.7t/m^3）轻近 1/4；使每吨材料的施工面积增加 28%，说明喷涂料仍有成本优势；只是施工要有较高技术和设施，虽不需要支模等程序，施工成本仍比浇注料高出 50%，但节省修补时间的效益显著。

4）施工质量有保障

①混凝土的水灰比是控制质量优劣的重要环节。在浇灌浇注料时，因为有模板在外，很难检查加入水量是否适宜，一旦水灰比偏大，寿命就要降低，而喷涂料的施工方法决定了用水量不能有随意性：无需模板，用水过多，喷涂料会下流；用水量过小，反弹率会增高。

②浇注料是靠模板尺寸控制混凝土厚度，但加固与支撑模板易在浇灌中变形，影响衬料使用效果。喷涂施工不存在这种可能。

③一般浇注料的振捣必须充分，否则会出现孔洞或气泡。喷涂料无需此工序。

由于施工质量的保障，喷涂料使用寿命比浇灌的浇注料提高两倍以上。

5）降低热耗

因为表观密度轻，所以散热损失比浇注料小。如果结合轻质型喷涂料，直接与普通喷涂料复合喷涂，便可形成结合牢固、同时具备耐高温耐磨与隔热保温的两种效果。

6）降低反弹率是发展方向

喷涂工艺的唯一缺陷是在喷涂中会有部分物料反弹掉落，不仅浪费用料量，而且施工环境恶劣，这是喷涂料需要重点改进的性能。经过努力，反弹率已由原来 18%，降至目前最好水平 5% 以内。

（2）喷涂料的种类

①耐碱喷涂料：侵蚀性能较好，尤其是耐碱性高。

②莫来石喷涂料：耐高温性能。

③高强莫来石喷涂料：耐高温及耐磨损性能。

④碳化硅喷涂料：具有抗结皮性能，用于窑尾缩口。

⑤水硬性蛭石质喷涂料：表观密度轻、隔热性能好。

（3）喷涂料的高性能标准

①与一般浇注料相比虽为相同理化指标，寿命提高一倍以上。

②降低料耗，反弹率控制在8%以下。

（4）施工工艺需要业主方配合的方面

①注意安排施工面的喷涂顺序为：墙体面自上而下；管道面先下后上；异型面先难后易，先下后上。

②现场应准备工作平台，喷枪与施工面距离应保持在0.8～1.2m之间，喷枪口与施工面垂直，并做0.5m左右范围的圆形扶摇动作。

③确保压缩空气风压。在喷涂前，要为施工备好不受干扰的压缩空气气源，压力不低于6kg/cm²，并用高压水雾清扫施工面，以保证喷涂料能与设备壳体紧密结合。

④准确控制喷涂厚度。施工面厚度应一次喷涂到位，或用2mm金属探针插入喷完的施工层测量，或事先在每平方米内焊接与厚度要求相同长度的直条钢丝，以明显标志要求的厚度。

早在20世纪90年代，喷涂料就已经在水泥企业中应用，但由于反弹率较高，施工技术不易普及，而且价格高，综合效益尚未得到业内认可。随着对产品性能不断改善，尤其是针对预分解窑生产要求缩短检修工期，喷涂料制造商看准了潜在市场，加强施工现场服务，充分发挥喷涂料特点。

★　推荐优秀制造商

浙江锦诚耐火材料有限公司

目前国内能够生产喷涂料的厂家并不少，但能服务于用户，拥有现场施工队伍的优秀厂家不多。该公司已经具备如下条件：

（1）有足够的专业技术人员

能根据不同的使用要求，自制配料生产不同性能的喷涂料；目前该公司生产的种类有莫来石喷涂料，高强莫来石喷涂料，碳化硅喷涂料三种，并将继续研发新的品种。

（2）有整套的现场施工队伍

因为喷涂料的施工要求较高，为了保证使用效果，该公司已在全国范围内合理布点，配备足够为现场服务的整套施工机具及熟练技术工人。

（3）有足够的经济实力

能为用户储存一定量的原料，避免原料放置较长时间而降低质量。

用户使用报告

JC-M46莫来石喷涂料使用情况

我集团现有六条5000t/d新型干法水泥熟料生产线，一条2500t/d熟料水泥生产线。公司自2004年起一直使用贵公司提供的各类耐火浇注料，效果一直不错，但常规耐火浇注料由于自身材料的原因，存在施工和养护周期长、施工工序复杂等弱点。2006年底在贵公司技术中心高工与我集团公司技术人员交流时，了解了贵公司的耐火喷涂料研发节能好、施工方便的原理后，结合走访兄弟单位使用的情况，于是集团公司在2号线篦冷机一段顶端开始试着使用贵公司提供的JC-M46莫来石喷涂料，使用效果很好。2007年底，公司四条5000t/d生产线大修时，扩大了喷涂料的使用比例，在预热器、分解炉、窑头罩、篦冷机等部位使用600余吨，我们感到该施工时间比传统浇注料缩短近一半，劳动强度大大降低，同时，该产品的体积密度降低了20%左右，施工同体积的浇注料可以节约10%以上的材料费用。另外，该产品早期强度高、气孔率大，在高温时不易产生爆裂，可以大大缩短停窑检修时间。2008年，集团公司每次遇到设备故障短暂停窑时，都会认真检查各生产线热工设备中耐火浇注料的损害情况，只要有问题，我公司马上通知贵公司喷涂技术人员对损害部位进行喷涂料的局部修补，经过达一年的使用，我们发现以前一条日产5000t熟料生产线每年需要100多万元的耐火浇注料进行维修，现在只要30万元左右的耐火浇注料就能保证该生产线的运转，而且，回转窑系统全年的停窑时间也缩短了近一星期。

贵公司的服务也是一流的，为了施工的方便，贵公司特提供了两套喷涂料施工专用设备，能积极配合售后服务，及时组织产品，尽可能地在最短的时间里将施工人员派往我公司，集团公司计划再次扩大JC-M46莫来石喷涂料的使用比例，同时，也真诚地希望贵公司再接再厉，进一步提高产品的质量，实现你我双方的双赢发展。

江苏金峰水泥集团有限公司　2008.11.10

7.8　硅酸钙板

由于预分解窑系统散热面积较大，散热量可占熟料总热耗8%以上，正确选择优质隔热材料的必要性由此可见。

硅酸钙板的高性能标准：

硅酸钙绝热制品是一种以硅酸钙水化物为主要成分的隔热材料，它具有无毒害、耐高温、重量轻、隔热效果好、易切割等特点。

耐高温硅酸钙绝热制品分为LG-标准型、LG-高温型、LG-涂敷型、LG-高纯型、LG-高强型五大系列二十多个品牌，已广泛应用于建材、冶金、有色、化工、电力等各行业的工业窑炉，节能效果显著，深受用户青睐。

（1）制品材料的低密度，至少低于$250\pm10kg/m^3$，才使导热系数$\leqslant0.058\pm0.00011W/(m\cdot K)$，以获取好的隔热效果。

（2）制品要有一定强度，抗折强度必须高于$\geqslant0.50MPa$，才能便于运输与施工；最高使用温度允许在1000℃以下；最大线收缩率$\leqslant2\%$（1050℃，3h）。

（3）制品质量要稳定，各项指标应在标准内波动。为此，制造商应具备如下条件：

①为自制石英粉，应该自备球磨机，研磨石英砂，确保石英粉粒度均匀稳定。如果是外购石英粉，又缺乏必要检测手段，产品化学成分和粒度波动将不能稳定，直接影响合成反应。

②制造商应该拥有石灰消化机，自行处理石灰。而不应该使用氢氧化钙粉，因为氢氧化钙活性比石灰消化的石灰乳差，且质量波动。

③制造商应当具有较大规格的反应釜，使关键工序——合成反应能连续稳定生产，确保产品质量波动很小。

（4）外观质量均齐，外形规整。

（5）能按照需要隔热的窑炉壳体形状，生产带弧度形状的板材。

重要提示：不能用硅酸铝板代替硅酸钙板，不仅是导热系数略高，更因纤维粉化后更差，且危害人体健康。

★　*推荐优秀制作商*

莱州明发隔热材料有限公司

该公司已是世界上最大的耐高温硅酸钙绝热制品的专业生产经营企业之一。公司集产品研发、技术推广、产品生产和销售于一体，拥有14项国家专利和5项高新技术成果，公司生产设备先进，年生产能力10万m^3，是国际上硅酸钙绝热产品生产的佼佼者。

公司生产的LG-标准型硅酸钙板，自1988年在冀东水泥厂4000t/d水泥生产线上使用成功后，逐渐替代了进口产品，实现了硅酸钙板国产化。公司具备从原材料、过程到产品的全套检验检测手段，对原材料、过程、产品都有严格的把关和控制、检验制度，确保出厂产品100%合格。

该公司产品特点如下：

（1）该公司使用的石英粉为本公司研磨设备制造，决不从外购入，避免石英粉质量的波动而导致硅酸钙板的密度及强度波动。

（2）该公司拥有石灰消化机，采用筛选过的石灰块，利用石灰消化机消化成石灰乳，石灰乳活性适宜、质量稳定。

（3）该公司拥有15台30m^3的高温反应釜和3台2.5MPa压力的锅炉，供汽连续，生产稳定，合成料浆质量好，为生产出优质产品打下基础。

（4）该公司能按照用户需求生产弧形板材，可提高圆形筒壁的隔热效果。

用户使用报告

莱州明发硅酸钙板在海螺使用情况

“海螺”对耐火隔热材料的要求是比较严格的，但从宁国水泥厂二线开始，“海螺”无论是新建生产线或日常检修一直选择莱州明发生产的硅酸钙板。这是由于莱州明发生产的硅酸钙板在产能和质量目前是一流的，即能满足海螺高速发展的需求，而且产品质量一直保持稳定，得到使用者的认可。

“海螺”的发展走的是一条低成本扩张的路，如果没有像一批莱州明发隔热材料有限公司这样的国内优秀相关产业的支持，“海螺”的发展也会受到影响。莱州明发之所以能与海螺几十年如一日的长期合作，共同发展，一个重要原因是对客户的服务意识较强，无论是大批量的新线建设还是少量的生产维修，都能按时送货到位，从来未影响过我公司设备的正常使用。

莱州明发生产的硅酸钙板，目前不但用在我公司所有熟料生产线，而且已成功使用到余热发电系统和垃圾处理系统，同样得到较好的使用效果。

安徽芜湖海螺建筑安装工程有限责任公司　2009.9.9

7.9　陶瓷纤维（硅酸铝纤维）

这是一种轻质耐高温材料，适于在窑炉等处作密封充填材料。虽有隔热性能，但不易作为隔热材料在水泥窑使用。

（1）陶瓷纤维不能作为隔热材料

①它与硅酸钙板的性能差异较大

陶瓷纤维具有较高耐火温度1260℃，而硅酸钙板仅为1000℃；但隔热性能因与硅酸钙板的导热系数比值为0.125/0.058，要比硅酸钙板高近一倍，显然不适宜作隔热材料。它可在窑炉中做壁衬材料、背衬材料，砌体膨胀缝、炉门、顶盖等处的绝热密封材料，以及边角等复杂空间的隔热填充材料。

②它决不能胜任、充当窑炉隔热保温材料的另一个原因是，陶瓷纤维在高温使用后的残渣，易进入人体肺部，有害健康。

（2）陶瓷纤维制板的高性能标准

陶瓷纤维根据所用原料为电熔焦宝石或电熔氧化铝与二氧化硅混合料而分两类，前者为陶瓷纤维，后者则称为高纯陶瓷纤维，如果再加入氧化锆，则成为含锆陶瓷纤维。几种纤维都是采用甩丝或喷吹工艺而成，由于该材料的导热系数低、耐火度高，又具有良好的加工性能，它们是加工成各类纤维毡、毯、板制品的原料。

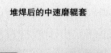

第8章　润滑设备与材料

8.1　润滑油

正确选择润滑油首先要了解每个摩擦副相对速度、承受的负荷、温度及工作介质，以减轻磨损，延长摩擦副的使用寿命。水泥设备大多在苛刻条件下运行，承受重负荷、高速、高温、高压、潮湿、酸碱、浓粉尘环境，因此，正确使用润滑剂和润滑技术，降低摩擦，以及减少、甚至避免过度磨损是设备维护内容的重中之重，更是节省能源、保护环境和减少排放最为直接、有效的方法。

（1）正确润滑机理

①提高摩擦副使用寿命，只靠改进摩擦副材料材质、改善热处理工艺、提高配合精度、提高表面光洁度等做法还不够，更要靠改善设备润滑，使摩擦副承载耐磨能力有数倍、数十倍提高，设备运巧才会更为高效。

②现代润滑机理是：将含有极性基团的油性添加剂添加到基础油中，当金属表面为中等温度和负荷时，极性物质与金属表面发生反应，形成化学吸附膜；当承受更高温度和负荷时，则要添加极压抗磨添加剂，分解出硫、磷、氯等极性物质，与金属表面生成化学反应膜。吸附膜与反应膜都可以防止金属表面的过度磨损，增强摩擦副的承载耐磨能力。

③润滑油的洁净对摩擦副的使用寿命影响至关重要。SKF 轴承商的大量试验表明，润滑油中如果清除 2～5μm 的固体颗粒，滚动轴承寿命将延长 20～50 倍。

④针对不同应用条件，尽可能选择专用润滑油产品，逐步淘汰全损耗系统用油（即俗称的“机油”）和全厂一种润滑脂“打天下”的局面。对特殊的润滑点，如开式齿轮的润滑应该选用专用的开式齿轮润滑剂。针对新设备、新工艺的不断出现，润滑油的产品标准也在不断升级，作为润滑剂的最终使用单位用油水平也应当“与时俱进”。如矿山上自卸卡车使用的柴机油，以往的经验往往使用 API CH-4（甚至 CF-4）的产品在 250h 换油；随着柴机油产品的升级和发动机减排技术的进步要求逐步升级到 API CI-4 产品，同时换油周期也可以延长到 350h 甚至更长。

⑤彻底纠正润滑油加得越多越好的观念。理想的润滑量是，要缓慢而均匀

的微量流到润滑点，即细流持续润滑才是正确方式。使用专门的油汽润滑装备（如图 8.1），才能均等、精确分配润滑油进入摩擦副之间。不仅延长摩擦副使用寿命，而且润滑油利用率 100%，并节约冷却水。

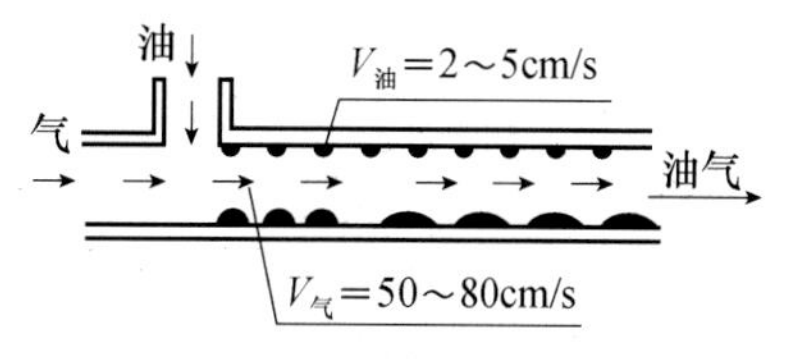

图 8.1　油气润滑原理示意及装备

（2）润滑油的高性能标准

根据以上润滑机理，高性能润滑油应具备以下条件：

①应为合格基础油与高性能添加剂调和而成的专用润滑油。目前较为流行的添加剂具有如下性能：抗磨剂、极压剂、抗腐化剂、抗氧化剂、固体润滑添加剂等；油脂还需要增加皂基（增稠剂）。

②实现高效润滑，减少摩擦，不但使被润滑的设备运行有显著节能效果，而且减少对设备的维护成本。

③油质自身有超长的使用寿命，延长换油周期，节约用油。

④对设备原存在的某些故障有改善的功能。

⑤改进润滑油的包装，至使用前的所有过程都能严格防止粉尘、水分、空气混入润滑油的可能。

⑥润滑剂应采用自动、缓慢、均匀的添加方式，制造商应配备相关注油装置或工具（包括必要的过滤设施），用户应该配备油气润滑装置。

⑦供应商具有完备的质量保证体系、一流的生产设备、厚实的技术支持能力及健全的用户服务机制。熟悉用户的工况条件及要求，负责任地推荐合理的润滑油品种、润滑制度与方式。

（3）润滑油脂的选择参考依据

1）润滑油与润滑脂的选用原则

①脂润滑与油润滑的差别

a. 脂润滑的优点

不需时常添加，对不易换油、供油的设备有利；

简化润滑系统设计（有一定结构性，不易流失，不易飞溅）；

密封保护性好，防止锈蚀和灰尘；

适应高温、低速、冲击负荷等苛刻工作条件；

多数脂的工作温度范围比油宽。

b. 油润滑的优点

黏滞阻力低，启动力矩小；

流动性好，能带走工作部位的热量和杂质；

换油较方便。

②设备厂家建议油品规范技术表（规格）

③核实 LETS

L 表示负荷大小；

E 表示环境介质，如：水、蒸汽、腐蚀性介质；

T 表示使用温度，或环境辐射温度；

S 表示设备转速。原则（自行选择）。

④选用代用混用（同质/同等/同黏度）油时，首先要判断油品标准及油品相容性。

2）各种润滑油的具体要求

①滚动轴承对润滑剂的要求

a. 滚动轴承的润滑特点是：滚动体与环之间为面接触；同时存在滚动摩擦与滑动摩擦；接触曲面常伴随着弹性变型；依靠油对受压面产生的油契力生成油膜而润滑；油膜不均匀，连续变化，处于混合润滑状态。

b. 所生成的油膜要足够支承负荷强度，需具备合适的粘度（润滑脂为基础油粘度）、油性、极压抗磨剂。

c. 为保证减磨、冷却及保护机件功能，还需具有一定的流动性、抗腐防锈、抗氧化、抗乳化等特性。

②齿轮油必须具备的性能

合适的粘度及良好的粘温特性，良好的极压抗磨性，氧化安定性与热安定性优良，良好的抗乳化能力，抗泡性好，良好的防锈防腐蚀性。

齿轮油的种类：矿物油，半合成油，全合成油，PAO，酯基（双酯，多元醇酯），PAG（聚醇基），液态油脂（NLGI NO. 00），FLENDER 润滑油参考。

选择齿轮油时需要考虑速度、温度、负荷、环境等条件因素。

常见的齿轮油质量规格：CKB、CKC、CKD、CKE、CKT。

AGMA 推荐行星齿轮减速机用油粘度

	壳体外径（mm）	温度（℃）	粘度
行星齿轮箱	>400	10－50	4－5
		－10－10	3－4
	<400	10－50	3－4
		－10－10	2－3

3）润滑方式的选定

不同润滑油种类要对应不同润滑方式才能保证润滑效果。常用的润滑方式为：手动润滑，自动润滑，油浴润滑，喷式润滑，自动加脂器润滑等。

4）水泥设备的润滑油选用原则

现代水泥设备润滑需要使用十余类润滑油，下面重点介绍几大类：

①大型开式齿轮，如窑传动的大齿轮，磨机传动齿轮等，在不同阶段应该使用不同类别润滑油。初始阶段的涂底润滑、试运转阶段的磨合润滑、运行阶段的操作润滑及损伤较重齿面的特种修复剂。它们都可适用于自动喷洒系统、飞溅润滑、油池润滑、混合润滑（飞溅 + 油池）等方式。

②回转窑轮带与垫板间应该使用含固体润滑剂石墨的高温合成油润滑。随着回转窑的转动及重力作用，基础油带动固体润滑剂在轮带一侧与垫板之间流动，形成良好油膜，基础油于高温时完全挥发，固体润滑剂的干膜稳定至 600℃，发挥良好润滑作用能持续 10 天以上。可用专用便携式手动加油泵，点射式喷加到轮带与垫板结合间隙处，以及轮带侧面与挡块接触的位置。每周润滑一次，每次约 5L。

③窑托轮轴承应该用有极高抗极压性能及抗高温性能的合成托轮油（原用 680 号齿轮油及含沥青的汽缸油）。挡轮轴承可采用脂润滑或油润滑。

④原料破碎机要使用防卡润滑膏（白色防卡膏、高温防卡润滑膏），即以复合锂基的润滑脂，易于轴及衬套装配、螺栓连接，可防止零件断裂与锈蚀。

⑤辊压机辊轴承应当使用适合低速、抗振动冲击的润滑脂，以复合锂基为稠化剂、基础油为高粘度矿物油、石墨为固体润滑剂的合成油脂。

⑥立磨的润滑点较多，根据不同位置应选用不同性能的润滑油、脂，多达十余种。其中磨辊轴承、减速机，包括液压油均采用中央润滑系统。

⑦篦冷机宜用复合磺酸钙基润滑脂，熟料破碎机轴可用高温聚脲基润滑脂，适于高温和高负荷要求，并具有卓越的抗水性、密封性及抗老化性。

⑧减速机齿轮应使用具有极佳抗磨性及氧化安定性的润滑油，凝点低，与金属铝、铜等合金相容，抗剪切机械安定性能稳定，粘温性能好，磨擦系数低，且该油能在接触面形成软表面微观层，明显降低设备噪声。

⑨链条常因润滑不当，被卡住、磨损和延伸，应使用具有高粘性油膜附着于金属表面或链条上的润滑脂，不受水、酸、碱侵蚀，即便 160℃，也可在异常潮湿的环境中使用，它可避免油品从链条上滴落或飞溅，并可降低设备噪声及振动。

⑩钢丝绳在含有固体润滑剂石墨的润滑脂剂的保护下，可防锈蚀，磨损。1kg 润滑脂可供直径ϕ25 的 40 ~ 55m 钢丝绳润滑。

重要提示：不要盲目听从设备或油品供应商的推荐，仅仅按期换油，而是按照设备具体工况进行有预见性的维护，不断实践改进设备的维护方案；润滑油的老化并非全部是添加剂消耗或降解的结果，对原使用产品不能冒然加入添

加剂对旧油改造或提升性能。

★　*推荐优质油脂与润滑装备制造商*

1. 壳牌统一（北京）石油化工有限公司

该公司由于已经是由合成基础油与添加剂代替原有的基础油，其油脂特点如下：

（1）基础油占常见润滑油体积的 80%，因此，它的高质量是基础。壳牌的基础油系采用全进口经深度加氢法生产的高品质基础油，外观近乎于无色、透明。某些产品甚至采用壳牌全球独有的“XHVI”技术生产的全合成基础油，为此，经长时间使用后，性能指标始终保持合格；并有利于操作者身心健康。

（2）该公司开发的合成油中，可耐压合成工业齿轮油（Omala）S4GX 后，设备磨损低 90%，电耗降低 2.1%；（Telles）S4ME 合成液压油可节能 6.4%；合成蜗杆齿轮油（Omala）S4WE，比矿物油摩擦系数低 7.5%，节能 10% 以上；霸系列重载柴机油 Rimula R3 MV 美国石油协会 API CI-4 产品比 CH-4 柴机油极大缓解磨损、控制粘度增加和氧化老化，使发动机能挑战高负荷，并延长大修期，实现了高效润滑。

（3）该公司的油品自身使用寿命超长，如得力士（Telles）S4ME 合成液压油比工业标准试验限值长 10 倍以上；（Corena）S4R 确能力合成润滑油拥有 12000h 使用寿命，常规空压机油仅 2000 小时；（Omala）S4WE 可使减速箱油延长 12 倍等。

（4）对设备原存在的某些故障，在使用本油后，有改善的可能。

（5）世界拥有上千名润滑专家队伍，可以在现场为用户提出润滑方案，解决难题。

（6）公司具有强大科研力量，全球十四个试验室 6000 名科学家，每年研发经费高达 9 亿美元，完全能根据用户需求，生产各种不同特性的润滑油产品；国内设有天津-乍浦-珠海-青衣四个调和厂，珠海设有应用研究中心。

用户使用案例

（1）选用壳牌佳度 Gadus S2 V220 AD 2 在中国北方某日产 5500t 熟料基地，针对润滑点的要求，推荐的产品可适应振动冲击和粉尘多的条件下，推荐含固体添加剂的润滑脂佳度 Gadus S2 V220 AD 2，使设备的加脂周期从原 15 天延长到 30 天，通过实际运行反馈的数据并经双方共同测算，该水泥企业每年为此节省费用达人民币 21.3 万余元。

（2）壳牌可耐压 Omala S2 G320 在国内某已有 30 余年生产经验的水泥企业，代替某品牌齿轮油换油周期太短，齿面点蚀严重以及油压不稳的问题。壳牌通过专业的油品检验找到了问题原因，并推荐了此品种齿轮油及壳牌齿轮系维护保养办法。使齿轮油的换油周期较延长了 2 倍，用量也从以前的 225 大桶降低到 75 大桶，仅为原来的 1/3。用户为此节省费用达人民币 39.6 万余元。

2. 西班牙老鹰公司中国代表处

欧洲老鹰牌工业特种润滑油公司创立于1885年，所生产的润滑油品非常广泛。从一般油品，到极为特殊的润滑油脂，其油品种类超过3000种，中国代表处提供全方位的技术服务及商务管理，并可针对性地提供量身订做的产品。对主要主机有不同要求的油品有如下推荐：

（1）开式齿轮

开发的BESLUX CROWN润滑体系，为粘附性润滑剂，是合适粘度的基础油，加以合适比例的极压（EP）添加剂、石墨、增稠剂和其他特殊添加剂，以满足苛刻的使用条件。通过对该润滑体系合理选择粘附性润滑剂和合理的润滑方式，可有效地对齿面擦伤、磨损、塑性变形、点蚀甚至断齿等损伤有修复作用。

（2）窑轮带

该公司生产的BESLUX GRAFOL 320是含固体润滑剂石墨的高温合成油，可以减缓垫板和轮带间的磨损、降低运行耗能、保证耐火砖受力均匀，满足一次润滑可发挥良好作用及使用10d以上的要求，并可提供专用便携式手动加油泵（图8.2），单人可在窑运转中操作。点射式喷加到轮带与垫板结合间隙处，以及轮带侧面与挡块接触的位置。每周润滑一次，每次约5L。

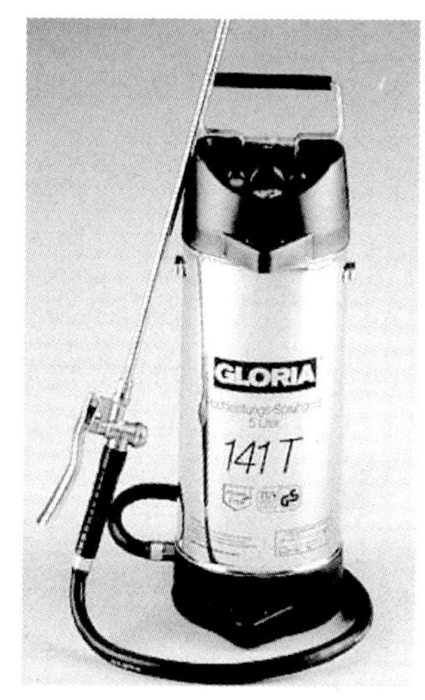

图8.2　便携式手动加油泵

（3）托轮和挡轮轴承

托轮轴承润滑一般采用强制润滑，对润滑油的抗极压性能、抗高温性能要求极高。推荐产品：BESLUX SINTER 1500CH；BESLUX SINCART 1500W。

（4）原料破碎机

对高速，重载，冲击强烈，粉尘，工况恶劣的要求，推荐使用复合锂基的润滑脂G. BESLUX SULPLEX H-2。

（5）辊压机

该公司的BESLUX PLEX EH-1/G & EH-2/G润滑脂，特别设计用于高负载、高温、低速有振动冲击的机械，可减少摩擦，延长设备寿命。非常适合于辊压机使用条件。

（6）立磨

主减速机、磨辊轴承、立轴及选粉减速机等分别用不同系列油品。

BESLUX GEAR XP系列，优越抗磨性能和极压承载能力，抗点蚀型极压重载齿轮油；BESLUX GEARSINT系列，合成型高温轴承齿轮润滑油；优良的高温抗氧稳定性，良好的粘温性能和抗磨能力，延长轴承寿命和油品使用寿命。BESLUX SINCART W 系列，全合成油长寿命高效全合成油，独家配方，防水性强、工作温度范围宽、高抗温性，潮湿环境最佳选择。G. BESLUX SULPLEX H-2；G. BESLUX PLEX EH-2/G 两系列，高温、重载润滑脂；解决通用油脂在高温下流失严重，导致寿命较短，润滑成本过高等问题。

（7）篦冷机

必须使用与原料破碎机相同的高温润滑脂 BESLUX SULPLEX H-2；

风机电机轴承使用 BESLUX KOMPLEX ALFA Ⅱ 高性能润滑脂；

熟料破碎机轴承使用 BESLUX KOMPLEX M-1/2 高温聚脲基润滑脂；

（8）空气压缩机

BRUGAROLAS 拥有三个系列的压缩机油可为设备运转提供保障。

（9）钢丝绳

有专用的润滑脂 Beslux KBL 无机脂，无滴点，含固体润滑剂二硫化钼。用刷直接刷于清洁钢丝表面，油品具有较强渗透性和附着力。或用 Beslux Crown H-1/R 复合铝基润滑脂，含固体润滑剂石墨。

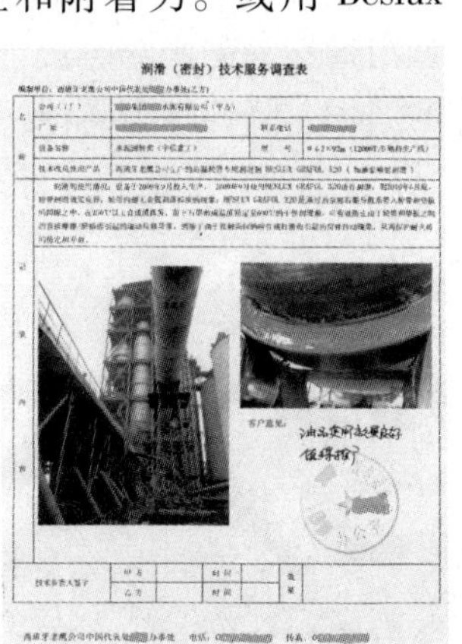
润滑（密封）技术服务调查表

客户意见：

用户使用报告（润滑技术服务调查）

设备于 2009 年 9 月投入生产，2009 年 9 月用 BESLUX GRAFOL 320 进行润滑，到 2010 年 6 月底，轮带润滑良好，轮带内侧无金属剥落掉块的现象，BESLUX GRAFOL 320 是通过油泵将石墨系分散带入轮带和垫板的间隙之中，在 250℃以上合成油挥发，留下石墨形成温度稳定至 600℃干性润滑膜，可有效防止由于轮带和垫板之间的直接摩擦、磨损而引起的滚动位移异常，消除了由于接触面间的咬住或打滑而引起的窑体抖动现象，从而保护耐火砖的稳定和寿命。客户意见：油品使用效果良好，值得推广。

3. 洛阳正本润滑材料有限公司

该公司是一家以生产特种润滑油为主要产品的民营企业，其中自行开发的用于托轮、开式齿轮及球磨机轴瓦的润滑油均为国内最佳使用效果油品，表现特征为。

（1）润滑后的金属（瓦或轮带）表面能滞留下较厚的油膜，或滞留物，润滑后当即便可观察到。

（2）能降低瓦表面温度，润滑数小时或数天之后便可显现；

（3）使用此润滑油后，手触摸瓦表面会感觉从不光滑，甚至拉丝，转变为光滑；该公司还生产特制有研磨作用的润滑油，可以改善瓦表面损伤。

（4）长期使用该油品以后，会表现出降低磨损量，延长寿命的效果。

（5）购置开式齿轮润滑油，可配送仿制意大利喷洒油泵一台。

（6）润滑油均已改为小包装（25kg 桶装）为主，有利于减少现场使用过程中受粉尘、水分等污染的可能。

（7）该产品在逐渐变为受用户欢迎的品牌后，仿冒现象已经出现，而该企业目前尚无防伪措施，为避免上当，建议用户直接向该厂采购。

用户使用记录

天瑞水泥日产 1.2 万吨熟料生产线的旋窑托轮全部采用该企业生产的润滑油，生产正常；后该生产线尝试用某品牌润滑油，却出现瓦温升高现象，只是在更换回本品之后，才又恢复瓦温。

8.2　高低压稀油站

大型设备采用机油润滑时，为保证润滑油可在机外循环冷却，需要配制专用稀油站。由于该装备通常与主机一起订货，用户应在主机订购时指明所配品牌。

稀油站的高性能标准：

（1）对润滑油的冷却效率高

在现有稀油站种类中，列管式冷却器和板式冷却器各有优缺点：管式冷却器拆装简单，方便人工清洗，但冷却效率不高；板式换热器换热效率高，但常规型号不宜在冷却水含氯离子较高地区使用，否则易被腐蚀损坏；新型列管式冷却器采用串片式列管冷却翅，大幅度提高冷却效率，每次循环油温可以降低 8～10℃以上，延长润滑油使用寿命，确保润滑效果。

（2）节能效果好

充分考虑节能效果。同等规格的稀油站，为达到同样冷却效果，消耗冷却水量最少，所用电机功率最低。

（3）出厂清洁度好

整个油站内的过流零部件必须洁净，经过高压空气吹扫、清洁、面沾、冲洗等清洁措施，出厂试车后，注油之前确保油站清洁度达到高标准。

（4）安全性能好

设备安全性高，油箱密闭性好，杜绝水的进入，彻底消除可以造成油液乳化的油水混合。

控制系统报警功能齐全，包括出口压力报警、流量报警、滤筒压差报警、油水混合报警、渗油报警等功能。而且一旦保护电路失电，能在润滑故障时，主机自动停机。

（5）产品做工精细

表面设计美观，油箱钢板平整，功能齐全；钢板和钢管表面均经过抛丸或酸洗磷化处理，两底两面油漆，漆膜厚度不小于 60μm，且平整光滑。

（6）产品符合人性化设计，操作和维修方便。

（7）产品外协件配置高。

采用国内名牌润滑零部件产品，性价比高，保证稀油站长期可靠运行。

★　**推荐优秀制造商**

四川川润股份有限公司

（1）制作工艺要求高，为确保液压缸的气密性好，钢板使用前必须用抛丸除锈机除锈，并采用棱板结构，在加油孔等处，结构特殊，并有 O 型密封环，焊接必须用全自动气体保护焊机。

（2）该公司自主研发的专利技术对产品性能起到保证作用（详见图 8. 3）。

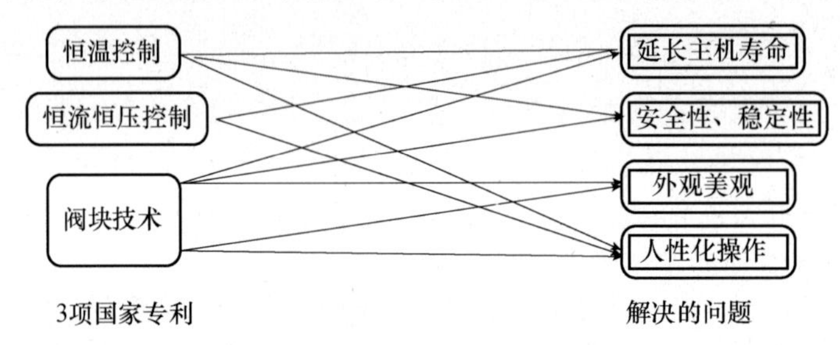

图 8. 3　川润公司专利技术的作用

主机寿命长是因为采用恒温控制，即油箱温度在自动检测其温度后，利用专利的阀块技术，分别控制冷热两根水管，减少温度波动，以利减少加热器的结碳现象，提高传热效果，延长寿命。

恒流恒压控制也是来源于独特的阀块技术，确保冷却水流量工作压力不变、流量不变。

严格加工过程的清洁度要求，保证第一次滤芯更换时间长于 8 个月。当冷却水氯离子含量偏高时，宜选用铜质串片式列管冷却器。

（3）为保证运行中能更换滤网，设计成双筒过滤器，并配手柄阀方便切换。

（4）配有自动弯管机，提供产品单向管路不再焊接的可能。

（5）标准液压润滑产品外协件选用国内名牌产品，高配置档次可以按用户要求选配。

用户使用情况

市场占有率极高，大部分减速机制造商均选自该企业产品。

8. 3　滤油机

（1）企业滤油机的配置原则

滤油机是一种节能设备，可以将高档润滑油重复使用。以变压器油为例，

8000 元/t 计一般三年更换一次，每吨油以 13 年时间更换四次计算，需花费 30000 多元。使用滤油机对油进行过滤重复使用，便可超过滤油机本身价值。

新型干法水泥生产线根据油质使用类型，一般应该配置三类滤油机，以完成不同油质的过滤需要。

①变压器油滤油机

变压器油作为变压器铁芯的冷却散热介质，必须定期净化，去除变压器长期运行中油能产生的有害气体、水分、杂质等。根据变压器安全运行规范，处理变压器油必须专门配置滤油机，不能与其他润滑油混用。

②液压油滤油机

水泥企业中所采用的液压传动设备，会使用各类牌号的液压油，如 32#、46#、68#、100#或 120#。对于长期使用后油质恶化的液压油，需要定期过滤净化，同样应当选用专门适用液压油的滤油机。

③机械油滤油机

球磨机、立磨等是使用高粘度重中型齿轮油的工业设备，如 220#、360#、480#或 680#等型号，由于工作环境恶劣，极易造成油品的劣化和污染，对其定期过滤净化也需要滤油机。

（2）滤油机的高性能标准

滤油机的功能就是对使用中受污染的油实现油水分离，脱气、脱酸及清除各类杂质，消除乳化状况，从而使其再生。滤油机应具备如下性能：

①清除油中杂质效果好。针对水泥企业油中杂质较高的特点，选用四级过滤，第一级为磁性过滤，二级、三级为滤袋过滤，四级为滤芯过滤（德国原装进口（HAYWARD）滤芯）。保证过滤后的油中杂质粒度小于 10μm，如用户有更高要求，甚至可达 1μm，但会提高运行成本。

②高效清除油中水分。真空泵的真空度不低于 -0.1MPa；滤油箱中配备足够大的喷淋系统，符合待处理油量的要求。上面的小孔密度、孔径及布置要能使油滴充分雾化；反应环的无序堆填面积与真空蒸发面积比例为 1∶1，保证雾化油液中的水分挥发干净。

③真空泵的使用寿命高。为不能喷油，要采用专利热交换器把热量传给吸热介质，大幅降低温度，所含水蒸气冷凝为水滴，存入积水仓，避免水汽进入真空泵，使真空泵自身用油乳化变质，从而严重影响润滑效果，并损坏真空泵。

④确保滤油过程稳定。配备准确控制液位的装置，确保油量准确匀速进入真空蒸发系统。当滤油机中无待处理的废油时，应自动停机。

⑤噪声低，不同类型可达 55～70dB 以下。

⑥滤芯清洗简单，维护方便，使用寿命长。

⑦选择优质配套外协件，如真空泵、供油泵、冷却风机、电气元件、滤

袋、滤芯等。

（3）滤油机订购与使用要求

①不同润滑油应使用不同滤油机，因此，购置滤油机首先要了解适应的润滑油品质范围及其他主要参数：流量30～300L/min；工作压力≤0.4MPa；工作真空度－0.06～0.095MPa；过滤精度≤5μm；功率2～7kW；新型干法水泥企业应配置三台滤油机，凡承诺一台滤油机可过滤所有油品的供货商，均应视为不负责任。

②用户应明确专人使用，即专职润滑工，使用者应经过专门培训。滤油机应该在无粉尘环境中工作。

③外协件的质量将决定设备使用性能与价格，用户必须在合同中明确指定外协件制造商名称及品牌。

④同等过滤等级的过滤芯，质量偏轻者或用放大镜观察纤维排列稀疏者为劣品。

★　*推荐优秀制造商*

重庆市嘉陵滤油机研究所

（1）该所拥有四项专利技术：有三项防爆型产品的电气防爆检验证书。产品上有明显的“嘉滤”商标，供用户识别。

（2）为保证真空泵的真空度不低于－0.1MPa，确保真空泵的使用寿命10～15年，采用专利（专利号ZL02222349.5）热交换器把热量传给吸热介质，实现真空泵运行中不允许喷油的要求。

（3）滤芯通量大。设计取额定流量的10倍，在滤芯大部分堵塞时，仍能工作。设置Y型双进口、双出口制。一套为法兰连接在油箱上，另一套为注入新油或换油时使用，非常方便。

（4）油泵齿轮的齿形由渐开线形（CB、CB-B、2CY型）改为圆弧形的人字齿形（YCB型），可减低噪声至65dB以下。

（5）外协件的高品质配置

①为保证高脱水性和破除乳化，真空系统选择国投南光真空泵有限公司的2X系列双级旋片风冷式真空泵，其抽速高、性能稳定，即使在夏季高温环境下，自身温度在80℃下仍能正常运行而不会出现卡泵现象。同时，为保证真空泵自身所用油质，在真空泵后增加了自行研制的循环过滤油箱，对其过滤。

②供油泵选用河北泊头齿轮泵总厂的双曲线人字齿型YCB系列油泵，其啮合性能好，无困液现象、噪声低寿命长，且带有安全泄压装置，确保长期安全运转无故障。

③热交换系统中，采用苏迅电器厂的FZY3-D系列轴流风机代替以往配套

35kV 变压器采用铰接分段式结构，使局部场强均匀分布，降低局部发热量。

为运输可靠，有四个定位孔，八点定位，确保吊心螺杆不窜动。

（2）用材考究

该公司变压器全部选用电解铜板制作，不用紫杂铜，并有检测铜纯度的手段。导线断面要保证电流密度为 3.2 ~ 3.3A/mm² 的水平，决不在此为降低成本而减少用料。

绝缘材料也采用国内优质的中德合资泰州维德曼绝缘板，并有检验制度与手续。

使用高档变压器油，如使用进口壳牌或国产兰炼、克炼产品等。

（3）装配工艺高标准

①为确保变压器油的绝缘性能，不仅要采购高品位的变压器油，而且油品从进厂到使用前，要三次严格把关。进厂检验，过滤后再检验，绝缘性能试验后第三次检验。

②铁芯下箱必经先进技术干燥，且烘干后 24h 之内下箱完毕，立即注入经检验合格的变压器油。这种只对高压变压器实施的要求，该公司贯彻于所有产品之中严格执行。

③为确保三相电抗高度一致、均匀，提高线圈承受短路能力，无论多大规格的变压器线圈都应整体压床。

（4）工装先进

①引进进口乔格裁剪线，确保裁剪后的硅钢片毛刺控制在 0.01mm 以内，优于国内大多 0.2mm 以上的水平。减少了运行中硅钢片毛刺引起的涡流。

②为尽量避免空气中的水分混入变压器油中，引进瑞士麦克菲尔的煤油相干燥系统，并使装置保持真空度 <6Pa 的条件。

③拥有大型电芯翻转台、大型起吊设备，以实施上百吨大型变压器的安装，同时也符合“先整体压床再套入铁芯”的工艺要求。

9.2　电动机

除非是大型电动机，电机往往是随主机订购，然而它的性能直接关系到主机的运行水平与能耗，所以，业主应当在相关设备合同中指定电机供货商。

电动机的高性能标准：

（1）同功率相比的电机效率高

Y 系列异步电动机的平均效率比已淘汰的 JO2 系列提高 0.43%，而新型的高效电动机平均效率比 Y 系列提高 3%，损耗降低 28%。水泥企业电动机一般为常年运行，这种一台 45kW 电机效率提高 1%，年节电近 4000kW · h。所以，不可低估该要求所带来的效益。

（2）同等功率的电机体积小，而且运行中发热少。

这不仅要求制造商有先进的设计工艺，而且还需要配备先进的工装设备，确保矽钢片的装配，线圈的绕线、包型、浸漆等每道工序都有严格的高技能措施，使电动机运行中不会存在涡流。

（3）制作原材料与外协件供货商质量可靠，并不能因价格随意改变。

★ 推荐优秀制造商

湘潭电机股份有限公司

该公司源于 1936 年的老企业，历经沧桑，于 2001 年改制上市后，充分发挥了企业技术人才优势的底蕴，继续迅速发展壮大，产品一直领先于国内电机行业，现年产能力已达到 1000 万 kW，产品在国民经济中发挥着中流砥柱的作用，并被国际著名企业 ABB 公司承认为“合格供货方”。产品特点如下：

（1）自行研发设计能力强，工艺先进

以绝缘材料加工工艺为例，自行研制的少胶云母绝缘工艺，彻底改变了绝缘材料成型中传统采用的多胶工艺、中胶工艺，只有同体积的绝缘材料中含胶越少，越有利于增加云母含量，提高绝缘能力。此工艺技术为电机体积小、质量轻，热量低创造条件，该技术只是在国际顶尖公司（ABB、西门子）中有所应用。

（2）企业具备大量世界顶级先进工装设备，实力雄厚

壳体加工中为确保安装位置完全对中，不仅有一次加工完成的加工中心车床，而且还有双面镗床，能同时对子口从双面同时镗孔。

铁芯车间拥有德国米勒万家顿公司的冲压设备，能保证冲槽无毛刺，不仅省去近百人打毛刺的繁重劳动，更避免人工打毛刺中伤及绝缘面，而引发运行中存在涡流的可能。

线圈车间引进德国、日本、挪威的胀型机、绕线机、包型机等先进设备加工线圈，克服了人工包线不均匀，导致槽内线圈层数不足，甚至出现挤坏绝缘层的情况。

绝缘浸漆工艺采用真空压力进漆装置，使漆能在真空压力下更充分浸入线圈内，大幅度提高绝缘水平。

（3）严格控制原材料及外协件来源，选用国内质量上乘产品

大型电机机轴用西安鹍鹏公司的煅钢轴，中型电机用大冶特钢煅钢轴；矽钢片用武钢单相冷轧片；绝缘云母为东方绝缘材料公司生产；电磁线用上海申茂公司制品；轴瓦用浙江申科或承德科技产品；电机测温元件从安徽天康配置；稀油站为川润产品；轴承为与铁姆肯公司合资制作。

（4）包括动平衡检测在内的先进质量检验设备与措施，严把出厂质量关。

（5）国家为鼓励和支持节能电机生产，对为此需要增加的材料费用按26元/kW予以补助，能使电机效率提高1%以上。

目前该企业对直流电机与变频电机尚未涉足。

9.3　中压开关柜

开关柜的高性能标准：

中压开关柜是指3.6～40.5kV电压等级的，将各类开关、互感器、测量仪表、保护元件等安装在金属柜内，成套供给用户使用的中压成套开关设备。中压开关柜按绝缘介质可分为空气绝缘型（AIS）和气体绝缘型（GIS）。

（1）金属铠装式金属封闭适宜户内安装的开关柜，配备性能优良的VD4真空断路器手车及ABB先进可靠的控制保护单元。实现全工况免维护要求。

（2）操作安全性好。有灭弧措施、主开关和接地开关均可在柜前闭门操作。开关柜各隔室通过金属隔板相互隔离，同一隔室的各部件以空气作为绝缘介质。

（3）绝缘材料优异，设计原理先进，使开关柜紧凑，小型化，占地少，外观美观。

（4）10kV开关柜智能化已成为中压开关柜目前最前沿的发展方向，是积极应用当代信息技术、传感技术的成果。

★　*推荐优秀供货商*

厦门ABB开关有限公司

（1）AIS型中压开关柜

该公司是ABB集团在亚太地区最大的中压开关制造和研究基地，也是ABB及全球最大的开关柜及断路器制造商之一。该公司的AIS型开关柜包含ZS1（12kV/24kV）和ZS3.2（40.5kV）两种类型。UniGear ZS1型开关柜为ABB AG公司设计开发，具有世界先进水平；UniGear-ZS3.2型开关柜为ABB集团联合开发的36/40.5kV开关柜，该公司已作为该产品全球供应商。

UniGear系列开关柜从结构上考虑了开关柜内部故障电弧的影响，并根据相关规程及IEC298、GB3906—2006规定，通过严格的内部燃弧试验，以有效保证操作人员和设备的安全。

该类型开关柜采用了均匀电场设计和复合绝缘措施，使其结构紧凑体积小，ZS1最小柜宽仅650mm；ZS3.2柜宽仅1200mm。同时，无论是机构设计，还是元器件选型，都要更安全可靠，易于操作维护。主要体现在：

①柜体采用进口覆铝锌钢板，防腐蚀、防生锈，由数控机床加工后装配精度高，柜体结构牢固。

②主母线/分支母线外套采用美国Raychem热缩绝缘材料，提高相间绝缘，为柜体小型化提供可能。

③主母线采用ABB公司专利D型母线，抗电动力强度高，电场分布均匀，散热性能好。

④真空断路器采用德国ABB最新型VD4型。以真空作为灭弧介质，大大提高断路器的频繁操作可靠性；断路器手车框架采用冷轧钢板经折弯及焊接而成，高压部分完全免维护；相同规格断路器完全可以互换。

⑤中置式断路器极柱完全进口，并采用固封技术，避免灰尘附着在真空泡中而产生闪络。

⑥开关柜具有完善可靠的五防闭锁装置。

UniGear ZS1开关柜可完全实现柜前操作与维护，可靠墙安装。

⑦凸门板的设计使得外观更具有立体感而美观。

（2）GIS型开关柜

厦门ABB公司2002年开始发展智能程序化变电站的技术，并着手研制开发断路器手车及接地开关的电动操作。

气体绝缘全封闭组合电气开关柜GIS，是将一次回路主元件装在密封的金属箱体中，内充稍高于大气压的SF6气体或其混合气体作为绝缘介质，并以电缆终端作为进出线，高压系统处于全封闭状态，不受外界环境影响。因此结构紧凑、尺寸小、质量轻、可靠性高、配置灵活、安装方便、操作安全性高、环境适应能力强、维护工作量小、运行费用低以及抗无电磁干扰强等优点，现其主导产品是ZX2 SF6气体绝缘开关柜。

该开关柜可适用于运行电压达40.5kV，运行电流达2500A，短路开断电流达40kA的系统，已顺利通过国内外的各种试验。它作为中压GIS开关柜的领先技术主要体现在：

①采用模块化设计，既能使用于单母线系统，也支持双母线系统，这使ZX2型开关柜具有更灵活、更易于客户接受的设计方案。

②该柜为三相共箱柜式现场不充气开关柜。母线气室和断路器气室通过气密绝缘套管一次回路连接；相邻开关柜的气室中的母线通过插接件连接。开关柜的充气及检漏工作均在生产工厂完成，现场无需充气作业，简化现场安装工作。

③采用先进的低气压环保型设计，独立气室及气室连接处可靠密封。气室外壳采用3mm优质不锈钢板，加工切口及焊接部位保证高度吻合；抗老化、耐温升的密封材料保证气室的极高气密性，每个隔室允许的相对年漏气率不大于0.1%/年；每个独立气室均设有压力泄放装置、压力监测装置及氦检漏装

置，当开关柜出现泄漏时能够迅速判断泄漏位置，为现场检修赢得时间；并能在相邻隔室充有一定压力气体时进行维修。

④设置有独立的压力泄放通道，使内部燃弧防护措施极为可靠。同时，采用ABB的VD4断路器。

⑤配置UX2TE型三工位开关。采用隔离接地开关一体化设计，有效防止误操作。丝杆推进机构可避免操作时带来的振动及由此造成的机械损伤。三工位开关采用电动操动机构，可实现完全远程操作，紧急情况下也可实现就地手动操作。

⑥采用先进的插接技术。保证一次回路主设备连接安全，可靠，也使安装和检修方便。插接设备包括开关柜连接的主母线，电缆插头，避雷器，PT，电缆堵头和测试设备。每台柜均设置专用电缆插头供绝缘试验使用。

应用案例

2004年4月，该柜在苏州110kV新河变10kV智能程序化开关站中应用，至今运行状况良好，设备无任何故障，大大提高生产效率和操作人员人身安全。

9.4　低压成套开关设备

低压成套开关设备的高性能标准：

低压成套开关设备是完成从低压受电到配电的作用，并在工厂有控制电动机、电源切换等功能。因此，电气柜内配置的元件应选择高性能的低压开关电器，并与其他电气设备组装于柜内。

（1）完全能够抵御此短路电流产生的电动力冲击和热冲击，即具有较高的动热稳定性。

（2）采用隔离方案组建的低压开关柜，应具有高级别的安全性。

（3）建立智能化系统。采集开关量为“遥信”；采集电流、电压等模拟量为“遥测”；对断路器或其他电气设备实施远方控制为“遥控”，而对断路器等电气设备的控制参数实施远距离调整被称为“遥调”。在低压成套开关设备中，遥信、遥测、遥控和遥调是电力监控系统的最基本操作，这些操作既可以通过断路器本体的通信系统完成，也可以通过PLC或电力仪器仪表来完成。由于馈电回路数量众多，需要一种能实现多点遥测、遥信和遥控的装置。

★　*推荐优秀供货商*

ABB（中国）有限公司

为水泥生产企业提供MNS3.0低压配电解决方案：

（1）该配电柜的动热稳定性较高。

（2）该柜按主母线放置的方式分为侧出线和后出线两种，为安装方便可提供选择；抽屉中分为两个部分，一、二次主元件分开后能降低两类元件的相互影响，提高可靠性；在功能单元与主母线之间、功能单元之间、功能单元与出线电缆之间、功能单元的出线电缆之间均采用了隔离措施。

（3）MNS3.0 低压成套开关设备建立了遥信、遥测、遥控和遥调系统，低压进线回路需要就地显示包括电压、电流、功率、功率因数、频率和谐波含量等各种模拟量，还需要显示断路器状态和保护动作状态等开关量，这些模拟量和开关量还需要送往电力监控系统。图 9.1 中配套使用了 ABB 的 EM 全电量电力测控仪表执行以上各项操作任务，该系统除了用电流表计显示馈电回路的电流外，还需要采集回路中的电流，需要采集断路器的状态和保护动作状态开关量，在遥信、摇测的基础上，对馈电回路的断路器执行遥控合闸和分闸遥控操作。图 9.1 中使用了 ABB 的 32 点开关量采集装置 RSI32 采集多点的开关量信息，使用了 ABB 的 32 点模拟量 RCM32 采集多点的电流量信息，使用了 ABB 的 16 点继电器遥控装置 RCU16 执行多点的遥控操作。同时，操作者在人机界面和通信管理机 HMI/CCU 中通过 RS485 总线对断路器的脱扣器动作参数 L-S-I-G 实施调整，实现了“遥调”。

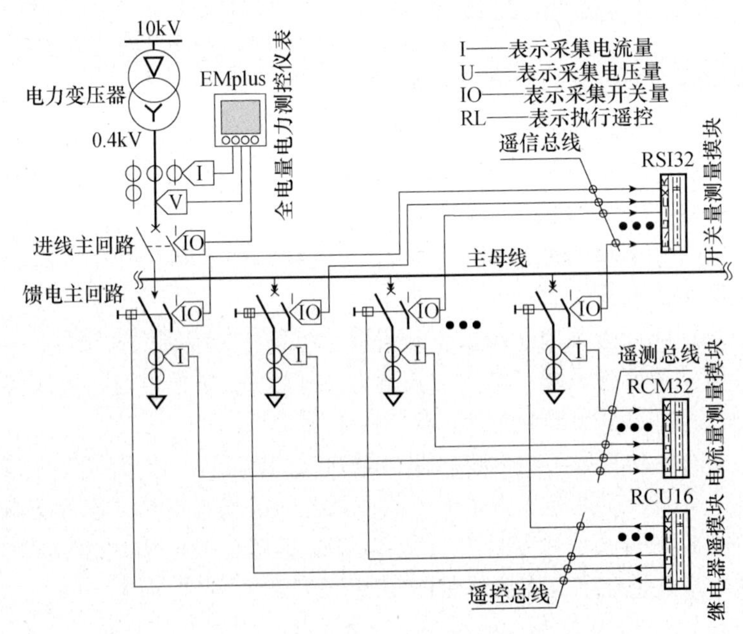

图 9.1　低压成套开关设备中的遥测、遥信和遥控

9.5　电缆

电缆种类很多，虽其各有特点，但总体质量要求相同。电缆的高性能

标准：

（1）节电性能好。为此，要求材料导电性能高，电阻小，从而降低导线放热。制造高性能电缆的企业都自制铜线，能严格要求电阻率铜小于0.018Ω/m，铝为0.03Ω/m。

（2）绝缘层厚度均匀。无损伤的局部放电小，远低于国家标准的10PC。

（3）使用寿命长，大于30年。

（4）在电缆上打号，以便用户验收长度。

★　*推荐优秀制造商*

特变电工股份有限公司

目前该厂具备电缆设计、生产、检验的全部控制能力，质量仅次于世界名牌ABB、西门子，居第三位。

（1）该厂自制导线，并拥有原子发射光谱仪，可以随时检查铜、铝的纯度，其电阻率铜的控制指标为0.017241Ω/m，铝为0.028241Ω/m。

绝缘材料均定点供应，树脂及配合剂在局部放电、耐压及结构尺寸等方面都有进厂检验标准。

（2）制作电缆的装备先进，有从芬兰诺基亚引进的三层共挤连线生产线，加拿大引进的连锁钢带装铠机，并通过德国西克拉公司的进口测偏仪，可在线检测内屏、绝缘与外屏三层的精准控制程度，是当今控制质量的顶级技术。局部放电只有1～2PC。

9.6　高压变频器

我国规定有3kV、6kV、10kV和35kV四个等级的运行电压，其中3kV、6kV、10kV电机为高压电机。为高压电动机配置的中、大容量变频器称为高压变频器。其设备主要服务于需要调速的高压设备，如风机、水泵等，代替过去靠阀门改变流量及压力浪费能量的手段。

高压变频器的原理及优越性：变频调速的基本原理是基于交流异步电动机的转速与电机运行频率成正比。表达式为：

$$n = (1 - s)60f/p$$

式中　n——转子转速；

s——滑差；

p——电机极对数；

f——电机运行频率。

从式中可知，能平滑改变加到异步电动机定子绕组的交流电的频率f，就可以平滑地调节异步电动机的转子转速 n。

使用高压变频器的经济效益如下：

①显著的节能效果；

②由于能有效减轻启动机械转矩对电机的机械损伤，可延长电机的使用寿命，从而节省维护费用；

③变频装置的内滤波电容可以改善功率因数，节约电网容量；

④高精度宽范围的无级调速，能够全面满足各种复杂工艺的需要；

⑤相对于阀门调节，可以提高生产效率和机组自动化水平。

（2）高压变频的高性能标准

1）采用高高电压源型，单元串联多电平技术

它的拓扑结构与输入变压器副边多极绕组，移相整流，减小了输入侧的电流谐波，提高线路供电质量，且功率因数可以达到0.95以上。

2）每个功率单元分别由输入变压器的一组副边供电

U、V输出端子相互串接而成星型接法向电机供电，无需输出滤波器；电机不需要降额使用；大大减少电机谐波损耗，消除由此引起的机械振动，减小轴承和叶轮间的机械力。

3）系统应具备以下基本功能：

运行方式设定功能：闭环运行方式、开环运行方式；

频率设定功能：计算机设定、模拟设定；

控制方式设定功能：本机控制、上位机控制；

运行数据记录功能：运行记录设定、记录查看和报表打印；

故障查询功能。

4）根据制造商的开发能力，具备某些特殊保护功能。

①为确保变频器的运行可靠，从软件编制上满足：

当生产企业内部电网波动达 -35% ~ +15%时，变频器仍能适应工作，而不掉电；控制电源掉电时不会停机，可以用UPS供电继续运行30min；给定信号掉线时，可按原转速继续维持运转。

②当变频器出现临时性故障时，通过为变频器加装系统旁路开关，可以暂时为工频运行。

③能实现当设备出现临时掉电时，变频器具有飞车启动功能及来电自启动功能，前者为电机还在旋转状态下，启动变频器时，变频器控制器可以自动查找电机速度，从而实现电机平滑启动。后者为高压短时（20s）失电恢复后，变频器自动启动，恢复失电前运行状态。这两个功能将缩短因故障造成的停车时间。

④由于变频器采用高速度数字信号处理器（DSP）芯片作为主控制芯片，结合先进的异步电机无速度传感器矢量控制技术，其主要特征为启动转矩大，动态响应快，使变频器具有DSP矢量控制功能，在被控制设备出现瞬时负荷

增大等故障时，设备能继续运行而安全无恙。

如上功能的开发，将大大提高变频器在系统运行中的可靠性，是制造商水平高低的重要标志。

重要提示：高压变频是调节风机参数的节能方式，但自身要耗能5%左右，因此，对使用中无需调节的风机就不要增加变频器，关键是风机选型合理。同时，使用变频器后应取消原有调节阀门。

★　*推荐优秀制造商*

北京利德华福电气技术有限公司

（1）制造技术为国内同行顶尖水平。该公司是致力于高压大功率变频调速系统开发、研制、生产、销售、服务的技术领先企业。

该公司开发成功的矢量控制技术代表高压变频器目前的尖端技术，这种技术对于水泥行业中高温风机遭受突然塌料时，仍能不会因有变频器的存在而停车，避免烧毁模块等元件，大大提高变频器的可靠控制性能。

大功率变频器的应用是制造商技术高低的重要标志之一，利德华福是2000kW以上唯一能有实力与跨国公司展开竞争并获取优势的高压变频国产品牌，该公司投运的5600kW、7500kW高压变频器，已是国内目前能成功运行的最大功率，国际上也是屈指可数。

（2）质量可靠程度高

该公司一方面承诺售后及时服务，另一方面减少因故障发生要求上门服务率到5%以内（包括用户方原因）。为达到此目标，公司从如下方面不断努力：

1）严把质量检验关。

①对进厂物料及元器件、移项变压器、旁路柜、结构件、电解电容、可控硅、三相整流桥全面检验。内容为：电器特征、外观特性、机械特性。主要元器件均采用国际知名大公司的产品。

品名	生产厂家
IGBT（绝缘门控双级晶体管）	德国（西门子）
PLC（可编程控制器）	德国（西门子）
Thyristor（可控硅）	德国（西门子）
旁路桥	美国（IXYS）
Rectifier（整流桥）	美国（IXYS）
UPS	美国山特
Electrolytic（铝电解电容）	日本（NIPPON）
风机	德国（EBM）
光纤	美国（安捷伦）

②对功率模块及控制单元用电路板进行带电抗器满负荷运行检测

电路板高低温频环移相。试验条件：低温－40℃，高温＋60℃，各30分钟共五次循环。

进行电性能的调试及检验，直流母线过欠压。

空载性能、交流输入缺相、功率模块的过热、旁路、输出电压、高温老化、满载。

③整机检验时带高压电机联调

一次及二次配线、结构装配、电线电缆、移相变压器、温升试验、副边移相角等。

柜内装置及器件；根据系统原理检查柜内元件安装，工控机、PLC、控制箱、UPS、开关电源、液晶触摸屏、功率模块、绝缘电阻等。

2）产品的设计方案成熟，确保系统运行稳定可靠

①主回路结构简单明了，没有输入、输出滤波器、功率因数补偿器、缓冲电路等附加电路。

②功率电路模块化设计，类似低压变频器，为成熟电路。

③功率器件工作在低压状态，不存在动态均压和静态均压问题，器件不易损坏。

④选用先进的电气设备及通讯方式：内部采用绝缘等级高的干式变压器；采用标准化的 WindowsCE 软件；PLC 上的信号全部为数字信号。

⑤功率单元自动旁路技术，能够实现无间断运行。

3）先进的生产工艺水平，保证产品质量的高可靠性

①电路板采用表面贴装工艺及回流焊接技术生产。

②电路板表面喷漆处理，可适用于不同地域的恶劣环境。

③电路板高低温循环老化 8 次。

④功率模块、控制系统 50℃带电高温老化 48h。

4）该公司除了具备变频器的高性能外，还拥有自行开发的特殊功能。

5）完善的售后服务

网络健全，保证第一时间响应客户需求；变频器正式投入运行后三年内，每半年对变频器进行一次例行免费维护；一年保修，终身维护；每季度一次用户集中培训；免费为用户提供该公司发行的双月刊《变频通讯》。

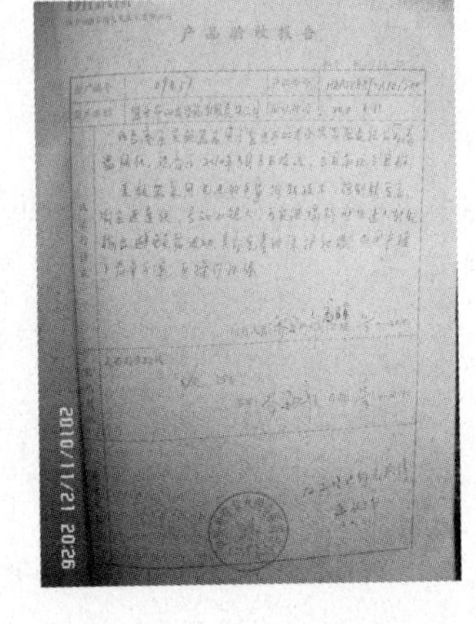

用户验收报告

此台高压变频器应用于宜兴市双龙水泥有限公司高温风机，设备于 2010 年 3 月 8 日投运，至目前运行良好。

变频器采用先进的矢量控制技术，控制精度高，响应速度快，启动力矩大，可实现塌料时低速大转矩输出，避免负载波动，具备完善的保护功能，与用户接口简单方便，可操作性强。

宜兴市双龙水泥有限责任公司　2010. 3. 11

第10章　计量仪表与自动化

10.1　配料计量秤

为准确而稳定地控制生料与水泥成分，生产上选用了配料计量秤，但实际使用中满意者不多，不仅配料不准，而且生产统计都不能作为依据。

（1）不同物料性质应选取不同计量设施

计量准确的关键往往不只是计量设备本身，更在于要针对物料的不同物理特性，确保物料通过计量设备的连续性、稳定性。为此，设计选型时需要认真处理每个细节。

对流动性差的粘性物料，应考虑选择带振动给料料斗的计量设备，料斗上装有振动器、垂直出口及闸门。

对潮湿的颗粒状物料，配料库下料锥斗的锥角要大于65°，同时库内加设不锈钢板内衬（加聚乙烯板最初的效果可以，但磨损后反而更不好），并设置捅料斗，进入计量设施的开口应该尽量大，出计量设施的溜子应尽量垂直，必要时在溜子内也加装不锈钢衬板。

对粘湿、散装等难以卸出的物料，在设计中还可配置筒仓卸料器，其输送臂从下端深入料仓，实现强制轻松卸料（详见1.4.2）。

对流动性好的粉状物料（如粉煤灰），应选择适于用风流化的计量设备，用螺旋给料机给料，用计量绞刀或科氏秤计量。在此，要特别考虑喂料的稳定性，保持仓内料位恒定于一定范围内，并注意锁风设施既有效又不会卡住。

（2）配料皮带秤的计量原理

皮带秤是计量精度高、需要认真维护的计量设施。常用于生料及水泥生产的配料使用，适于固体散状颗粒原料，以确保产品成分稳定。

其计量原理是，正常情况下，物料的瞬时流量（A）由下式得出：

$$A = Q \times V, \quad Q = G/L,$$

式中，Q为单位有效称量长度L(m)上的瞬时负荷G(kg)；V为皮带速度（m/s）。

（3）配料皮带秤的高性能标准

作为计量配料准确，不仅要有小于5‰的精度，更要实现同样的控制精度。为此，必须采取如下措施：

①合理的秤体结构。

秤体必须要有足够刚度，称重段的受力变形很小。选用双传感器结构，而不是单传感器弹片式结构。传感器精度不低于D1级，且称重托辊加工精度高、径向跳动小，确保每个皮带辊筒及托辊的径跳（直径偏差）小于0.2mm，托辊间的同径差要小于0.2mm。同时皮带厚薄均匀度要好，要使用环形无接缝皮带，不能有硬接头。

②采用高采样点数的称重仪表。

采样点数越多，计量精度越高，通过数字采样技术，最多可将一周皮带等分成10万份，每周的采样点数高达10万点。

③保证测量皮带速度准确。

采用空心轴装大直径（ϕ100）编码器尾辊测速，同心度高，光栅盘大，大大提高了速度信号的准确性。传统的主动辊光电接近开关测速，主动辊可能与皮带打滑，测速易引入误差。尾辊小直径编码器测速，需要软连轴器连接，同心度不好，光栅盘小，刻线密，脉冲信号易抖动；软连轴器也易损坏。特殊的脉冲信号接收技术，能够分辨电源和磁场引入的干扰，完全滤除干扰信号。

④保证高鉴别力条件下的高零点稳定性。

零点稳定性是配料皮带秤的重要指标。采用传统的平均值法求皮重，再将每个采用点的重量减去皮重求累计值，会导致零点数值的波动增大，很容易产生零点漂移，采用小流量切除解决零点稳定性，又无法保证鉴别力条件。采用逐点记录皮重，再将采用点的重量减去皮重求累计值，同时进行大量的重量波动曲线对比，大大提高了零点稳定性，又保证了小流量时的计量精度，但需要大的计算量，仪表硬件配置要高。

⑤采用称重仪表内置PID控制系统，提高配料皮带秤的控制精度。

只要直接设定喂料流量给定值，就能在检测流量的同时，实时调节皮带速度，稳定控制实际流量，不会有改变给料量的滞后现象。同时，还能根据称重信号，调节作为预给料装置的下料量，实现双变频控制功能，即变频控制预给料装置下料量的同时，变频控制调节皮带的给料速度，实现实时流量的闭环控制，提升给料控制精度和实时响应。

⑥严格安装尺寸

为防止胶带与喂料仓下料边缘之间夹料而划伤胶带，应严格控制该距离。既要根据物料的粒度与特性合理选择，又要使物料离胶带边缘至少各有150mm的空间。

（4）皮带秤测量误差产生原因

1）选型不当

因为敞开式皮带秤对外溢粉料密闭性能较差，干散粉料不宜选用皮带秤。

2）设备制造未符合上述高性能要求而对皮带秤精度的影响。

3）安装不当对精度的影响

①秤架安装的水平度应小于3/1000，基础牢固，远离有振动的设备。如露天使用，应有不影响操作的防雨外罩。

②调整张紧装置使皮带张力不要过大，以实现校准补偿。计量皮带要求皮带单位长度质量变化很小（没有接头）。

③下料斗的安装位置应该是：斗的中心线与从动辊筒中心线相距250mm，斗的下沿距皮带表面的高度留有10～15mm。

4）维护不当对精度的影响

①运行过程中除正常对辊筒和托辊润滑外，更要重视皮带清洁，在皮带内外侧均应设有刮料清扫器。如有漏料堆在或卡在皮带与托辊之间，或秤架上堆积物料，都会影响精度，需要人工定期清扫。

②保护传感器。不允许焊接电流通过传感器；更换皮带时要旋起传感器保护支架。

③使用时间较长时，要进行实物标定，对皮带张力重新校准。

★　*推荐优秀供应商*

1. 梅特勒-托利多（中国）

为国内制造各种荷重传感器为主件的计量设施的外资企业，其中有为水泥行业服务的皮带及链板给料秤、卸船用的吊机抓斗秤及熟料出库秤等。其计量精度之所以能称雄于同行业，在于其技术上具备如下优势：

（1）双波纹管传感器结构，防护等级达到IP68，以能在各种恶劣工况条件下保证计量精度。

（2）称重仪表支持多种通讯接口：传统的4～20mA的点对点通讯满足传统DCS系统需求；R232R485串口通讯；先进的Profibus-DP总线通讯方式，保证信号的长距离输送。

（3）称重仪表的硬件配置高，支持10万以下的采样。24位模拟量分辨率使模拟信号的衰减率不大于2‰。自带光电与电磁的组合隔离，保证同一电气柜中装有变频元件而不受干扰。

（4）称重仪表具有两路独立的模拟量4～20mA输出，可独立控制预给料设备和配料皮带秤，实现双变频控制，无需再在其他PLC上控制预给料设备。

（5）实时流量控制，控制精度等于计量精度5‰，低速时控制精度更高，为2‰。

用户使用报告

ICS-DL型称重给料机使用情况说明：

华新鹤峰公司使用的梅特勒-托利多集团的连续称量称重给料机（俗称定式皮带给料机）能自动按照预定的程序、依据设定给料量，自动调节皮带转速，使物料流量设定值以恒定的给料速率连续不断地输送物料。

该秤运行可靠，使用情况良好，最大的特点就是稳定，计量准确，标定完以后几乎不用再进行维护，最多调一下跑偏，所以避免了很多麻烦。另外，该公司的服务也非常到位。

ICS-DL型称重给料机在我厂生料和熟料系统使用情况如下：

由于我厂生料所用的同等重量下原材料（如石灰石钙指标、硅质原料等）的配比值变化较大，一般抽样合格率在85%~90%。但在原材料配比值变化不大情况下，抽样合格率在90%以上。熟料部分抽样合格率一般都在95%以上或100%。

特此证明　华新水泥（鹤峰）有限公司　2009.3.31

2. 德国申克公司

申克皮带是采用单托辊直压式电子皮带测量系统，即在称重托辊下直接安装有两个全密闭式不锈钢电阻应变片式传感器模块，该传感器连续测量称重区域内物料对皮带产生的压力负荷G(上述公式)。计量控制中，将瞬时流量不断与预先设定的流量比较，并且对比较结果进行闭环控制，使连续输出的瞬时流量不断跟随设定值调节。

它的结构组成为：输送皮带，带有速度检测传感器的驱动装置，带有料层厚度调节装置的给料斗，荷重传感器组件以及测量和控制仪表。

用户可以选配卸料罩、皮带罩、尾部外壳、其他部分的外壳，安装配料秤底部的清扫链等。

另外，为了节省用户的投资，申克公司可提供机电一体化设计的皮带式定量给料机。

10.1.1 链板式称重给料机

对于大颗粒磨琢性物料的计量喂料，链板式称重给料机有着明显优越性，投资虽会提高，但可以避免物料划坏胶带，频繁更换称重皮带。

链板式称重给料机的高性能标准：

（1）在称重上与皮带称重的精度要求完全一致。

（2）链板厚度适宜，既耐磨又不应过重，链板之间的搭接平行度高，间隙要小于1mm。

★ 推荐优秀供应商

梅特勒-托利多（中国）

链板式称重给料机产品为该公司开发。

用户使用报告

发现的主要问题及解决办法：试用4台链板式称重给料机，用于原料配料，砂岩、页岩、铁矿石，因设计原料与实际使用的原料发生变化，其中1台页岩秤量程过大，经更换减速机，重新标定后使用正常。经过一年时间的使用，链板式称重给料机具有精度高、磨损小、漏料少、运行平稳、工作可靠、使用寿命长、检修少等突出优点。

皮带式称重给料机皮带磨损严重，发生大颗粒物料卡死时，皮带易撕裂，维护工作量大；计划将2台石灰石计量秤改为链板式称重给料机。

华新水泥（迪庆）有限公司维修部　2012.1.9

10.2　粉料定量喂料系统

粉状物料定量喂料装置用于生料、煤粉、矿渣粉、粉煤灰等原料的计量，该计量系统是满足优化与稳定生产工艺的关键设施，它由两大部分组成：给料装置及计量设备，将两者有机结合是粉料喂料控制稳定的关键。

如果选用弧形流量阀与冲板流量计相配，因弧形阀控制料量的能力很差，无法满足计量设施的稳定要求；而回转锁风阀的控制料量能力较强，用它与皮带秤相配，又容易发生卡堵现象或跑料现象。因此，很多设计者只好对库内物料提出均匀、少水等质量要求，以缓和实现喂料准确控制与计量的难度。

总之，生料定量喂料系统是实现窑、磨系统稳定运行的关键设施之一，至今能圆满解决的生产线少之又少，但并非未见曙光。

10.2.1　粉料给料设备

粉料给料装置的高性能标准：

（1）能锁住上方料仓中的松动风量

为保证喂入到计量设备上的物料稳定，给料装置要有不让松动风量随物料进入计量设备的功能，否则计量难以准确。当前选用回转式给料阀或圆盘式给料阀给料装置比较可靠。进口的菲斯特秤、申克秤都是采用这种设计思想。

（2）有防止小颗粒物料卡堵的能力

当干电石渣、矿渣粉等细粉中含有一些微小颗粒时，回转式给料装置不能被卡住。

（3）回转叶轮耐磨性高，能有较长使用寿命。

★　**推荐优秀制造商**

唐山开创电子工程有限公司

该公司研发的防卡堵弹性锁料阀，能成功满足上述要求，不仅为下道计量创造理想条件，而且也是单独使用能稳定喂料量的最佳装备。

它有如下特点：

（1）有相当可靠的耐磨性能。由于叶片与两端轮面都镶砌上了特殊软质耐磨材料，不仅叶片与内筒之间无间隙；而且内筒壁是光滑的硬质材料，摩擦系数很小；再加之设计的内筒转速很低，有利于减小磨损。

（2）该叶轮锁风装置遇到物料中含有尺寸不超过10mm的小杂物时，可让其顺利通过。为此，叶轮上的叶片由两部分组成，一部分钢板，另一部分为弹簧钢板，是为含有小颗粒杂物的细粉锁风而设计的。用户可以在进料端处观察锁风结构的工作状态，鉴别该装置是否具备此种性能，才能在生产线上尝试。

用户使用报告

关于均化库卸料装置更换锁风回转卸器

我公司均化库计量仓卸料装置由固体流量计、电控流量阀和气动截止阀三部分组成。操作员在给定生料喂料量时，固体流量计按给定值控制仓下电动流量阀的开度，使卸出量与给定值最高波动在40t左右，入窑提升电流最高波动9A，分解炉温度波动上下40℃，产量提不起来，为此给我们的操作及窑的热工制度造成了很大影响。

在2011年10月大修中，我们将均化库计量仓卸料装置改装为由河北开创电子科技公司出品的锁风回转卸料器装置后，入窑生料波动值变小，提升机电流只在3～4A波动，分解炉温度波动值变小，大大提高了产量，与此同时热工制度也有了相应的稳定性。

山西中条山新型建材公司　王坚　2011.12.18

关于均化库卸料装置更换锁风回转卸器

我公司均化库计量仓卸料装置由固体流量计、电控流量阀和气动截止阀三部分组成。操作员在给定生料喂料量时，固体流量计按给定值控制仓下电动流量阀的开度，使卸出量与给定值最高波动在40t左右，入窑提升电流最高波动9A，分解炉温度波动上下40℃，产量加不起来，为此给我们的操作及窑的热工制度造成了很大影响。

自2011年十月份大修中，我们将均化库计量仓卸料装置改装为由河北开创电子科技公司出品的锁风回转卸料器装置后，入窑生料波动值变小，提升机电流只有3~4A波动，分解炉温度波动值变小。有效的大大提高了产量，与此同时热工制度也有了相应的稳定性。

电话：18035709679

山西中条山：王坚

2011年12月18日

10.2.2　粉料计量设备

目前使用的粉料计量设备有转子计量秤、冲板流量计（固体流量计）、螺旋秤（绞刀秤）、调速皮带秤等四类计量设备。针对不同的粉料性能，选用不同的计量设备。它们的技术要求与控制难点均不同，分别介绍如下。

10.2.2.1　冲板流量计（固体流量计）

冲板流量计通用于粉料、粒料，它的设备简单、投资低、可在线标定及旁路标定，但缺点是计量线性度差，精度低。

（1）冲板流量计的高性能标准

①能解决落料点位置的改变对秤体计量的影响，还能考虑物料温度不同所产生的热胀冷缩给计量带来的零点漂移。

②能克服测量探头受物料粉尘污染、粘料后影响计量准确的因素。

③二次仪表能保证全量程具有相同准确度、稳定度和快速响应能力。

（2）设计与使用要求

①要求有能稳定喂料的给料装置与之相配。

目前通常选用电动或气动流量控制阀，也可选用带弹性防卡的回转锁风阀。

②需要配置在线连续校验系统，要有出料回仓的闭路循环，如生料出库入窑的回料系统，可以实现在线标定。

③被计量物料的流动性、含水量、温度与粒度等特性必须稳定。订货时要确定容重及流量的变化范围，并说明物料有无防爆、高温要求。

★　*推荐优秀制造商*

1. 申克公司

国际名牌计量设备制造商，在国内生料喂料计量中占有率较高。型号为Multistream-G，可提供固体流量测量范围为4～1250t/h，适于粉状物料及小于30mm的颗粒状物料。该装置由于结构密封和坚实的设计，可用于给料系统。

该流量计解决物料落点位置的原理是，物料经过导流板平稳流向弯曲的测量用偏转板，以避免物料冲击带来的误差，物料在测量板上的半径方向加速后，对偏转板产生作用力，最后通过对压力传感器反作用力的测量通过仪表计算获得物料流量。

2. 唐山开创电子工程有限公司

该公司生产的JK-KCF型冲板流量计微机控制配料装置，具有测量误差小于1%，温度漂移小，体积小巧，成本低廉。抗高水分物料、耐高粉尘及高磨损，长期连续工作免维护等优点。适合生产过程的动态连续给料、比例配料、计量及控制。

①采用平行移动弹性机构及对称结构设计，克服了计量精度易受落料点位置影响及物料温度造成的漂移影响。

②重视探头的密封方式，机械迷宫式及弹性胶套密封相结合，确保探头不受污染。

③在二次仪表软件开发上，应用了非线性校正算法、新型阻尼滤波算法及现场动态校验算法，使冲量计在动态计量中能保证全量程准确度、稳定度和快速响应能力。

④自行开发的防卡堵弹性锁料叶轮作为给料装置，效果十分理想。

用户使用报告

我厂于1998年采用唐山市开创电子工程有限公司生产的冲击流量计（KCF-60t/h）用于四号窑头成球工艺改造。

经几年使用，我们认为该系统设计合理、控制及时、运行稳定。冲击流量计计量准确，测量精度优于±1%，温度适应性强，在－30℃～120℃之间无温度漂移现象，抗冲击性能好，瞬时超负荷100%以上，不损坏、不变形，安装高度低、简单方便，在高粉尘浓度环境下做到了无故障常年运

用　户　报　告

我厂于1998年采用唐山市开创电子工程有限公司生产的冲击流量计（KCF-60T/H）用于四号窑头成球工艺改造。

经几年使用，我们认为该系统设计合理、控制及时、运行稳定。冲击流量计（KCF-60T/H）计量准确，测量精度优于±1%，温度适应性强，在－30℃～120℃之间无温度漂移现象，抗冲击性能好，瞬时超负荷100%以上，不损坏、不变形，安装高度低、简单方便，在高粉尘环境下做到了无故障常年运行，使我厂四号窑头的成球质量达到并长期稳定于工艺所要求的效果。

行，使我厂四号窑头的成球达到并长期稳定于工艺所要求的范围。

哈尔滨水泥厂　2002. 1. 18

10. 2. 2. 2　平衡螺旋秤

螺旋秤的高性能标准：

螺旋秤是对螺旋绞刀内的物料重量由荷重传感器检测后，与其转速信号综合计算得出流量的计量设备。

（1）螺旋秤测量精度达到 1% 以内，为此必须做到如下要求：

①喂入物料必须均衡、稳定，确保不会断料，也不能使螺旋秤体接受任何来自喂料的压力。

②最大限度地减小螺旋绞刀叶片与螺旋筒壁的间隙，并螺距合理，确保物料在螺旋叶片间稳定规则运动，并保证密封性好，无漏灰及扬尘现象。

③选择合理的秤体支点，确保平衡式称重原理的实施，使秤体自重不干扰计量。

④偏大选用螺旋体直径，确保计量同等料量时，螺旋转速不需太高，避免物料流动过快影响精度。

（2）控制系统采用原装进口计算机系统。主要驱动机械选用优质产品。

★　**推荐优秀制造商**

唐山开创电子工程有限公司

该公司目前可生产用于粉状物料计量，最大给料能力 300t/h 的连续计量螺旋秤。计量精度达到 1%。

控制质量的具体参数是：螺旋绞刀叶与螺旋筒壁的间隙控制在 1. 5mm 以内，螺旋绞刀叶的轴转速控制在 30r/min 以内。

判断该秤精度的简单标准是用手触摸螺旋筒内壁的光滑程度及与螺旋叶的间隙大小与均匀。

用户使用报告

我厂于 2007 年初安装使用了唐山市开创电子工程有限公司生产的平衡式螺旋秤两套，用于生料配料。该系统自运行以来一直运行良好，从未出现以前经常发生的冲料、跑料、计量不准的情况，配料合格率一直很高，且该系统操作简便，运行稳定，未出现过故障。

另外，唐山市开创电子工程有限公司的安装调试人员技术精、态度好、服务到位，给我们留下了良好印象。

用户报告

我厂于2007年初安装使用了唐山市开创电子工程有限公司生产的平衡式螺旋秤两套，用于生料配料。该系统自运行以来一直运行良好，从未出现了以前经常发生的冲料、跑料、计量不准的情况，配料合格率一直很高，且该系统操作简便，运行稳定，未出现过故障。

另外，唐山市开创电子工程有限公司的安装调试人员技术精、态度好、服用到位，给我们留下了良好的印象。

酒钢集团宏达建材有限责任公司　2008. 12. 11

10. 2. 2. 3　生料转子秤

生料喂料量的波动是生产线稳定的大敌之一，目前大多秤能实现的精度仅为±2.5%，严重威胁熟料产质量的提高。

生料秤的高性能标准：

（1）确保喂料精度达到±0.5%，具体表现在入窑生料提升机电流偏差仅为1~3A范围波动，实际喂料量也与设定值保持一致。

（2）维护简单，设备故障率低。

★　推荐优秀供货商

新开发的德国菲斯特转子秤加之CSC控制系统对转子变频控制，使喂精度及稳定程度能达到上述高性能标准。

用户使用证明

（摘自四川峨胜水泥公司的高效生粉转子秤的应用与改进应用工作总结）

对生粉秤使用效果的评价：

该项目投入运行后（2009~2010年），充分显示出了卓越的特性，生料喂料量的稳定能够使分解炉的预分解能力稳定，其出口温度也稳定，因此确保了预热器排出的气体热量稳定。在整个系统都稳定的情况下，就没有过多的热耗损失，生料分解效果就不需要增加煤粉来提高温度，或在窑头增加煤粉，降低窑速，来提高熟料的质量，也不会造成窑尾C5/C4下料管堵塞和分解炉缩口结皮，甚至更大的因煅烧不畅导致的经济损失。现在我公司的五条5000t/d熟料生产线已全部改进回转窑煅烧的喂料系统，都为德国史密斯菲斯特FRW型生粉转子秤，在实际的运转中显现出FRW转子秤的计量稳定流量偏差小等特性，从我们的入窑提升机电流波动表上可以看出，各煅烧系统均稳定的情况下，FRW型生粉转子秤提供给入窑提升机的负荷电流偏差仅为1~3A，设定值和实际喂料量也保持一致，在系统的稳定下，热耗需煤量也同比下降。

经济效益：该项目属于生粉喂料稳定计量技术创新改造，是在节能降耗、保护环境和提高回转窑熟料产质量的前提下降低我公司水泥生产成本。通过对公司五条同规模生产线的技术创新项目改造，公司每年节能降耗方面为国家节约用煤0.014×5000×5×300=10.5万吨，为公司节约资金8000多万元，熟料质量提高，达到了多盈利的经济效益（注：上式中的0.014为每吨熟料改造前后实物煤粉用量的差，5000×5为五条生产线日产熟料量，按每年运转300天计）。

项目组主要成员　耿辉勤、罗方跃、叶心田、邱云川、晏云华、童建平、车德伦、胡广武

10.2.2.4　煤粉计量秤

该装置是保证入窑煤粉用量稳定及控制的关键装备。

（1）煤粉计量秤的高性能标准

①计量的控制精度高

准确控制窑炉喂煤量是直接关系系统节能的重要手段，因此，能够按要求稳定控制喂煤量是对煤粉计量装置的基本要求。当今的煤粉秤技术已经能使喂煤量精度达到 ±0.5% 以内。

②结构简单，使用寿命长

在计量与输送煤粉过程中，煤粉对秤体相关元件的磨损非常严重，尤其用无烟煤时。所以，同样功能应该结构越简单，磨损件就越少，越容易维护，而且使用寿命可以提高。

③输送煤粉所需要的空气量少

一般原则，将计量过的煤粉送入窑炉所需空气量越少越有利于节能。理论上，标准大气压 1kg 空气（比重 1.2t/h）无阻力时，最多可以输送 6kg 煤粉（比重 0.5t/h）。实际使用中，不同形式煤粉秤的输送浓度（料风比）相差很大，这将取决于被输送煤粉与输送空气相对秤体混合的位置，如果在秤体内部混合，秤体很难承受高浓度料气比的冲刷。

现将不同煤粉输送浓度之所以影响系统热耗的原因分析如下：

《设计院燃烧系统设计规程》中有如下附表：

输送浓度（kg/Nm^3）		1.5	2.0	2.5	3.0	3.5	4.0	4.5	5	5.5
煤风比	Nm^3/kgcl	0.0395	0.0296	0.0237	0.0197	0.0169	0.0148	0.0132	0.0118	0.0108
	比例（%）	12.02	9.01	7.21	6.01	5.15	4.51	4.01	3.60	3.28

表中的“比例”是指送煤风占理论燃烧空气量的比值。送煤空气量要占用一次风量的分额，但它们不能与净风一样形成高风速，只能随煤粉入窑后加热到与物料相同温度（1000℃以上），助燃作用很弱。因此送煤冷空气需要越多，越不利于热耗降低。

以下计算说明煤粉输送浓度高虽可节煤，但不够显著。

5000t/d 熟料生产线，当煤粉输送浓度达到 4.0kg/Nm^3 时，每 kg 熟料所需输送风量为 0.0148Nm^3；但如果此浓度只有 2.0kg/Nm^3，则每 kg 熟料所需标况风量为 0.0296m^3。两者相比，低浓度输送需多用标况风量 0.0148m^3/kg 熟料。

该结果对于无烟煤，因 1Nm^3 标况冷风被加热到窑内温度需约 1.3×10^3kJ = 4.6kcal（1cal = 4.182J）热量 $Q = G\times C\times\Delta t = 1.29\text{kg}\times1.01\text{kJ/kg℃}\times980$，少用煤风量就相当于每 1kg 熟料少用热量 $1.3\times1000\times0.0148 = 19.24$kJ，按实物煤热值 5000kcal/kg 计，每吨熟料约多用 0.92kg 实物煤$\frac{4.6}{5000}\times1000$，若一年生产熟料 165 万吨，多耗煤为 1518000kg。以每吨实物煤 800 元计算，低料气比煤粉秤每年增加用煤成本 1214400 元（1518 ×800）。

该结果对于烟煤，可以节省煤风所占一次风量分额，用以提高净风风速有了可能，以形成更有利的火焰。

但料气比高的秤对电能节约明显，对于日产5000t/d生产线，要比低料气比的秤所用罗茨风机电机功率低约178kW（如煤磨置于窑头，其中窑头省28kW，窑尾省155kW），一年用电成本要少72万元。

大于5000t/d的生产线，因为秤体无法承受长距离输送所需要克服的高阻力，高料气比输送的秤不能直接向系统喂煤，而适于现场设置煤粉仓。

（2）总体技术方案的比较

喂煤计量系统有四个关键环节：稳流系统、给料装置、计量设备和输送锁风装置。前者为相对独立系统，后三部分可用不同的设计理念组合：

（1）三个装置分别设计、组合成定量喂煤控制系统，其中给料装置常用叶轮给料机、螺旋给料机等，计量设备常用科立奥利流量计、冲板流量计等；锁风装置采用螺旋泵、分格轮等。三部分功能明确，但仍会相互影响，特别为克服正压气流存在时，整个系统组成比较复杂。其典型代表是科立奥利流量计系统。

（2）将给料装置与计量设备合成一个环节，使煤粉计量过程中可以同时调节喂料量，这种方式避免了给料调节滞后，提高了计量精度。但是输送锁风环节的单独考虑变得复杂，否则正压气流影响计量精度。此方式代表就是环状天平转子秤系统，或调速的双管螺旋绞刀秤等。

（3）将三个环节一体化，大大减少系统复杂程度和相互影响，从而提高控制精度为±0.5%。但它要求较高的技术，风煤的平衡、转子和耐磨板要用特殊合金精密制作，寿命可达几十年。不但占地小、结构紧凑简单，而且计量准确、自动调整均匀给料，自动锁风集煤粉输送于一体。但价格较高，安装及维护要求也高。此原理典型代表为菲斯特秤系统。

无论哪种配置，都需要称重喂料仓作为稳流系统，对它的要求关键是稳定料位，以稳定仓压，而且能实现实物标定。保证该系统运转正常的基本条件是：煤粉含水量低于1.5%；仓锥体垂直角度大于70°；煤粉仓下部设置镜面不锈钢板衬里；仓外锥体有环状风管吹入惰性气体。为了锁风效果好，最好选用福勒泵等螺旋锁风泵，并设计均压仓和排风装置，及时消除有害的返风现象。同时，保持仓上部处于微负压状态。

（3）煤粉秤的高性能标准

①提高秤体的整体密封水平，是实现下煤稳定的关键

稳定下煤是提高计量煤粉精度的前提，而含杂质较多的煤粉对设备的元件磨蚀性非常高。为了实现密封，不仅要提高密封元件的耐磨性，比如：密封件采用钢性密封板，而不是容易老化的橡胶圈；更要从结构上尽量减少需要密封的环节。比如：采用进料区和排料区相差一定角度或采用上进料上出料的结

构，采用气力反吹出料，无需锁风装置，尽量避免了下出料用锁风装置易磨损的缺陷。

②提高计量精度的前馈控制思想

如何使被称物料在出料之前就测量出物料的实际重量，以便及时将此重量与给定值进行对比，缩短变频减速装置的调节反应时间，这是保证计量准确而且稳定的重要原则。

③降低运行成本。不仅送煤用风耗能低，而且设施安装、维修及配件更换时，费用都要低。

（4）识别真假煤粉秤的要点

1）菲斯特秤

由于菲斯特秤在各类秤体中占有优势，仿造者甚多，市场上已经有真假伪劣之分。识别差异在于：

①伪造的菲斯特秤，无法采用菲斯特的核心专利技术——前馈控制，而只能用 PLC 控制器，根本上丧失了菲斯特秤的优势之一。

②正牌菲斯特秤控制是用高精度的速度编码器测定喂煤转盘的速度，伪劣产品则用接近开关代替此功能，无法准确测定并控制转速，直接造成喂煤不准确而波动。

③正牌菲斯特秤在称重传感的信号处理上采用专用的 CDMV 转换器，用 CAN 总线的数字传输方式，传播信号速度快、抗干扰性强而稳定。假冒秤将传感器的称重信号通过转换成 4～20mA 的电流信号传送到电气室的控制器，不但需要大量电缆传输现场信号，进入中控室的控制信号少，而且无抗干扰能力，直接影响秤的控制精度。

④菲斯特秤在入秤闸板阀上有明确的阀体开关位置指示，可以避免阀体未开关到位的误操作。但伪造秤没有这类指示，且对操作触摸屏无操作权限制，程序易修改混乱。

⑤伪造秤对煤粉管道的工艺布置没有明确要求。

⑥机械加工精密与粗糙是区分真假的外表特征。

2）申克秤

申克煤粉秤均为德国原装产品，目前市场上还未见到假冒申克秤。

（5）秤体的维护与使用要求

1）菲斯特秤

①煤粉水分应该控制小于 1.5%；

②罗茨风机的压力与管道阻力要匹配；

③定期采用高压空气清理秤杆，保证无积灰存在，避免计量误差；

④检查秤体，避免与其他物体接触，引起计量偏差；

⑤确保转子与盘面间隙不要过大过小，一般界于25～40mm之间，炉用秤间隙可比窑用秤大5mm，三条调节螺栓需要找平并紧固到位。转子上表面与顶板之间不能有间隙，否则喂煤风会从转子顶部向下料管回窜。

2）申克秤

①压缩空气是重要动力，有三个进气口进入秤内：D用于清扫；L充当气垫、密封减速机；F用于煤粉流态化（详见图10.1）。因此压缩空气必须符合清洁要求。

②必须做好流化床与壳体间、驱动轴与壳体间的硅胶密封。否则煤粉进入减速机及空气轴承内，不但设备元件磨损加剧，而且无法准确计量。（注：2006年以后的申克秤取消空气轴承结构。）

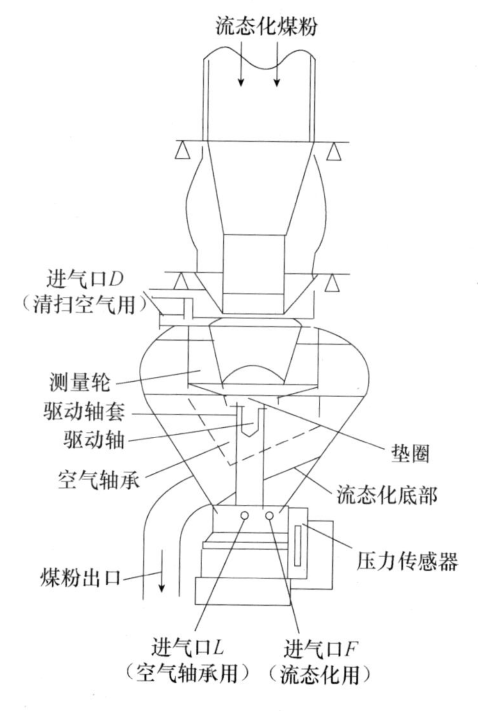

图10.1　申克秤体结构示意

★　*推荐优秀煤粉秤类型*

1. 菲斯特计量秤

该秤是德国菲斯特公司研发的产品，国内有销售代理公司。

（1）该秤体为具有专利技术的前馈控制功能及上出料结构。因此在稳定与精度上具有其他类秤体无可比拟的优势。

（2）运行及附加费用低

①安装此秤不需要设备平台及收尘器等附属设备，而其他秤型都需要钢结构检修平台，材料及加工费用近30万元。

②装机功率仅为7.5kW，相比其他秤体24kW，年节约电费达10余万元。

③更换易磨损配件少：每年只更换1～2个齿形皮带，仅需1h，而其他秤型要求更换密封毡子、橡胶密封圈等多次。

用户满意度调查

对天津菲斯特公司的售前服务、售后服务、及产品质量均为满意。

浙江长兴水泥有限公司

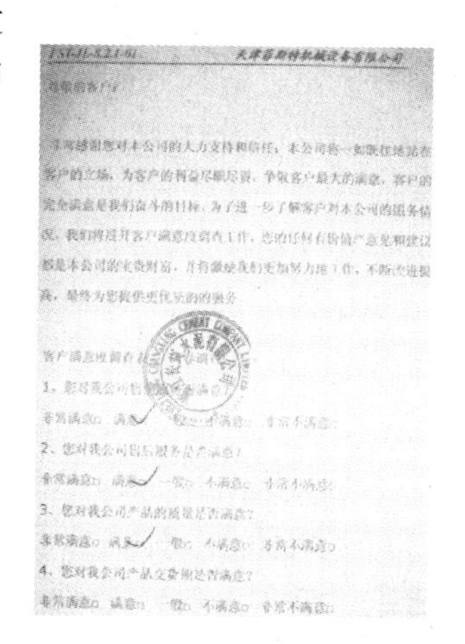
天津菲斯特机械设备有限公司

2、您对我公司售后服务是否满意?
非常满意□ 满意✓ 一般□ 不满意□ 非常不满意□
3、您对我公司产品的质量是否满意?
非常满意□ 满意✓ 一般□ 不满意□ 非常不满意□
4、您对我公司产品交货期是否满意?
非常满意□ 满意□ 一般□ 不满意□ 非常不满意□

2. 申克计量秤

该秤的技术特点是：

（1）测量原理先进。利用“科里奥利”力测量每一个瞬时扭矩，由此测出实际瞬时流量；与传统的测量原理不同，质量流的直接测量不受任何外力影响，喂料不受气力输送管线中气压波动、风力、粉尘堆积等外力影响；给料系统极其稳定、可靠。

（2）计量精度高。正常工作精度 < ±0.5%，短期 10s 内精度 < ±1%，可用于商业贸易计量。

（3）计量稳定性高。测量不受任何外力影响，轴扭矩反馈控制速度仅为 0.1s；煤粉气力输送无脉冲，进料通畅、出料顺利，大直径（ϕ700～1000mm）入料口，内置式搅拌器，保证进料均匀、通畅不堵料；专有压力平衡系统设计，保证煤粉供给。

（4）系统密封好，不需配套收尘设施，不污染环境，环保性能好。

（5）料气比高，有利于节能。申克煤粉计量系统较菲斯特秤的混煤和送煤方式先进之处在于，在同样的输送距离下，申克秤料气比最高达 4.0～4.5kg/m^3，（菲斯特秤 2.0～2.5kg/m^3）。另外，申克秤出口无输送泵风机能耗，用一般低压罗茨风机送煤即可；防爆耐压设计：不需气力输送泵，直接将煤喂入煤粉输送系统；电气模块一体化设计：配备最先进的 Disocont 电气集散控制系统，省投资，易安装、易维护，无需电气控制柜等等。

（6）投资省。土建、电气及安装费用低，无配套收尘设备费用，无须输送泵，直接将煤粉送入煤粉气力输送管线，输送距离可达 200m；喂煤不受建筑物、平台或支撑结构的振动影响；系统结构紧凑、可靠性高，设备安装高度约 4m。

10.2.2.5　*万能转子秤*

能对粒状物料及粉状物料同时进行计量的新型计量装备，其特点是：不仅不受物料卡磨对计量的影响，而且对物料特性有较宽的适应能力。它的特点是进出料采用模拟量控制，而其中的计量部分是数字控制。

该秤为唐山开创电子工程有限公司自行研制开发，已经小型工业试验，正在寻求大型生产线试用。

10.3　热电偶

（1）基本工作原理及选型

热电偶是一种感温元件仪表。它把温度信号转换成热电动势信号，通过电气仪表转换实现测量被测介质的温度（详见文献［2］操作 706 题）。

热电偶的类型很多，可根据用途和安装位置选择其型号，热电偶型号表示温度传感器的外形、材料、安装方式等。常压下可选用普通结构的热电偶；视被测温度的高低，可选用不同材质的热偶丝，如铂铑-铂或镍铬-镍铝（硅）等；被测温度变化频繁时，可选用热反应速度快（时间常数小）的热电偶；被测介质具有一定压力时，可选用固定螺纹和普通接线盒结构的热电偶；使用环境较为恶劣时，如需防水、防腐蚀、防爆等，则应选用密封式接线盒的热电偶；对高压流动介质，应选用具有固定螺纹和锥形保护套管的热电偶；测量表面温度时，可选用热反应速度快的薄膜式热电偶。同时，还要根据保护套管材料、保护套管插入深度及热电极材料等选择。

现代水泥企业常用标准热电偶：N型、K型、S型等，量程分别为－200～1200℃、0～1400℃，壳体必须铠装方能耐此温度。材质为镍铬合金（incone1600），寿命可达数年；而质量低者为304不锈钢，寿命则最多半年。两者材质价格相差2～3倍，但后者要增厚材质才能延长寿命，为此，要延长反应时间，以牺牲灵敏度为代价。

（2）热电偶的高性能标准

1）装配简单，更换方便。

2）材料应符合要求，测量范围大：－200～1300℃，特殊情况下－270～2800℃。即：

①热电性质不随时间变化，有足够物理化学稳定性，不易氧化腐蚀；

②电阻温度系数小，导电率高，比热小；

③产生热电势大，并与温度呈线性或接近线性的单值函数关系；

④材料复制性好，机械强度高，制造工艺简单，价格便宜。

3）压簧式感温元件，抗震性能好。

4）机械强度高，耐压性能好。热电偶的两个热电极焊接必须牢固；且彼此之间很好绝缘，以防短路；补偿导线与热电偶自由端的连接要方便可靠；保护套管应保证热电极与有害介质充分隔离。

（3）使用要求

安装位置：对于管道、热电偶套管的头部应位于管道中心，当公称直径不足时，推荐安装在管道直角弯内侧；对于容器，插入深度至少应为热电偶套管直径的10～15倍；插入方向应与被测介质流向相反，且不应与流向成锐角的方向安装。

★　*推荐优秀制造商*

上海ABB工程有限公司

ABB独家设计的测量插芯具有极为出色的抗振性能。最短感温长度7mm；

不可弯曲长度 30mm。测量插芯的绝缘电阻位置：JB/T 8622（IEC 60751）标准中，要求在接头与测量电路之间使用至少 100VDC 的电压进行测量，且绝缘电阻超过 100MΩ。

（1）安装护套。针对腐蚀性、高工作压力和高流速介质，保护测量插芯在不中断工艺过程的情况下，更换或者重新标定温度传感器，并可提供不同护套结构和材质。护套分为两类：无缝直管护套，用于 TSP128；深孔棒材护套，用于 TSP138；护套应符合 DIN 43772 标准或者 ABB 标准。不锈钢法兰护套用于高度腐蚀性介质，应用特殊涂层，例如 PTFE 涂层。

（2）延长管。位于安装护套与接线盒之间，用于连接传感器和安装护套，并且作为冷却段隔离接线盒内的电子元件与被测介质。延长管一般可选 130mm，选用活接头形式时，最小长度为 25mm。

（3）ÄTHead 接线盒。是温度变送器或接线座的外壳，在危险工作环境中，保护电气连接。优点为：减少接线费用，降低成本；放大测量点处的传感器信号并转换为标准信号格式（提高了信号的抗干扰性）；可选在接线盒中安装 LCD 就地显示模块；可选 SIL2 安全认证的温度变送器。

（4）温度传感器的输出信号取决于对它的选择。在使用 ABB 变送器时，可忽略电子元件自热影响。8LCD 就地显示模块：A 型和 AS 型：BUZH、AGL 和 AGS 接线盒都可选用 LCD 就地显示模块。温度变送器输出信号，通过附加接口电缆接到显示模块。温度变送器为 TTH200，推荐 AS 型就地显示模块。TTH300，则推荐 A 型就地显示模块。可通过显示模块的参数设定按键，修改变送器参数。

10.3.1　烟室测温系统

当前对窑内高温气体与物料温度的检测一般采用热电偶，但由于某些位置温度过高及物料的磨损严重影响热电偶使用寿命。用红外原理的烟室测温系统。具有如下优势：

（1）红外烟室测温系统是应用非接触方式对物体发射的红外光谱进行探测，因此应用范围极广，既没有磨损问题，又能有较高的测量精度，只要感光通道不被堵塞，测量就能正常进行。

（2）在采光通道容易被结皮堵塞的容器中，可以配置该公司的专利产品——自动清结皮装置（专利：201120389691.0）。

它可以利用红外测温仪的红外线通道，结合耐高温气缸的推动原理，通过定时器控制，根据实际情况设置自动清理结皮的间隔周期，防止红外光通道的堵塞；它可内置于测温红外线通道，无需维护。

（3）红外感温头为国外（德国，欧普士）引进产品，测温范围为 0 ~

1300℃，能够满足烟室自升温到正常运行的检测要求。

用户使用报告

武汉鑫鼎锐机电设备有限公司 XDR-IR0013 型烟室测温系统信息反馈表

红外烟室测温装置准确，反应灵敏，可实时反映烟室温度变化。自动清结皮装置可有效避免烟室结皮影响测温精度，且无磨损、免维护。设备的长效运行免去频繁更换热电偶的人力和财力的消耗，每年可节约近2万元的热电偶费用。但由于一次性投资较大，产品投资回收期较长。

浙江湖州小浦南方水泥有限公司　夏毅超　2012.5.15

10.4　压力变送器

传感器是能够受规定的被测量并按照一定的规律转换成可用输出信号的器件或装置的总称。而传感器的输出为规定的标准信号时，则称为变送器。

变送器的高性能标准：

（1）仪表不仅精度高，更先进之处在于反应时间短。理想速度应在2s之内，无论是自控、还是人操，只有反应时间迅速，才能为快速调整与控制创造条件。

（2）绝缘材料可靠：热电阻、热电偶等的变送器都应选用MgO材料，而不能使用石灰粉替代，因为后者易吸水后导电。

（3）供应商为满足不同状态与工作环境的压力测量，可提供各种型式及材料的压力传感器以及变送器。产品性能范围宽广，最大程度满足用户需要精度0.04%或0.075%不同的接液材质工作压力等，不同种类的灌充液，远传法兰及附件。

（4）可适合各种通讯标准，例如HART/4～20mA，PROFIBUS PA，FOUNDATION现场总线以及Modbus等，按需选择。在使用不同的通讯协议时，更换电子模块简便、快捷。

（5）变送器可以选择多参数变送器，用以测量空气、气体或蒸汽流量等多种参数测量。

★　**推荐优秀供货商**

上海ABB工程有限公司

传感器2600T系列为用户提供及精确设计多参数变送器，可测量压差与绝对压力；附加温度传感器可对流量进行补偿计算。2600T系列型号范围完备，能够提高测量精度及应用能力。高过载表压/绝对压力传感器有过压的特殊保护功能。

（1）变送器自诊断

变送器不断自诊断并监测温度、静压等。发现异常，变送器将依照

NAMUR 标准，把提示信息输出到表头显示，或输送到控制系统报警。自我检测内容为：敏感元件和电子设备超范围状态、输入电路组态的完整性等。为检查迅速，当变送器处于通讯接口，并且有完整信号（选择符号“A”）显示时，即为诊断状态。在用户选择回路上测试输出电流以分析回路各部件。

（2）变送器组态设定

①利用 ABB 的 Smart Vision 软件或其他第三方仪表工程软件。

②ABB 的 691HT 型手操器或借助于 ABB2600T 变送器驱动数据（DD）的第三方手操器。

③一种兼有显示与组态功能为一体的现场组态工具：用 HART 仪表现场组态；可编程的显示单元。

④一种就地按钮，可调零和量程设定以及阻尼时间的设定。

⑤通过加密，可帮助组态可靠及避免外界干扰。2600T 系列组态包括两个主要部件：组态软件和手持通讯器。

（3）双隔离壳体

铝合金机壳可提供 DIN 以及 Barrel 型式，以满足安装要求；而完全使用不锈钢材料的机壳可适应苛刻的海洋环境。模块设计最适合各种应用场合的压力变送器。电子线路外壳在装有表头时，也免受无线电频率干扰（REI），并提供方便的整体接线盒用于现场接线。

（4）零点和量程的调整标准

零点和量程为电调节，因此，没有壳体侵蚀，就可避免调整过程中水与壳体接触引起变送器发生故障的危险。

（5）增强的远传通讯功能。

（6）现场可维修性

2600T 系列特性化数据贮存在传感器模块的永久性存贮器中，而不是在电子线路微控制器中。这意味着电子线路模块可以现场替换而不丧失性能，以及无须去除分离的校正 EPROM 或重新标定变送器。

如果电子装置需要更换，自我配置功能可确保在一分钟内完成所有功能的存储操作。

表头压差、表压以及绝对压力，液位、流量、体积、密度以及液位界面、质量流量以及标准体积流量替换方便。

（7）安装方便

可通过 DIN 或者公制螺纹单口连接件，差压式、水平/垂直法兰，或者最适合的密封类型与过程连接。可直接安装，也可通过远传法兰。

远传法兰用于隔离被测介质与变送器接触，以免降低变送器寿命或者性能受到较大影响。这些条件包括：高温或低温、高粘性和容易结晶流体。法兰可直接或者通过毛细管连接变送器。法兰类型包括对夹、法兰安装、平法兰或插入式膜片、螺纹连接、卫生无菌、可清洗或嵌入等多种形式。

除了选择范围完整的法兰类型，还可选择适合的灌充液及材料——包括抗腐蚀及防粘涂层——灌充液的温度选择范围。

ABB 公司领先的远传法兰全焊接技术，防止空气和其他污染侵入远传系统。和传统工艺相比，提高了测量精度及稳定性。ABB 2600T 系列变送器提供适用于特殊工况的各种远传法兰，采用特殊的膜片材质及过程连接方式。

10.5　高温废气分析仪

现代窑炉需要对所排废气中的成分 O_2、CO、CO_2 含量进行在线定量分析，还要同时显示 SO_2、NO_x 等有害气体含量，以及粉尘含量，这就是废气分析装置的任务。管理与操作人员能及时根据分析出的含量，调节用煤量与用风量，确保在最少用风量的条件下煤粉完全燃烧，以降低系统热耗，并保证环境污染程度降到最低。因此，配置该仪器是窑的精细管理与操作不可缺少的。

（1）高温气体分析仪的高性能标准

①能够连续对窑尾废气成分实施在线监测，及时提供废气中 CO 及 O_2 的含量，使操作员及时判断并掌握风煤的合理配比。

提供废气中 NO_x 的含量，使操作员能直接判断数秒种之前的烧成带最高烧成温度，为稳定煅烧熟料创造最好条件。

②为了及时、准确反应窑内状态，仪器取样应能在最苛刻的高粉尘浓度、高温 1100℃的窑尾使用，既不堵塞又不烧损。为此，高温废气分析仪需要某些附加保护装置，保证正常安全运行。

③采用干法取样，即对样品的冷却采取油冷，而不是水冷。不但可以避免天冷冻结，而且防止有害气体溶解于水，分析结果精度高。

④维护方法必须简单可靠，维护人员易培训掌握。这是决定国内大多水泥企业能否广泛使用的关键。

⑤大幅度降低成本也是本仪器在国内能广泛使用的基本条件。这类进口仪表原价格都在百万元以上，大大影响使用率。

⑥软件编程先进。具有自动控制取样、反吹清洗及各种报警功能；能定时自动比较窑尾、分解炉与一级出口废气的成分分析结果，指导操作。

（2）使用要求

①探头的安装角度应 $<10°$，不要过于倾斜，否则冷却油中会产生气泡，降低冷却效率。探头要能伸入窑尾密封圈内 1m 处。安装位置附近不应有任何漏风。

②必须定期检查配置使用压缩空气的手动或自动清洗除尘过滤器、进气管

的动作可靠性，并确保配置合格的压缩气源。

③用户一年后应备用滤芯、防腐胶垫等易损件。

★　***推荐优秀制造商***

1. 北京雪迪龙科技股份有限公司

该公司为西门子系统的集成商，也是德国本土以外唯一分析仪器代理商。其产品结构特点如下：

（1）本仪器所配取样探头为液冷式、无压力驱动的干法取样。

（2）系统的主要组件均由西门子原装进口（图10.2）：

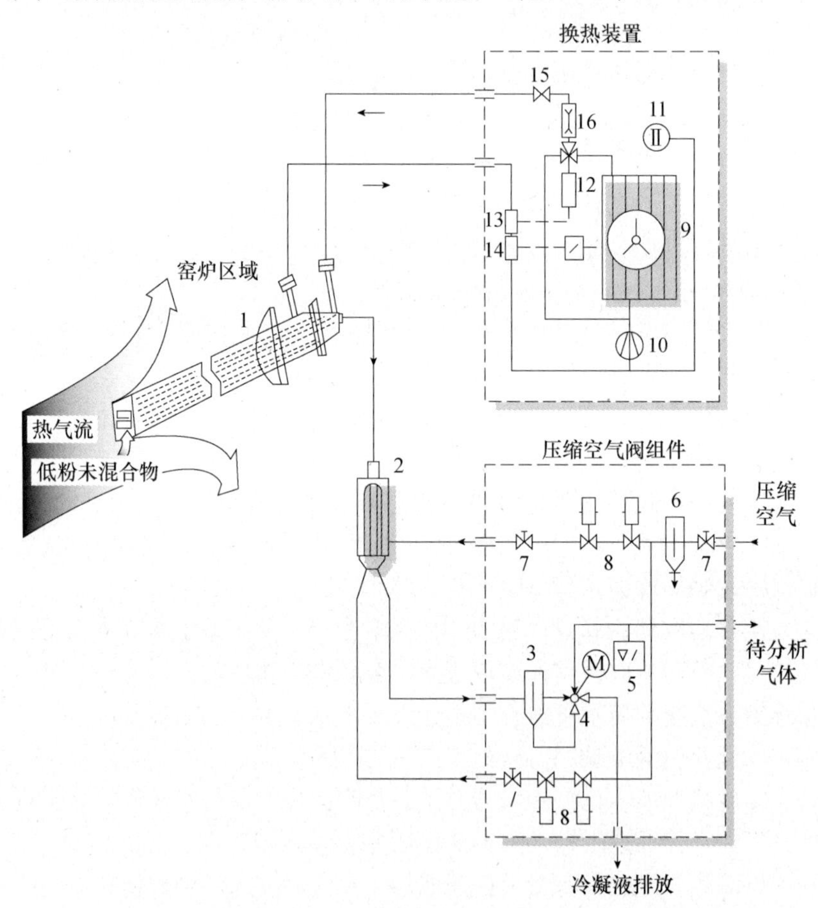

图10.2　气体取样系统工作原理

1—液冷式取样探头；2—电加热式除末过滤器；3—气水分离器；4—四通球阀；
5—低限压力开关；6—过滤器；7—样气手动判断阀；8—电磁阀
9—风扇冷却器；10—循环泵；11—带液位指标补偿器；12—控制阀；
13—温度传感器；14—过温保护开关；15—冷煤手动判断阀；16—流量计

①液冷式取样探头的多管结构拥有较高抗弯刚性，并能实现取样过程中冷却样气至230℃，避免冷凝物积聚，关键是使用专门研制的合成致冷液（硅油）油冷，沸点很高且吸热能力强，可在密闭冷却管中循环。

②独立的除尘过滤器可在高温环境下过滤，防止堵塞，并便于清洗，不同粉尘可选用不同滤芯。本品同时备有陶瓷及碳化硅两种滤芯，相互替换工作，可保持免手动维护的工作周期达三个月。

③热交换组件关键部件是钢制管板和螺旋加肋管构成的气液冷却器及耐高温的离心式抽吸泵。可对分析气体降温，同时置换出热量用于加热过滤器，消除与探头的温差，防止过滤腔结碳、过滤孔堵塞。

④压缩空气阀组合的主要部件是电磁阀及四通球阀，用于清洗过滤器及进气管，并可有自动与手动两种方式。

⑤配备备用气动电机，能在特定情况下（热交换器和除尘过滤器断电、致冷剂回路有故障、风扇不转等）将取样装置自动撤出窑外，保证仪器安全，替代了IPS不间断电源。

⑥配置PLC调控组件的软件控制系统，可自动控制取样泵在清洗取样系统时停止工作，并设定间隔时间。

用户使用报告

我厂日产5000吨水泥熟料生产线使用北京雪迪龙科技有限公司生产的高温气体分析仪系统一套，用于窑尾烟室气体的分析和测量，该系统自2010年8月正式投入运行以来，测量结果准确，维护工作量少，运行状况良好，在生产上起到了良好的指导作用，稳定了产品的质量和产量，并降低了能耗，目前该系统正在稳定可靠运行。

特此说明

唐山燕东华城水泥有限公司　电气部潘中庆　2012.1.13

2. 唐山奥特机电设备有限公司

该公司开发的新型干法水泥生产线节能减排实时检测分析系统（QJ），由窑尾烟室的高温气体分析仪和预热器出口的中温气体分析仪、数据采集、工控机、互联网通讯等组成，具有如下功能：

（1）系统的数据准确、性能可靠、采用现场分析仪小屋结构，并申请了国家专利。分别安装QF-3窑尾高温气体分析装置、QF-5-Z-J预热器出口的中温气体分析装置。

（2）使用计算机画面，通过曲线和数据展示熟料单位热耗变化。使理论上“用烟气分析计算热耗”变成现实，提供“每kg熟料热耗值的即时、日平均、月平均值”的实时变化曲线和数据，使操作人员可以根据热耗变化，参考烧成带温度，废气中O_2、CO_2等数据变化，主动控制生产线的最佳节能状态。

（3）使用计算机画面连续显示“烧成带温度值”的变化曲线和数据，操作员可依据变化曲线和数据提前判断窑内烧成带温度的变化趋势，包括游离钙的变化情况，提高操作主动性和熟料产、质量的稳定性。

（4）使用计算机画面连续显示熟料生产线“系统漏风系数”的变化曲线和数据，操作人员可以随时监视和判断漏风状况。

（5）使用计算机画面，对熟料生产中燃料燃烧和石灰石分解后产生的二氧化碳与氮氧化物排放量进行实时记录，并且进行小时、天、月和年的累计。对节省燃料，减少氮氧化物排放的操作提供帮助。

（6）使用物联网技术。企业的管理人员可以通过互联网、3G 无线通信等网络，随时随地在各自电脑、手机上，看到生产相关动态曲线及数据画面，对熟料生产过程实时量化监控。

10.6　工业电视监视系统

工业电视在现代水泥生产中应用范围愈加广泛，其中以水泥回转窑的火焰燃烧状况监视及篦冷机熟料冷却状态的监视对中控操作员的操作最为关键，而能提供有效监视效果的工业电视监测系统并不多。

（1）高温工业电视的高性能标准

①摄像探头耐高温、耐腐蚀、耐高压，需适应窑头罩及篦冷机观测位置的恶劣工况。②摄像探头与传动装置一体化，气动控制摄像探头自动推进和退出窑头罩及篦冷机。③无论摄像探头位于监视状态或退出状态，需确保窑头罩及篦冷机监视现场位置与外界处于密封状态，既不会出现冷空气漏入，也不能让窑内热空气外逸（图 10.3）。④摄像探头应可以远程通过键盘遥控，以实现摄像变倍、聚焦、光圈调整以及摄像探头内部菜单在线设置，以获得最佳监视效果。⑤系统视频信号及控制信号均应采用光缆传输，最大程度保证视频质量和控制的稳定性。⑥对连接摄像探头的电缆要有安全保护措施，避免在窑头处于正压状态时高温气体有可能外逸时烧毁电缆。

图 10.3　摄像头插入窑门罩后的密封状态

★　*推荐优秀制造商*

武汉鑫鼎锐机电设备有限公司

该公司自行开发的专利技术（专利号：201020594294.2）成功应用于摄像探头的密封。公司所用摄像头为（韩国 LG）进口产品。与此同时，该公司产品还具有以下特点：

（1）采用多级油水分离技术和高精密过滤装置，有效处理冷却用压缩空气中的油水含量，防止摄像探头遭受油水污染。

（2）采用差压气动专利控制技术，摄像探头进退控制无需电气控制，避免摄像探头在断电或断气时不能自动退出高温环境，导致摄像探头烧毁。

（3）系统采用独立的总线式集成控制系统，由一只手操器即可完成对数十个摄像探头的设置和控制。

用户使用报告

XDR-ITV1型高温工业电视监视系统的信息反馈表

工业电视略低清晰，监视炉内物料层次分明，篦冷机监视摄像探头安装密封，控制灵活，稳定可靠，图像质量长期保持，设备免维护。可以有效指导篦冷机的操作，预防堆雪人。

浙江湖州小浦南方水泥有限公司　夏毅超　2012.5.15

10.7　窑筒体红外测温仪

（1）筒体红外测温仪的高性能标准

①应采用线阵列红外热像仪或光学同步线扫描红外测温仪对筒体表面测温，测量频率应大于30Hz，有利于快速旋转的全窑筒体温度检测（图10.4）。

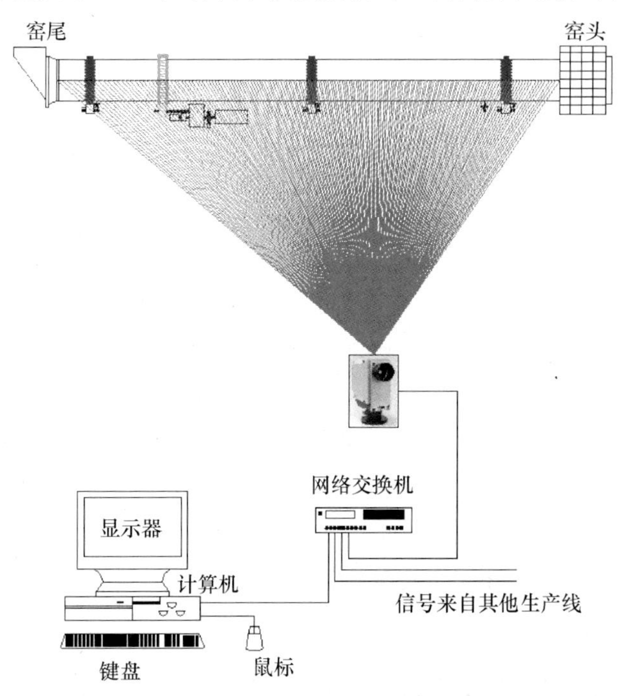

图10.4　线阵列红外热像测温仪原理示意

②能够将温度信号按照各种色标转化成图像显示，对应回转窑筒体的每个

像元应小于 15cm，能够分辨耐火砖的微小变化，能够更早的反映出窑内窑皮和窑衬的变化，对预防红窑和结圈的判断提供可靠的依据。

③系统应采用工业以太网传输，并可以对测温仪实现远端调焦以获得更为清晰画面，使测温准确性达到 ±1℃。

★　*推荐优秀制造商*

武汉鑫鼎锐机电设备有限公司

该公司研制的线阵列红外热像分析系统与传统的光学扫描测温有如下优势：

（1）有 512 个测温单元呈线阵列，成像清晰度高，测温准确，精度高达 0.1℃。而红外扫描仪只有一个测温元，通过光学扫描实现一条线测温。

（2）它的距离系数为 366∶1（最大 500∶1），对于 70m 长的回转窑，不仅可以全窑长测量，而且检测单点面积小于 1 块耐火砖，能够及时发现窑皮与窑衬的变化。扫描仪的距离系数为 150～200∶1，测量精度差。

（3）线阵列的成像原理，回转窑窑头、窑中、窑尾对应的每一个检测单元均为 70÷512＝0.137m，即 13.7cm。它所对应的耙面尺寸一致，没有扫描测温单点成像所造成中间小、两侧大测量耙面所带来的边缘效应（中间安装方式）。

（4）成像镜头为固定式，因此可选多种视场角度，扫描范围不局限于扫描楼的位置，测量值与回转窑对应定位精确；而传统红外扫描仪是通过电机旋转实现光学扫描，测量点数随扫描角度变化。

（5）软件遥控可以在显示终端实现对测温仪测量焦距的调整，获得清晰地图像；传统红外扫描仪不具有遥控调焦的功能，其对应的焦点不一致。

（6）快速以太网传输使得系统更为简单，适合多台成像测温装置组成网络运行；传统红外测温扫描仪采用 TTL 信号传输，需要中间数字处理环节。

（7）采用硬质红外透过光学材料制造红外视窗，有利于防护测温仪，便于窗口清洁；传统红外测温仪采用软质地红外窗口材料，现场易损坏。

线阵列红外热像分析系统的原理是测量一条直线上每个单元温度信息，因此完全可以扩展到熟料生产中的其它应用，比如测量篦冷机落料口熟料温度及篦床物料温度等。

用户使用报告

XDR-LIR512 型线阵列红外热像分析系统信息反馈表

筒体扫描仪现场角大，测温准确，图像清晰，0～800℃的测温范围，线阵列红外测温，以太网传输，热像仪中控调焦，有利于对窑内结圈厚度的判断，对轮带的温度检测很精确。

浙江湖州小浦南方水泥有限公司　夏毅超　2012.5.15

10.8　高温成像测温系统（Spyrometer）

在窑内温度及篦冷机高温区的远程监控上，高温摄像技术的发展提供了有力的支持。它能在高温环境中准确测出并同时显示多点温度，这种清晰画面，能为生产提供更为主动、及时、正确的操作条件。

（1）高温成像原理

将视频高温测量成像与电脑控制相结合，使操作者在视屏中能观看到由自己指定的区域温度。为了获取成像的细节，摄像机物镜需要靠近摄像点。Spyrometer 的物镜位于冷却保护套管内，并有蓝宝石镜予以遮挡。物镜形成的广角图像通过系列透镜传递到摄像机和高温扫描仪上（图 10.5）。

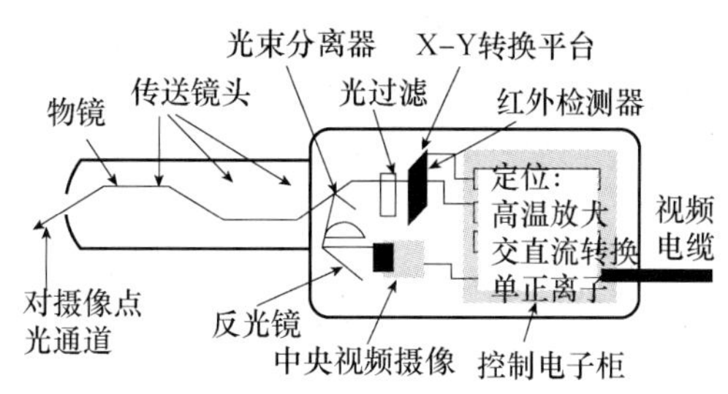

图 10.5　高温成像监测系统原理示意

摄像头安装在窑头罩上，可以同时检测烧成带和熟料温度。如用于熟料冷却机的监测，可有观测物料流动或观测熟料温度、结粒的两种安装位置。

在仪器头部，光学信号由分光镜分成两束。一束去中控视频摄像机，一束传递到高温扫描仪。摄像机对红外线十分敏感，即使在黑暗的篦冷机中，也能获得清晰图像。

由于 Spyrometer 温度测量技术建立在两个探测器的基础之上，它可以保证最快地输出反应时间。探测器本身不会使仪表有任何漂移，依据探测器输出电压计算出的温度算术值，可以精确到仪表温度量程 1K 以内，温度精度为满量程的 1%。

（2）产品特性与功能

1）该仪器安装到窑门罩后，对操作员有如下参考作用：

①能从显示温度判断火焰的最好状态。

该仪器直接观察火焰的热力强度，32 个温度监测区可以及时准确地监测到火焰是否处于最佳状态，指导调整，以实现烧成带温度、物料温度、火焰长度、黑火头长度、形状和方向处于最佳状态：判断火焰对整体热力强度的影响和对喂入物料的热传递效率。因此，在更换燃烧器或更换煤质后，根据温度显示调整燃烧器，有利于安全调整火焰，通过此仪器可以公正地判断燃烧器的性能优劣，使劣质燃烧器没有市场。对当前市场销售的助燃剂也是最好的识别手段。

②该仪器还可指导一次风量及总风量的调节。一般过剩空气变化 15%，火焰长度就会有 20m 左右的改变；同时可以降低 NO_x 的排放量。

③通过监测温度的变化可以及时判断喂料量、喂煤量以及生料成分、煤粉成分的变化，使操作员能及时掌握风、煤、料的配合，不会等待影响熟料质量、窑皮和耐火材料后再调节，并保证不用太长的火焰长度获得尽可能高的火焰温度。不但保证安全运转，而且还可实现节煤 5% 的目标。

④如果在沿着物料通道设置数个 TMZ，该仪器可提供烧成带之后的过渡

带、乃至入窑物料的温度信息，以判断喂料特性变化，并从废气 CO、CO_2 浓度的变化掌握燃烧效率，对物料易烧性提供早期报警。

2）该仪器还可用以篦冷机高温段熟料床的温度观测，以判断料层厚度、熟料结粒与篦室下用风的配合，实现最好的热交换效果，以降低热耗。

3）如果是在篦冷机溜槽的顶部或卸料点的中高位置安放摄像头，可以选用窄视野镜头，获得高质量熟料结粒图像，监视篦冷机出口处的熟料结粒和温度。

★　***推荐的优秀制造与销售商***

北京康盛宏达科技有限公司

该产品为英国 IST 公司开发研制的产品，在国外有广泛的应用。

IST 北京公司为该产品在北京的代办处。北京康盛宏达科技有限公司为它的代理机构。该公司的煤磨增产改造详见 2.2.3 节。

以南方三狮水泥公司 2500t/d 生产线上的试用高温成像检测仪观测火焰为例：通过监测仪用数字表示火焰燃烧后的温度分布，要比其它任何方式准确而可靠。由于它可同时显示 32 个点的温度，从下图中便可以反映出火焰确实存在的、而肉眼无法准确分辨的不良症状，这些症状可以归纳在下表中。

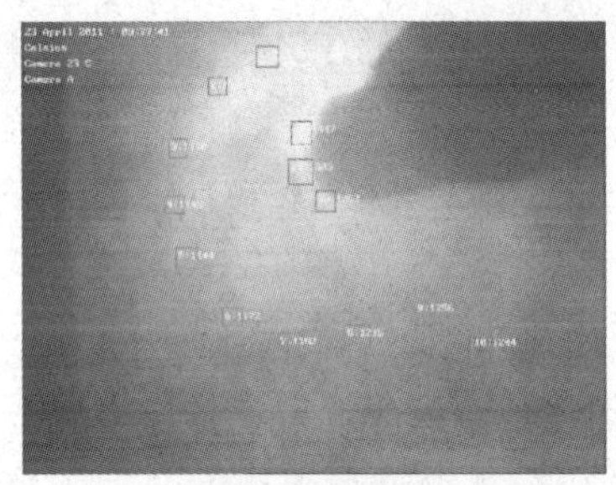

火焰调整前的温度

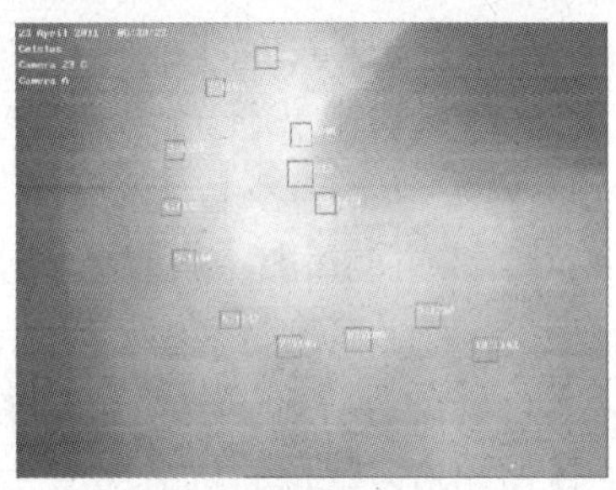

火焰调整后的温度

表 10.1　用高温成像监测仪观测火焰特征

火焰特征	最高温度	温度稳定程度	温度分布均匀	高温区范围
不良征兆	未达到允许最高值	数分钟内变化可在 200℃以上	与火焰等径区内相差 200℃以上	中心温度与周边温度相差 200℃以上
原因分析	热值不够	煤质不均； 燃烧器推力不足	喂煤量不稳，管道变形；燃烧器位置不对；	煤粉燃烧速度不够
调整内容	增加煤量	增加燃烧器推力	调整燃烧器正中； 修整燃烧器	增加“净风”风速
调整目标说明	温度升高 不升高就不能增加煤量	缩小温度变化 加强煤的均化	缩小温差 有必要更换燃烧器	缩小温差

图表说明：首先，图中 11～13 点为火焰中心温度，所显示温度差较大，

可相差200℃以上；火焰周边温度1～10点为火焰等径区，温度分布也不均齐，相差也有100余度；中心温度与周边温度差也较大，即高温区域不大而且也不均齐。说明此时火焰并不理想，仍需要调整。在调整过程中，还会有比此更大温差的情况。但经过火焰调整后，11～13点都接近1300℃，周边温度都在1150℃左右，高温区范围变大，这就是比较理想的情况。再次，最高温度并不高（因为仪表镜头不洁影响），本来火焰温度应该在1500℃左右。说明火焰燃烧速度不够，燃烧器需要调整。

10.9　料位计

（1）料位计的作用与分类

固体料仓（如原煤仓、灰斗、仓泵、灰库等）中的料位在水泥生产中的控制越发重要，料位高低会造成物料粒径与成分的离析，已经直接影响窑磨主机的运行稳定程度，甚至可以造成立磨及辊压机的跳停；有些库仓由于没有足够的料压，无法形成料压与料封，都会产生故障；如果没有库满与库空指示，还会造成生产的涨库及库空等事故发生。所以，料位计已经成为现代水泥生产自动控制的一部分，很多情况已经是非人工所能替代。

随着科学技术的发展，越来越多的测量方法可供选择，如：阻旋、音叉、射频导纳等开关量测量方式和重锤、电容式、称重式、雷达、超声波、γ射线等连续量测量方式。水泥厂的料仓中最常用的连续测量料位的方式主要是重锤式、雷达式、超声波等，非连续测量物料料位则以重锤式料位计及阻旋式、音叉式料位开关为通用。现仅对连续测量的原理简介如下。

1）重锤式料位计测量原理

利用现场传感器（探头）控制重锤快速下降至物料表面，感应锤一旦触及被测料面便立即回收，返回待测位置。传感器内部编码器发出与重锤位移相应的脉冲信号，由嵌入式处理器进行运算处理后，输出与料位对应的4～20mA标准信号。其关系式：

$$\frac{H-M}{H}=\frac{I-4}{20-4}$$

式中，H为料仓高度（m）；M为实际测量距离（m）；I为输出电流值；实际料位高度为：$H-M$。

因此，它的原理简单、可靠，且能够避免粉尘、湿度、介电常数等参数影响。

2）雷达/超声波料位计测量原理

分微波脉冲或连续调频（FMCW）两种。

雷达传感器的天线以波束形式发射出最小5.8GHz的雷达信号；反射回来的信号由天线接收。雷达脉冲信号从发射到接收的运行时间与传感器到介质表面的距离以及料位成比例。

即：

$$h = H - vt/2$$

式中，h 为料位（m）；H 为料仓高度（m）；v 为雷达波速度（m/s）；t 为雷达波发射到接收的间隔时间（s）；

此原理表明有如下因素会影响测量精度：

①仓壁挂料及粉尘扬灰等原因可造成虚假回波，其频率、相位、幅度与真实回波几乎无区别，采用调幅、调频或调相都无法避免虚假回波的干扰而误报。

②受介质介电常数的影响，介电常数表示吸收电磁波的能力，吸收过强将导致“失波”。

③安装调试要求条件苛刻，受安装角度、天线尺寸，波束角等因素的影响，若不当会降低精度。因此需要经常空仓调试，定期校准。

④受现场噪声或周边电子设备电磁波的干扰源影响，导致测量不准。

⑤采用 FMCW（连续调频）工作原理时，物料运动会使回波信号频率产生多普勒频移，再经复杂的“快速傅立叶算法”等回波处理技术，已经偏离真实的料位。

⑥发射的电磁波碰到物体会向各个方向散射，只有其中一小部分能量返回雷达接收天线；且由于物体表面并非绝对平面，散射无法规则。

（2）水泥行业料位计使用范围及选型

选择料位计类型取决六大因素：安装位置、料仓结构、安装环境、安装条件、进卸物料方式、被测介质特点等。水泥企业的具体使用应注意如下几点：

①辅料原料堆场、料仓，石灰石库，生料均化库，均可选择长量程重锤连续监测料位及阻旋式高低料位报警。

②生料等细粉仓可选择钢带式重锤料位计及音叉式料位开关。

③篦冷机、熟料库、配料库选用雷达超声波测量容易引起误报，应采用 UWT 德国钢带式重锤（SLS-NB 系列）料位计；配合 RN3 或 RN4 系列阻旋式料位开关进行高低料位报警。

④水泥集尘仓：安装阻旋式或音叉式料位开关。

⑤水泥库顶部安装德国 UWT 重锤式料位计监测料位变化，选用阻旋料位开关用高低料位报警；卸料口处安装阻旋料位开关，控制汽车拉料满罐。

（3）料位计的高性能标准

1）重锤式

①电子机械接触式测量，测量误差控制为 1% 或 1cm，不受粉尘影响；不受电磁波、噪声影响；可自动刮除粘附上的物料；并能自动校准，可以随时调试。

②使用寿命长。使用 12mm 宽的钢带作为悬挂锤体材料，可以防止缭绕、

跑偏，决不使用钢丝。表体材质为带喷涂的铸铝；钢带重锤式固体料位仪表接料部分材质最低标准为 304SS 不锈钢；过程连接法兰材质为 EN-1092-1 或 ANSI B16.5 标准不锈钢。

③能在 -20℃ ~60℃ 环境温度内正常使用，测量精度不变。料位仪表本体在信号输出的同时，带有液晶显示表头，在 -20℃ 以上正常显示，低于 -20℃ 时无显示，但温度回升后，显示便自动恢复。

④定时器、手动操控或 PLC 均可用于控制与启动方式；显示数字通过 DCS 系统传输到中控室。

⑤可根据不同被测物料粒度，选择不同的感应锤头。

⑥安装于料仓顶部，要求远离进料口及仓壁，方便调试且简易安全。

2）阻旋式料位开关

①电子机械式接触式测量。

②不受粉尘、实测粒度、介电常数、潮湿度、电磁波、噪声、振动等影响，三级可调，能够承受 28kN 的机械负载，免维护，远离进料冲击，顶装、侧装、避开挂料，SPDT/DPDT/PNP 等。

3）音叉式料位开关

①振动式测量接触式。

②有自清洁功能，被测物料粒度需小于 10mm，不受介电常数、粉尘影响，只能监测干燥物料，两级可调。

③免维护，但不能承受太重物料。不受电磁波、噪声、振动的影响，远离进料冲击，顶装、侧装、避开挂料。

4）供货商应对选择类型提出明确指导意见，并对此意见负责。

（4）识别进口高性能料位计的方法

①卖方必须提供经授权的权威机构（实验室）出具钢带重锤式固体料位仪表的相应防爆等级证书；卖方应提供固体料位仪表的准确度、重复性、零点等技术指标，并提供受温度、噪声等外界因素影响后的具体量值。

②对进口产品，供应商应提供附有产地国家商务部出口原件证明，并由中国大使馆验证。产品上打有编号及防止假冒的标识。

③进口产品还拥有下列特征：料位计密封部位的密封材料与结构；传动部位用离合器代替齿轮，避免卡位后烧毁电机；变送器中的绝缘材料是 MgO 粉，而不是遇潮后会影响导电精度的石灰石粉。

★　*推荐优秀品牌与供货商*

1. 德国 UWT 重锤料位计

（1）严谨的制造工艺，体积小巧、重量轻，是国产重锤的十分之一（图

10.6)；测量精度高达0.5%，对不同物料与工况可选择适合探头。

(2) 智能化程度高，安装维护方便，适于各种复杂工况。由内部定时器启动测量，间隔为3min至数10h，测量结果通过总线传到远程控制系统；同时，还具有自诊断、预诊断功能，从仪表的信号灯及错误代码便可迅速判断重锤运行状态。

(3) 受恶劣工况影响小，壳体防护等级IP66；电路模块与机械模块完全隔离，正常操作时，绝对不受仓内粉末、粉尘、静电或介质状态（干燥或潮湿）的影响；钢带配有内部清洁器，潮湿的粉料依附于钢带上，在其上升过程中，均会被刮洗干净，避免介质进入仪表箱内导致卡塞；料位仪表与锤头（不锈钢）之间以钢带连接，钢带和锤头间设有特殊连接，使锤头在受到粉料冲击时，可自由旋转减少阻力，而钢带不会扭曲，只要安装位置选择合适，不会出现埋锤和断锤。

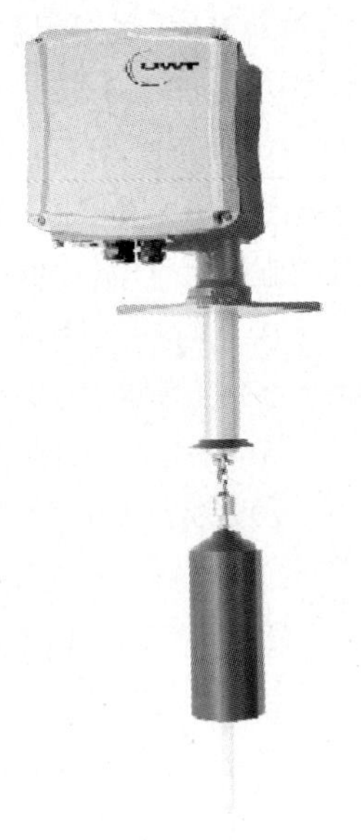

图10.6　重锤料位计

(4) 产品完全免维护，运行成本低廉，只有钢带为易损件。该重锤料位计的寿命一般为220000次以上，按每天100次测量，可以正常使用5年以上。测量170000次时，需要开盖复位检修。

2. 物位帝国际贸易有限公司

该公司是德国UWT公司的中国全权代理经销商，德国UWT公司是专业致力于固体料位监测仪表的研发、生产、制造的企业，拥有三十多年的丰富经验，UWT产品以其专业、精准可靠、简单、免维护的特点，针对各类恶劣工况，均可依靠UWT料位仪表作为解决方案。

提供的钢带重锤式料位计产品所必备的特征：

(1) 德国原装进口的钢带重锤式料位计。

(2) 电源应为单相，采用220VAC供电，150VA，电气连接必须为M20×1.5或M25×1.5。表体上多余电气接口带金属堵头。

(3) 输出信号：4～20mA或脉冲输出；测量精度达1cm。通信方式：Modbus总线通信。拥有手动测量和自动定时测量两种测量方式。仪器自带液晶显示屏，能显示测量深度。具备自诊断，智能防埋锤的保护功能。

(4) 机械要求：钢带需有自清洁功能。防护等级要求不低于IP66。用法兰安装DN100 PN16。传感器（锤）材质为不锈钢，连接钢带的材质为不锈钢。铸铝壳体、机械测量与电气控制完全隔开。电机测量速度达0.25m/s，拽引力达800N。

10.10　自动控制系统

随着近20年计算机、信息及控制技术的迅速发展，中、大规模水泥生产线均已采用DCS控制。为提高生产线的自动化程度，改善劳动环境，降低劳动强度，为生产组织架构从传统的“岗位制”向“巡检制”过渡创造了良好基础。

（1）DCS系统的总体架构

在实际应用中，典型DCS系统总体架构如图10.7所示。

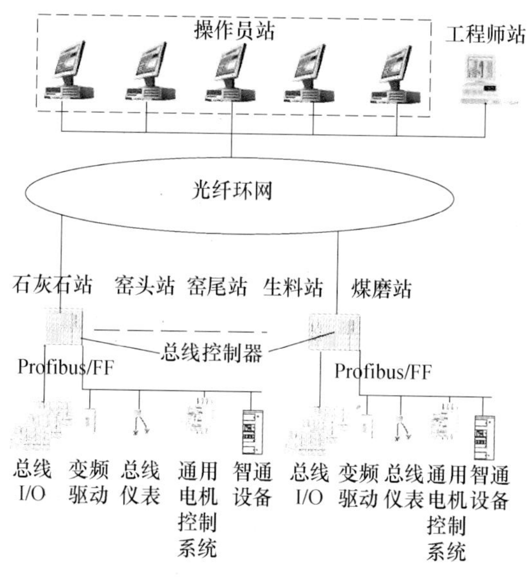

图10.7　典型DCS系统总体架构

①过程控制站：根据工艺要求，配置若干站点。一般由原料粉磨控制站，窑尾控制站，窑头控制站，煤粉制备控制站，水泥粉磨控制站组成。其中可根据现场条件在各过程控制站设置相应远程I/O站，如石灰石破碎远程站、原料调配远程站、循环水泵房远程站、包装远程站等。

②操作员站：根据生产规模及管理需求，配置若干站点，一般可与过程控制站点的设置相对应。一般操作员站需要具有冗余功能，即在任何一台设备出现故障时，其相应操作功能应可在其他站点上实现。

③工程师站：实现整个系统全局编程组态与调试，一般整个系统设置一个站点即可。

④计算机网络：一般分为上下两层。一层为连接各过程控制站、操作员站及工程师站的系统网，可采用基于TCP/IP的工业以太网（速率10Mb/s或100Mb/s），另一层为连接控制器与I/O站点的现场控制网，一般采用各公司内部总线或通用现场总线网（速率不等）。

（2）自动控制系统的高性能标准

1）普通 DCS 系统

①DCS 系统必须采用正版软件

DCS 所需硬件和软件均需要有偿购买使用，其中正版软件往往需按网络节点数及控制点数计费，价格较为昂贵。非正版软件则基本免费或花钱很少（几万元），但会为 DCS 后期的长期运行安全与维护带来风险，另外业主方将承担使用盗版软件的法律风险。

②选择性能价格比合适的系统硬件

水泥生产环境较为恶劣，对 DCS 系统硬件的可靠性要求较高；同时各企业经济、技术条件不等，因此选型时需在一次投资成本及后期维护成本之间找好平衡点。

不仅要保证控制器及 I/O 模块是否满足现场条件，同时要关心控制器单元能否同时满足眼前工艺控制要求及后期深度开发要求。

③选择质量可靠的电气元件

DCS 系统配套使用的继电器、端子往往也极大影响整个系统的使用寿命与效果。而这方面产品在某些品牌之间价格有时相差数倍以上，如德国 PHOENIX（凤凰牌）继电器与国产某些继电器相比，价格相差五倍甚至更高，在使用初期并无大的差别，但在后期某些产品就需要较多维护工作。选型时应尽量选择质量可靠的品牌。

2）现场总线技术——先进的自动控制系统

在上述传统自动控制系统中，各类仪表（温度、压力等）多数使用 4～20mA（DC）标准信号与 I/O 模块连接。而现场总线技术已在自动化领域大行其道，正逐步成为技术发展的主流，其特点如下：

①仅用一根串行数字总线便可替代传统的并行 24V 信号和 4～20mA 模拟信号；

②只需通过一根双芯屏蔽电缆连接中央控制器和现场设备；且数据和电源共用同一根电缆传输（PA）；

③同样适用于防爆环境和有安全要求的应用，并适合于不同的应用；

④对于所有的设备，只需要一个通用的组态和工程工具；

⑤符合 IEC 61158 国际标准，可连接不同厂商的设备，不依赖于厂商的开放式控制。

该技术有如下优势：

①同样可以从工程师站直接查到损坏的仪表，读取仪表的故障信息。

②故障点要减少很多，避免电缆之间的干扰，更适合现场的恶劣环境。

③仪表工通过工程师站或者是带有设备管理功能的操作员站就可以完成排查故障。同时操作画面可准确显示仪表的维护状态，维护极为方便。

④从投资上看，总线仪表的价格要比普通仪表昂贵。但综合系统的安装调试及维护费用后，使用智能仪表系统的总体费用会减少30%以上。

3）选用DCS品牌的原则

对于水泥企业集团，所有生产线的DCS系统采用同一优秀品牌，不仅使用习惯，便于人员培训，有利于减少备品储备数量；但更要注意DCS的深度开发与技术进步。

①满足生产线工艺过程控制，如启动联锁、运行联锁、超限报警、目标控制等人工操作的设计要求。

②满足对节能（降低煤耗、电耗）、自动控制（温度控制等）等功能的要求，如开发磨机负荷自动控制子系统、分解炉温度自动控制子系统、回转窑温度自动控制子系统等。

③作为企业集团，能满足统一集中生产调度及技术管理的更高要求。

（3）对代理商的选择原则

由于当前该产品国外公司仍占据主导地位，为降低销售成本，他们多是由代理商参加竞标，自己仅提供软件、硬件产品、技术支持和对代理商技术培训。因此，辨别代理商真伪、选择优秀代理商，就成为采购者的必修课。

DCS产品代理商的技术水平差异很大。小公司仅仅是硬件集成商，满足DCS系统的基本要求；只有长期坚持技术开发，并富有经验、丰富业绩和成功案例的科技公司才具有深度开发DCS系统的能力和实力。

具体识别方法如下：

①对投标代理商代理国外厂家产品的授权范围的资质进行审核；并核实业绩，直接向用户了解考察效果。

②基于生产管理的要求充分与代理商沟通，采取同一问题让多家代理商回答，从中比较各代理商优劣。当低价格投标时，应问明价格优势的来源，尤其同一国外品牌产品的代理商，只有授权级别越高，才可能获得优惠价格，实力也会较强。要按照上述高性价比的标准衡量价格。

③合同中应明确标书所要求的技术内容，避免模糊字眼，对能引起价格差异的规格、型号、品牌、数量都应明确。尤其要防止代理商利用设计时DCS系统输入输出点数量富余较大，而有空可钻。

★ **推荐优秀供货商**

ABB（中国）有限公司

ABB IndustrialIT系统是ABB目前主流的企业自动化解决方案，该系统融传统的DCS和PLC优点于一体并支持多种国际现场总线标准，尤其适合水泥行业的应用。

（1）总线仪表系统的安装

现场仪表使用 ProfibusPA 仪表，按照 Profibus 规约，每条 Profibus 总线上最多可以有 125 个从设备，但每个段上最多是 31 个从设备，若每超过 31 个，需要增加一个中继器。

Profibus 总线拓扑结构。

从图 10.8 中可以看到 DP 设备可以通过 T 型头串接起来。PA 仪表可以根据仪表的分布情况通过接线盒或者 T 型头连接。

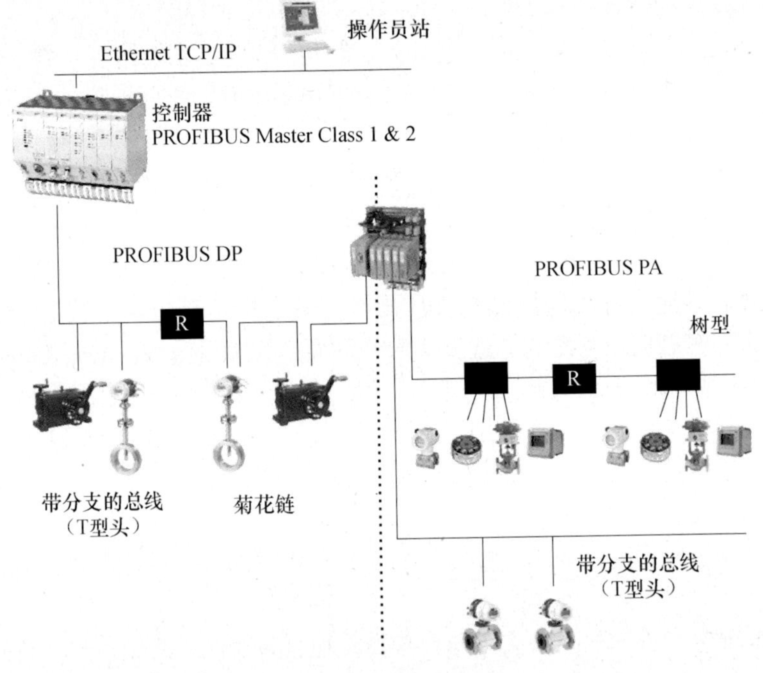

图 10.8　总线拓扑结构

通常情况下，S800 I/O 的通讯速率为 1.5Mbit/s，而 PA 仪表的通讯速率为 93.75kbit/s，二者在一条总线上需要 DP/PA 耦合器支持并生成新的 GSD 文件替换原 PA 仪表的文件，保证该 PA 仪表正常通讯的同时，不会降低该条总线上的通讯速率。

（2）总线仪表系统的组态

在 CBF 中可以通过 GSD 或者 FDT/DTM 方式组态 PA 仪表，组态方式与 S800 I/O 相同。每块仪表根据不同组态方式可以拆分出多个通道，包括大量的诊测数据。

对于 GSD 组态，用户可以读取仪表厂商提供的 Profile 文件，拆分出仪表的输入/输出以及诊测通道，还可以拆分出仪表的 DPV1 参数，该参数为非周期性参数，可以用于仪表的参数设定，可以在离线组态或在线调试时查看或修改。CBF可以使用模板方式组态，相同设备只组态一次即可。

对于FDT/DTM组态，仪表厂商会提供相关图形化的配置画面，可以在离线或在线情况下设置仪表参数或在线修改。

（3）总线仪表系统的调试

可以通过总线扫描，对所有连接到该总线上的智能仪表定位。

所有已经组态好的智能仪表，都能够通过图形直观看出设备的连接情况，并且可以在线设置从设备地址。

以GSD方式组态的对象可以在线方式下查看或设置参数。

以FDT/DTM方式组态的对象，可以打开仪表厂商提供的DTM画面进行参数设置等。

（4）总线仪表系统的故障排查

传统用户会对智能仪表产生质疑，主要体现在如下方面：

①故障排查的难易

由于总线方式的特性，工程师站（或者带有设备管理功能的操作员站）均可以直接查看到损坏的仪表，并且可以读取出仪表的故障信息，并不比普通仪表逊色。

②故障点的多少

与普通仪表相比，智能仪表可能的故障点要少得多。因为每块智能仪表有1条PA电缆，通过T型头连接到另一块仪表或者直接连接到接线盒（junction box）中，并且每块仪表可以有多通道信号，因此电缆沟中只有极少量的电缆，而且对于T型头以及接线盒中电缆的连接要比IO通道上的连接要求高，也具有更高的防护等级以及良好的接地处理，更适合现场的恶劣环境。相对于每块普通仪表均有1条双绞线连接到IO通道上，加之电缆沟有大量的电缆存在，难以避免之间造成干扰。

③维护的方便程度

对于普通仪表，仪表工要到现场找到故障点才能确定仪表的故障情况及排除方式。而对于智能仪表，仪表工在中控室，通过工程师站或者是带有设备管理功能的操作员站就可以完成排查故障，同时操作画面可准确显示仪表的维护状态。

从投资上看，智能仪表的价格要比普通仪表昂贵，但综合系统的安装调试及维护费用，使用智能仪表系统的总体费用会比使用普通仪表的系统减少30%以上。

用户使用案例

2001年安徽海螺集团上了2500t/d生产线两条，5000t/d生产线四条，全部采用ABB控制系统，经过3年的无故障运行后，海螺集团决定在此良好合作的基础上2004年又大规模地上了11条5000t/d和10000t/d生产线，全部采用了ABB的控制系统，在2005年再次上了6条5000t/d和10000t/d生产线采用ABB的控制系统。

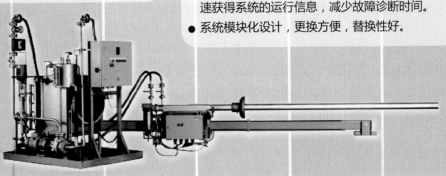

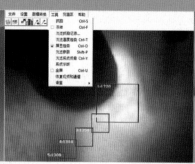

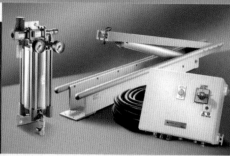

第 11 章　质量检验设备

11.1　X-荧光分析仪

作为粉状物料检验化学成分的仪器已被水泥企业广泛使用，但它毕竟是通过离线检验，而且标准曲线要由人工校准。

（1）荧光分析仪的高性能标准

该仪器原理是利用 X 射线对样品进行激发对元素组成的测试。目前主要是国际上几家著名的仪器生产商生产，但同样是进口产品，质量性能差异较大，一般价格低廉者性能不高，检测能力并不足以满足水泥产品标准中规定检测的所有元素。

①同时能检验各种矿物、生料与熟料、水泥的化学成分。

②测量时间短且测量精度高，3kW 以上高性能的多通道仪器最短检测时间可以缩短到 1min 左右，而以前的一些低性能仪器分析一个样品需要3 ~ 10min。

③元素检测间的抗干扰能力强。一般原子序数大的元素易干扰序数低的元素，样品中含量大的元素易干扰含量低的元素，原子序数相邻的元素之间易相互干扰。最新型的全聚焦晶体，元素干扰就大大减少。

④对 X 射线管的工作状态和非工作状态要有明确显示。X 射线泄露量应符合国家有关规定，不对操作人员产生危害，当误操作造成 X 射线泄露时，X 射线管具有自动停止工作的功能。

⑤对环境要求较低，较适应生产现场恶劣环境，环境温度：5 ~ 50℃；电源：380V ±10%；接地电阻≤30Ω。

⑥设备关键件质量可靠。

高压发生器低噪声，具有数字式 kV/mA 显示器；X 光管正常寿命在 10 年以上；采用上照射样品方式；多通道同时配置型；灵敏度、稳定性、可靠性高；光路设计为真空稳定装置；采用全聚焦晶体，分光室温度稳定性≤0. 1℃；最快的分析速度；探测器类型选用最新型密封正比计数器，不再使用氩甲烷气体，节约成本，减少故障。

（2）使用要求

①制取标样量要足够。为提高工作曲线代表性，使其覆盖范围能与实际生

产的化学成分、矿物组成变化相一致，需适当加大标样数量。

②标样制备做到均匀性。样品的细度与实际检测样细度一致，且细度要达到180目以上。由于不同样品所需粉磨时间不同，制备样品时要进行不同称样量、不同粉磨时间的试验。

③制作工作曲线时，要选取合理的X光管高压值、电流值及合理的测量时间，并善于合理调整。

④定期对工作曲线进行监控，既要防止由于仪器自身性能产生的漂移及衰减误差，又要及时发现由于样品本身改变所带来的误差。样品基体的误差经常由于或是物料易磨性或试验磨发生变化，导致细度变化影响测量精度，或是原材料矿点改变或配料方案改变。

⑤无标样时，可以通过各类样品的分析结果与标识谱图对照，求得各种形态的近似定量结果。

⑥具有完善的通讯功能，非常简单的和QCS生料配料系统进行数据通讯；和DCS系统形成一个完善的生产质量控制系统。

★　*推荐优秀制造厂商*

日本岛津公司

其产品有如下特点：

（1）最低的环境要求

MXF-2400自身配备稳压保护、电磁隔离装置，专为恶劣现场环境设计。环境温度5～50℃；电源380V±10%；接地电阻≤30Ω。

（2）稳定性高

高压发生器低噪声，具有数字式kV/mA显示器，最大功率：60kV，100mA，4kW。外电源波动±10%时，输出波动为≤±0.005%；外电源波动±1%时，输出波动为≤±0.0001%。外电源允许波动±10%；电压/电流切换。

（3）X光管功率大

为世界上第一家使用4kW光管厂家，端窗式薄窗口（75μm），铑靶，长寿命灯丝正常寿命在10年以上，最大输出：60kV，100mA，4kW，高功率才能准确检验水泥中的Mg、Na、K、S、Cl等元素。

（4）X光管不受污染

上照射样品方式不会由于分析粉末样品污染、损坏X光管，才适合于固体粉末压片样品。样品最大尺寸：ϕ51mm×40mm；样品旋转：0.6r/s。

（5）分析灵敏度高

采用多通道同时，每个元素独立通道配置分光、检测、数据处理系统。现有固定道9个（Fe、Si、Al、Ca、Mg、S、K、Na、Cl），最多可以配置32个通道。

系统使用的真空稳定装置、全聚焦晶体的光路设计均为岛津专利技术，前者保证了真空的绝对稳定，有利于轻元素分析；后者能具有最短的光路、最强的衍射强度、最佳的分辨、最少的干扰，分光室温度稳定性≤0.1℃。

（6）全自动进样系统

岛津专利的机械手一步到位全自动进样系统，经过20年的使用和改进，适合大批量样品的工厂生产使用。无需空压机及任何日常运行费用。

（7）分析速度

每个样品60s之内完成分析，效率是一般扫描型仪器的3倍以上。

（8）先进探测器——计数和控制的电子线路系统

最新型密封正比计数器，不使用气体，最大计数率：≥4500kcps；非线性度从0到最大计数率范围内偏差不大于1%；电脑可自动处理死机时间修正，具有自动灵敏度控制功能。

11.2　γ-射线中子活化分析仪

（1）在线检测与控制的优越性

1）在线检测原理

该仪器内置中子发射源锎-251（^{251}Cf），发射中子轰击待测物料。经皮带输送的待测物料不断通过该发射源，物料的元素吸收中子后活化，并放射具有特征能量的γ射线（图11.1）。该射线的能量可表示出分析物料所含成分；该射线的强度则表示该成分的含量；并通过计算，可以得出待测物料干燥基或收到基的各元素氧化物组成。

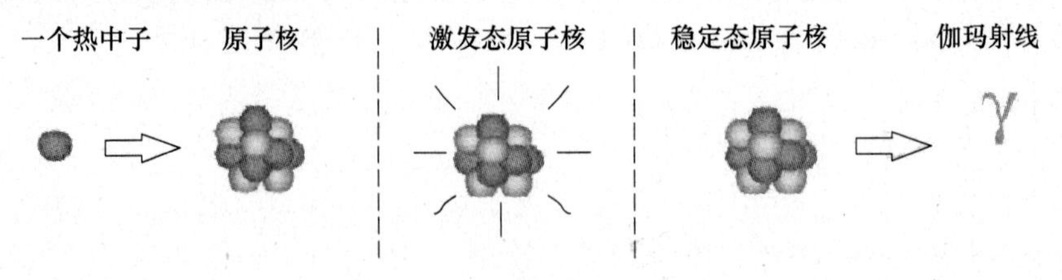

图11.1　伽玛射线产生过程演示

该仪器可以对水泥生产中的块状或粉状物料成分（如矿山原料、生料、原煤等）在线检测，并根据检测结果迅速进行全过程控制。如测量CaO、SiO_2、Fe_2O_3、Al_2O_3、MgO、K_2O、Na_2O、S、Cl、H_2O等各种组分的含量，计算KH、SM、IM、C_3S、C_2S、C_3A、C_4AF。

近来，已开发出在线检测原煤工业分析的仪器，但需要另加水分测定仪器，便可做出原煤水分与热值，同时可换算出挥发分与灰分含量。这对企业稳定原煤质量及验收有很大帮助，为稳定窑的热工制度可以从提高熟料产质量及降低热耗中获得巨大效益，但一次性投资较高。

2）在线控制原理

根据在线检测的结果与给定配比对照，可自动在线调整不同库（仓）的合理配料秤等装置，控制破碎后成分或配料后成分，实现物料后续成分的均匀稳定。而且使资源使用最大化，延长矿山资源的使用年限。

直接在料位与成分相对稳定的筒（仓）库下，通过控制库下喂料设备运行速度，无需再设置任何均化设施，配料便可均匀稳定。或者按照最终质量目标建成预均化料堆，可实现多种物料进入一个预均化料堆的目标。

3）在线检测技术比传统离线检测的优点

①节省基本建设投资。可减小均化堆场规模，甚至可以取消；可以减小生料均化库容量；作为技改项目时，基本无需对原工艺进行改造，所有部件是用螺栓固定在同一平台框架上，安装简便。

②提高生产效益。因为生料成分的均匀稳定，有利于提高窑的产能；提高熟料强度；提高设备运转率；延长耐火砖使用寿命。

③在线检测与控制提高了自动化水平，降低了人工及检验成本。

④更重要的是可以做到全数检验，消除人工取样缺乏代表性的可能。

（2）中子活化在线分析仪的高性能标准

①分析结果快速，控制及时准确

能实现准确、高效、实时的工艺过程控制。可以实现工艺过程与质量的控制。每小时可进行 60 次分析和配比调整。消除人为检测产生的误差与滞后，实现生料粉磨之前的配料自动化，提高劳动生产率。

②测量适应性强

具备发射高能中子的能力，以增加非弹谱比例，提高对被测物料的适应性及精确度。可在输送大宗物料、不同宽度的皮带上进行，无需对物料再破碎。分析结果与物料尺寸、类型无关，与皮带输送速度无关。

③保证高度的安全性

应控制放射性同位素的最大辐射量：当放射源安装好以后，30cm 范围内的辐射量应小于 2mrem/h。

可随时开停电源，既节约发射源消耗，又保证检修安全。

（3）使用要求

①在工艺布局中，要尽量将在线分析仪布置在靠近生料调配站，可以缩短物料调节反应的时间，加快检测反馈速度。

②为能准确执行分析仪器发出配料量的调整指令，应该对参加配料每个料

库（仓）料位设有报警及连锁设施，确保不会发生空仓或棚仓。而每个配料库下都应该设置可接受指令的调节装备或执行机构。

③保证各种配料成分的自身基本稳定，是配料后成分稳定的基本要求。尤其是石灰石作为主要配料，当成分波动严重时，可按成分高低分库储存。

④该仪器使用环境要求最低/最高运行温度为：-30～60℃；湿度：0%～100%；磁场强度：持续的时间低于0.5高斯；振动：低于0.1G，从0～500Hz；国际电气协会标准防护等级：按照NEMA 4x标准设计。

★　*推荐优秀制造商*

1. 赛默飞世尔（中国）有限公司（Thermo Fisher Scientific）

用于生料控制成分应用的在线分析仪，在国内已有较多，下面较早的案例来自现在的金隅集团属下的琉璃河水泥厂：

北京琉璃河水泥厂是国内较早使用该仪器的企业，于2001年年底投入运行。该厂在2003年6月《中国水泥》杂志上发表了使用体会，总体评价是与X荧光仪比较，生料成分稳定程度提高，熟料强度早期有所提高，28天提高幅度不大。

用于原煤质量控制的在线检测案例在国内水泥界尚未有。为说明其效果，现引用电厂的使用报告，足以证明。虽然该仪器（图11.2）价格较高，但为企业创造的效益是异常明显的。

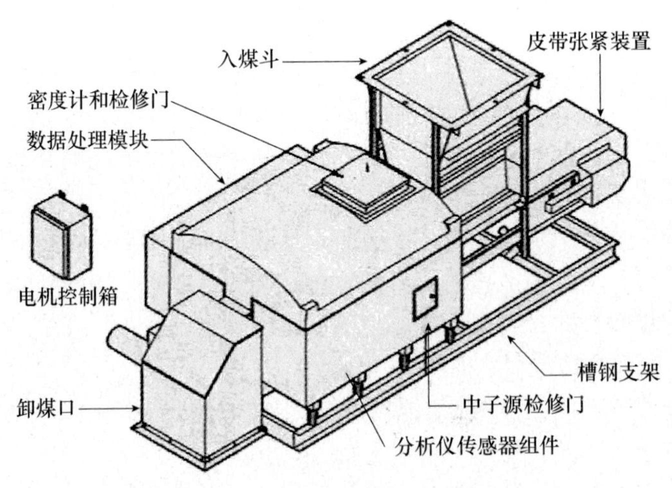

图11.2　赛默飞世尔煤质管理器

用户使用报告（内容摘要）

经过一个月对CQM煤质管理器的调试，从六月份开始运行以来比较稳定，这台设备分析速度快，准确率比较高。目前，煤炭结算均以该设备为准，并已获得煤炭供应商以及煤矿方面的初步认可。有以下方面可以说明工厂的优化效果：

（1）由于使用该设备后，煤中的石头无法掺入，破碎机产量从原来 3 万吨，提高到现在的 10 万吨；锤头寿命原只有 15 天，现在一直没有换过。

（2）缩小入场入炉煤的热值波动，原来热值误差可在 1000 大卡以上，使用在线分析控制后，煤热值的误差已经控制在 100 大卡以内。

（3）原来原煤来源较多，且人工检验速度滞后，按不同煤种堆煤成了难事，使计划用煤，使煤混合均匀入炉成了空谈。

（4）原煤掺假现象得到根本抑制，石头的掺加量得到控制。

综上所述，该厂估算不到一年时间便可回收全部设备投资。

洛阳龙羽电厂

龙羽电厂煤质管理器应用现状

1. 扩充破碎机容量 延长锤头寿命

2. 缩小入场入炉煤误差 提高检测质量

3. 精简煤源储量 优化煤堆分类

4.方便质量监控 降低供应成本

5. 易于质量分析 优化行业环境

2. 辽宁丹东东方测控技术有限公司

该产品原靠美国、澳大利亚等国进口，现经该公司开发后，除放射源为进口外，中子活化在线成分分析仪均为该公司生产，成本略有降低。主要用于水泥、煤质的成分检测及控制。其特点为：

①中子源有两种方式，一种是同位素放射源，即 ^{251}Cf 裂变源，半衰期为 2.6 年，中子发射平均能量约为 2.35MeV。第二种是利用可控中子发生器，即氘氚管，中子发射能量为 14MeV。采用快中子非弹散射、热中子俘获和活化分析技术，对水泥、煤质进行全元素在线检测，两种放射源技术可为不同需求的用户提供更多的选择。

②可根据用户现场情况及要求，提供更为具体的有针对性的方案和软硬件结合，还可根据用户后期要求提供产品升级。

③装置屏蔽完全按照国家辐射防护标准设计，装置周围辐射剂量为国外同类产品的一半，更为安全，不会对周围工作人员造成辐射伤害。

④由于是国产，有完善的放射源手续办理体制，放射源衰减后的源补充更为便捷，保证设备的连续运行。

DF-5701 在线分析仪使用情况报告

生料使用四种原料配料，庙岭石灰石和黄旗石灰石通过火车进厂后搭配破碎进入预均化堆场均化，其它三种原料通过汽车进厂，直接卸进联合储库，通过抓车上料进入调配库。生料配料采用钙铁分析，手动配料。熟料进行荧光分析，计算三率值，指导生料钙铁控制指标。由于原料成分波动大，原有配料方法控制效果差，所以引进 DF-5701 在线分析仪用于生料配料质量控制。

设备三月末到达现场，四月末正式投入使用。对使用前后的出磨生料钙铁分析及熟料三率值分析进行统计，统计数据如下。

时间	项目	生料		熟料		
		CaO	Fe2O3	KH	SM	IM
使用前	合格率	70.01	78.52	69.00	72.14	75.71
	标准偏差	0.35	0.15	0.023	0.085	0.141
使用后	合格率	92.05	96.89	91.32	93.06	95.83
	标准偏差	0.20	0.08	0.012	0.059	0.041

设备五月份通过验收，七月份厂家到现场进行两周的跟踪服务，十一月份到现场进行维护服务，平时进行远程服务。在使用过程中有两种情况影响在线分析仪的使用效果。一个是原料下料不畅，尤其北方到冬季寒冷季节，砂岩水分大，极易在库内冻结成块导致下料不畅，影响分析仪的配料效果，后通过砂岩与粉煤灰的提前预混，此问题得到解决。再一个就是配料秤给料不稳，在使用过程中石灰石秤曾出现过故障，不能按设定流量稳定下料，影响分析仪控制效果，后对秤进行检修更换使此问题得到解决。

牡丹江北方水泥有限公司　李长江　2011、12

用户使用报告

生料使用四种原料配料，庙岭石灰石和黄旗石灰石通过火车进厂后搭配破碎进入预均化堆场均化，其他三种原料通过汽车进厂，直接卸进联合储库，通过抓车上料进入调配库。生料配料采用钙铁分析，手动配料。熟料进行荧光分析，计算三率值，指导生料钙铁控制指标。由于原料成分波动大，原有配料方法控制效果差，所以引进 DF-5701 在线分析仪用于生料配料质量控制。

设备3月底到达现场，4月底正式投入使用。对使用前后的出磨生料钙铁分析及熟料三率值分析进行统计，统计数据如下。

时间	项目	生料		熟料		
		CaO	Fe_2O_3	KH	SM	IM
使用前	合格率（%）	70.01	78.52	69.00	72.14	75.71
	标准偏差	0.35	0.15	0.023	0.085	0.141
使用后	合格率（%）	92.05	98.89	91.32	93.06	95.83
	标准偏差	0.20	0.08	0.012	0.059	0.041

设备5月份通过验收，7月份厂家到现场进行两周的跟踪服务，11月份到现场进行维护服务，平时进行远程服务。在使用过程中有两种情况影响在线分析仪的使用效果。一个是原料下料不畅，尤其北方到冬季寒冷季节，砂岩水分大，极易在库内冻结成块导致下料不畅，影响分析仪的配料效果，后通过砂岩与粉煤灰的提前预混，此问题得到解决。再一个就是配料秤给料不稳，在使用过程中石灰石秤曾出现过故障，不能按设定流量稳定下料，影响分析仪控制效果，后对秤进行检修更换使此问题得到解决。

牡丹江北方水泥有限公司　李长江　2011.12

11.3　物料粒度分析仪

水泥质量高低与水泥的粉磨细度有关，当代对水泥细度控制的认识已经不再停留在对某粒度的筛余及比表面积的控制上，而是上升到对水泥粒度组成的控制上。不仅使水泥质量的提高更有的放矢，而且还可指导操作参数的调整而节能。但目前大多国内水泥企业没有配备物料粒度分析仪。

（1）检测原理简介

根据粒度检测原理，可有沉积式和激光式等种类，以激光原理为先进。

激光粒度分析仪根据光的散射原理测量颗粒大小，光在行进中遇到微小颗粒时，会发生散射，而且大颗粒的散射角小（如图11.3a），小颗粒的散射角大（图11.3b）。所以，它本质上是一种光学仪器，通过对散射光能的计算，从散射角0°~150°的全范围内，获得精确的理论光能分布数值，从而对小至亚微米、大至上千微米的颗粒进行测量。

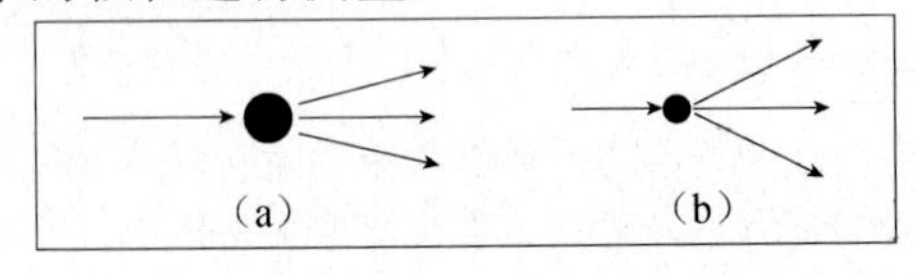

图11.3　颗料对光的散射现像

激光粒度分析仪相比其他原理测定粒度的仪器有如下优点：

①动态范围大，取决于能够探测的最大散射角与最小散射角之比，适合水泥粒度分布大的特点。远大于其他原理的粒度仪。

②采用干法进样，测量成本低，适合水泥粒度测量，操作比湿法简便。

③测量速度快，每测定一个样只需 1 分钟左右。

④测量重复性好，D50 的相对误差小于 3% 。

（2）粒度仪在水泥生产中的重要作用

不少企业的使用实践证明，对产品粒度组成的及时检验，是指导生产以最小的能耗获取高质量半成品及成品的重要途径，而决不只是用于判断水泥质量高低的原因。对管磨、立磨、辊压机的操作分别可以指导喂料量、钢球级配、磨辊压力、挡料环高度、用风量、选粉效率、磨辊间距等参数的调整，使其产品粒度达到理想级配。

重要提示：粒度分析仪对生料、煤粉及水泥都有指导操作的重要价值，尤其是在线检测。

（3）粒度仪的高性能标准

对水泥粒度组成的测定仪器应该具备如下性能：

1）性能高的激光分析仪必须具有散射角大的能力，仪器测量的下限才能越低。为适应水泥的粒度组成，检测范围应从小于 3μm 到大于 80μm；

2）由于测量粒度是取其等效值，不存在真值，没有准确性可言，只能要求偏差在合理范围内，故称其为真实性，即检测结果重现性好。为此：

①要求激光发射的输出光源功率稳定，有使微米级颗粒接收光源能力的技术；因此，先进检测机理应该是应用激光原理，而不是沉降原理。

②为了测定精度高，应保证被测物料及空气中无水分存在，有利于样品充分分散。

③实现测量分散一体化，只有分散性与检测时间都好，才能稳定性高，不受粉体粒度分布宽窄的影响，也避免粉尘干扰光路。为此，结构设计应尽量缩短水泥分散过程与激光测试过程之间的距离。

3）检测速度快，易操作性强，便于阅读测定结果，为使用者提供操作指导。这种技术的最高水平应该是在线监测（见本章 11. 3. 1）。

4）使用寿命长，仪器的配件损耗小。

★　*推荐优秀制造商*

1. 济南微纳颗粒仪器股份有限公司

该公司是我国最早成功研制激光水泥颗粒级配分析仪的单位，早在 20 世纪 80 年代末就成功研制了“水泥颗粒级配在线分析仪”，于 1991 年通过原国家建材局验收，鉴定为“国内首创，达到国际先进水平”。现推出的 3003 型干法激光粒度仪是专门为水泥行业量身打造的第五代高性能产品。它的主要特点是：

（1）采用激光散射测量原理，测量结果仅与颗粒大小有关，与颗粒的化学性质无关，特别适用于多种组分的水泥。

（2）采用精密陶瓷制造喷射泵芯，几乎无磨损的内部尺寸可以长期保证水泥的充分分散效果。

（3）内部设计采用了独一无二的卧式结构，不仅消除了粉体转弯时造成的管道磨损现象，更重要的是缩短了水泥分散过程与激光测试过程之间的距离，将测量分散一体化的设计理念发挥到极致。

（4）单色性最好的氦氖激光光源，精密可控的干法喂料系统，按照独创的原则设计的探测器排列，使得水泥粒度分析的重现性误差远远小于 3%。

（5）全自动的测试操作提高了水泥粒度测试的准确性，减小了工作量。

用户使用报告

蓬莱义利水泥粉磨有限公司年产水泥 100 万吨，公司主要生产工序全部采用了先进的微机控制，工艺布局合理，质量检测手段先进、完备。公司以生产高标号水泥为主，生产品种众多，公司通过国家产品质量认证，严格工艺管理，产品内控指标高于国家标准，水泥出厂合格率 100%。

2006 年开始使用济南微纳仪器公司生产的干法激光粒度仪 Winner3001 型，用于产品颗粒级配控制，每天三班生产，该仪器使用频繁，测试操作简便，测试重复性很好，也很耐用，完全可以满足我公司水泥质量控制的要求。微纳公司服务也很及时。Winner3001 已经成为我公司水泥生产一天也离不开的必备设备了。

公司产品具有强度高、质量稳定的特点，自从使用了济南微纳的激光粒度仪，在保证了水泥产品的强度指标同时，我厂产品添加的混合材比例大幅提高，熟料用量减少了，成本显著下降，因此我公司水泥产品具有很强的竞争力，为公司创造了良好的经济效益。

特此证明

蓬莱义利水泥粉磨有限公司　2011. 12

干法激光粒度仪使用报告

蓬莱义利水泥粉磨有限公司，年产水泥 100 万吨，公司主要生产工序全部采用了先进的微机控制，工艺布局合理，质量检测手段先进、完备，公司以生产高标号水泥为主，生产品种有普通硅酸盐 52.5R、42.5R、42.5，复合硅酸盐水泥 32.5R、32.5 水泥，公司通过 GB/T19001:2008 质量管理体系认证，其中，普通硅酸盐 42.5，复合硅酸盐 32.5 水泥通过国家产品质量认证，公司严格工艺管理，产品内控指标高于国家标准，水泥出厂合格率 100%。

2006 年开始使用济南微纳仪器公司生产的干法激光粒度仪 Winner3001 型，用于产品颗粒级配控制，每天三班生产，该仪器使用频繁，测试操作简便，测试重复性很好，也很耐用完全可以满足我公司水泥质量控制的要求。微纳公司服务也很及时。Winner3001 已经成为我公司水泥生产一天也离不开的必备设备了。

公司产品具有强度高、质量稳定的特点，自从使用了济南微纳的激光粒度仪，在保证了水泥产品的强度指标同时，我厂产品添加的混合材比例大幅提高，熟料用量减少了，成本显著下降，因此我公司水泥产品具有很强的竞争力，为公司创造了良好的经济效益。

特此证明。

蓬莱义利水泥粉磨有限公司

2011 年 12 月

2. 欧美克科技有限公司

该公司的粒度分析仪有如下特点：

（1）自行研制的一体化激光发射装置及大角散射光球面接收技术，是该公司独有的专利技术（图 11.4）。前者可以确保输出光源功率稳定；后者确保亚微米颗粒的精确测量，两者都有利于提高测量精度。

（2）该公司在附件配置上增加了冷干机，以彻底去除空气中残留水分，确保水泥样品在空气中充分分散。同时又增加了旋风收尘装置，将未被吸尘器抽走的残留粉尘彻底收集，避免光路受到粉尘干扰。

上述两项技术措施使该公司粒度分析仪测量精度较高，用标准粒子板检测仪器精度，该公司的检测精度 D50 重复性误差小于 1%（一般为 3%）。

（3）软件编制充分考虑水泥行业要求，在特征粒度一栏增加了小于 3μm、3 ~ 32μm、32 ~ 65μm、大于 65μm、大于 80μm 各等级含量的表示，使测定结果的颗粒级配一目了然，并且增加了 X'（D63.2）特征粒度及 n 宽度系数（标准为 1，n 大于 1 为窄，n 小于 1 为宽）。

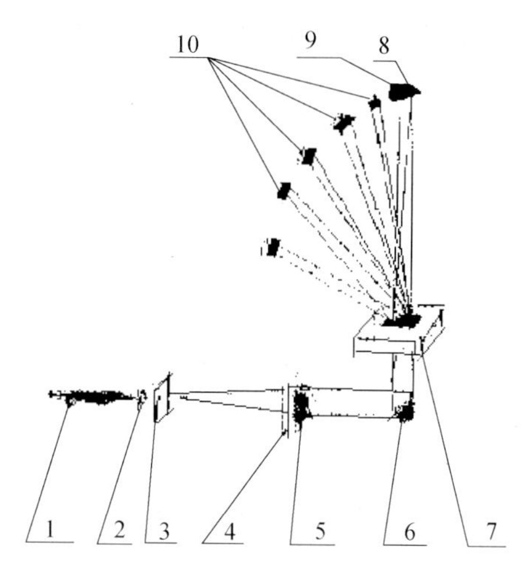

图 11.4　大角散射光的球面接收专利技术
1—激光器；2—扩束器；3—针孔；4—对中装置；5—傅里叶透镜；6—反射棱镜；7—测量窗口；8—中心控测器；9—环形探测器阵列；10—大角控制器阵列

（4）该厂产品的使用寿命约为十年，负责售后的安装、调试与培训操作人员，一年内免费现场检查运行情况。该仪器易损件为激光管，正常的使用寿命大于 25000h。

用户使用报告

通过对水泥粒度仪的检测，指导调整颗粒级配处于比较理想的状态：<3μm的少于 12%，3 ~ 32μm 达 65%，>65μm 含量降到 1.0%，特征粒径 X' 由 30.37μm 降到 22.25μm，使 3d 和 28d 强度明显提高，在熟料质量、混合材种类、水泥质量指标相同的情况下，混合材掺量可增加 4% ~6%，台时产量增加了约 7t，具有可观的经济效益。为此，本公司已确定将激光粒度仪测定出的磨水泥颗粒级配作为日常控制手段之一，每天分磨、分品种对出磨水泥的颗粒级配进行测定，并将结果及时报中控操作员，指导他们适时调整磨机状态，实践证明，这是实现理想水泥颗粒级配，从而取得明显经济效益的有效途径。

福建建福水泥有限公司

11.3.1　在线激光粒度分析仪

在线检验粉状物料的粒度组成要比离线检验难度更大，但更有意义。会使控制生产线更为及时、主动和稳定，减少了过粉磨及产品质量波动的可能，获得的增产、优质与节能效益可在半年内收回投资。

在线粒度分析仪的高性能标准：

取样、分散与检测是准确检测粉状物料粒度分析的必备三个关键要素。

（1）可检测粒度范围为0.25～3500μm，量程可根据需要选择。

（2）拥有专利的动态旋转取样装置，可适应各种料流输送断面，连续全自动取样，确保取到具有代表性的样品。

（3）内置RODOS干法分散系统，借助压缩空气分散介质，为在线检测提供可能。

（4）测试主机内设完善气流保护装置，且具有全自动自清洁功能，保证光学系统长期连续工作，不受粉体污染，检测器的扫描速率2000次/秒。

（5）采用与实验室相同的光学元件和分散系统，因而保持与实验室检测结果有极高的可比性和一致性。

（6）可在≤150℃，压力脉冲≤10bar的环境下，可安装在38～660mm的管径上检测。

★　*推荐优秀制造商*

1. 德国新帕泰克有限公司（苏州代表处）

属于该公司专利的干法在线激光粒度仪MYTOS系统，开创了激光粒度检测技术的新的里程碑。该系统将代表性取样装置、干法分散系统以及高精度激光检测系统完美结合，可进行干法粉状物料实时在线粒度检测。其特点如下：

（1）现场适应广，应用方便，取样有代表性

专利取样装置TWISTER，确保能取到管道断面各点样品；生产工艺管道可以任意走向、不同直径，也可用于空气斜槽中，确保每周7d、每天24h连续工作。

（2）确保检测高精度

配置功能强大的专利分散系统及激光衍射系统；高效的全自动系统清洁功能，每次测试之前全自动进行背景测试；31个探测单元的全自动准直对焦探测器；无需光学参数的数据处理。

用户使用效果

据欧盟地区水泥厂提供的使用效果是：

（1）减少和避免不合格产品，每年可以节省至少1万欧元。

（2）按年产量120万t/年计，在粒度控制指标范围内，如果将细度仅仅提高0.2μm，d′值增加0.2，可以省电700mW·h，相当于4万欧元。

（3）若每年生产6000h、每小时检测一次，节省检验人员成本，每年节省4万欧元。

2. 济南微纳颗粒仪器股份有限公司

该公司在离线检测技术的基础上，又成功研制了微纳在线粒度监测仪，它具有如下特点：

（1）粒度测试范围为0.05～2000μm之间。

（2）可根据物料输送条件，设计不同原理的取样器，并保证从料流中取样的连续性和良好的代表性。

（3）测试信号可由现场电控柜触摸屏显示，也可与中控室远程通信。

（4）测试仪器采用全密封外壳，防护等级 IP65，防爆等级 IICT5、具抗电磁干扰能力。

（5）测试过的粉体可以全部送回输送管道，决不污染环境、浪费资源。

（6）可提供设计、安装、调试、培训等优质技术服务和一年的技术支持。

目前国内水泥行业因宣传不够，尚无使用业绩。

11.4　自动取样器

对物料成分的检验需要离线进行时，就必须取样。自动取样器不仅能减轻人工的劳动强度，更能使取样具有代表性。

自动取样器的高性能标准：

（1）能根据被检验物料特点（粉状物料或块状物料），设计合理的取样方式（瞬时取样或累计取样），满足工艺控制要求。当前更多生产的是取累积样表示生产的可控状态，而取瞬时样可检查生产的稳定程度，即计算标准偏差，这种自动取样器还未见到。

（2）取样量准确可靠，且安装位置应能代表工艺流程中的物料特性。

（3）使用维护简单，免维修。

★　*推荐优秀制造商*

襄樊正光节能科技开发公司

自行研制的块状物料，如石灰石、原煤及熟料的瞬时取样器，已成功在诸多水泥企业中使用。

第 12 章　设备维护与检修工具

12.1　设备巡检仪

（1）巡检仪的功能

凡由中央控制室集中控制的生产线，传统的岗位工势必向巡检工过渡，而设备的巡检质量直接关系到设备完好运转率的高低，如何提高巡检质量及有效性，始终是困绕现代水泥企业管理者的课题。它不仅需要建立合理的管理体制及考核机制，还需要有先进的设备巡检仪提高效率。

（2）巡检仪的高性能标准

随着仪表现代化的发展，已经有各种巡检仪应用于现场，但同时满足以下要求者还并不多。

①能在设备要求检查的位置直接获取温度、振动、润滑油量等参数，无须人工输入数据，提示巡检人员及时处理。以供使用者将测定值与给定值比较分析，并对异常数据自动报警，提示巡检人员及时处理。

②能提醒巡检人员不能漏检设备及巡检点，并自动记录检查结果。

③通过储存到的一段时间的检查数据，可获取某台设备相关参数的变化规律，供技术人员掌握设备维护及预知维修的要求。

④价格低廉，为全厂生产线服务的一套巡检装备，包括巡检仪及设备标签（感应片）等，总价应在 20 万元以内。

重要提示：该仪器只有在设备维护人员组织结构有利于开展巡检后，才会发挥较大作用。

★　*推荐优秀制造商*

深圳市洲智电子有限公司

（1）设备巡检仪的使用原理

采用 RFID 自动识别和数据采集技术制造的巡检仪，本仪器采用中心服务器及与其连接的读写器，并通过读写器与发放的员工操作证卡、设备标签共同使用。中心服务器可根据不同的巡检路线、流程及检查项目，将其编辑到手持数据采集器（含测振单元、位置检测单元、红外测温单元、状态数据录入一体化）中。使用该仪器的员工将操作证卡经手持数据采集器认证成功后便可使用，巡检工、润滑工、化验工、专业技师、专业工程师的手持数据采集器可以按不同要求编制程序，仪器上将显示选择巡检路线，员工将手持数据采集器靠近粘贴每个现场的设备标签，数据采集器屏幕上便显示某台设备需要巡检的项目及内容，实时显示出故障隐患点、时间、状态描述、判断原因、采取措施，严重超标时将设定声光报警，提醒员工及时处理，或逐项逐条录入设备润滑状态数据，或显示生产流程（取样地点、时间、方法、项目、指标）质量控制内容，再通过蓝牙、GPRS或USB接口线上传到中心服务器。

操作人员还可通过USB接口线上传巡检数据，使得中心服务器随时掌握现场设备的运行状态，技术人员可以结合中心服务器中的海量数据库，进行比较、推断，认出故障预兆，诊断故障类型，制定治理与防范措施。

（2）巡检仪的特点

巡检仪使所有编程入网的设备运行状态处于可预见、可预知状态，有效地避免设备的突发故障，提高设备完好运转率。

①管理规范化

利用设备巡检仪，企业更有利于落实现场设备的运行、维护等相关管理规程，确保现场巡检人员到位、设备运行的相关数据真实可靠。

②数据有效化

确保现场巡检反馈信息真实可靠、具有时效性，为设备管理人员做出迅速、准确的判断、决策提供科学依据。

③巡检方便化

企业生产现场巡检人员可利用RFID手持数据采集器提示的巡检内容，使培训巡检工作简单、标准，如有漏检，便可发现、查找责任人。

④记录无纸化

直接存入巡检仪内的巡检内容及结果自动记录，无需人为记录。

⑤分析科学化

利用设备巡检仪，现场设备标签、巡检操作证卡，可使巡检规范化、机制化，设备巡（点）检表中已写入手持数据采集器，上传到中心服务器，形成标签、证卡、检表、采集、数据“五位一体”，不仅有利于对设备状态进行数据分析和变化趋势描述，而且也便于对巡检人员工作质量定量分析、考评，大大提高设备巡检管理水平。

⑥信息共享化

为进一步完善企业生产管理信息系统创造条件。

⑦效益最大化

由于大大提高巡检质量及可靠性，减少设备维修成本，延长设备使用寿命，提高完好运转率创造基本条件，从而提高企业效益。

(3) 系统组成

由中心服务器、数据信息储存库、读写器、设备标签、操作证卡、内有红外测温仪及测振仪的手持数据采集器以及与中心服务器连接的打印机等组成（图 12.1）。

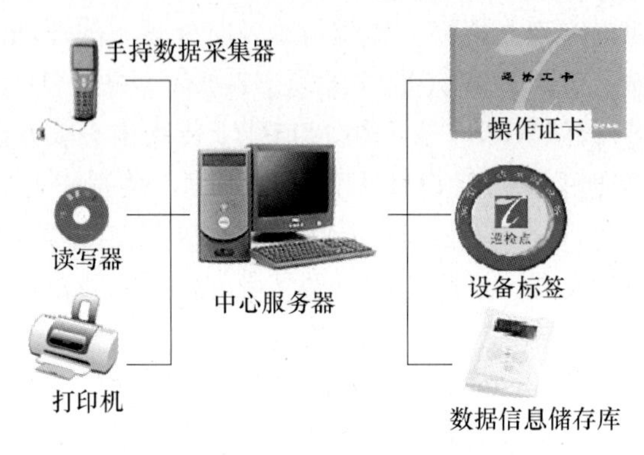

图 12.1　巡检仪系统的配套设备

12.2　轮带滑移量检测装置

武汉鑫鼎锐机电设备有限公司研制的轮带滑移量检测装置是维护窑筒体正常运转的有效装置。

它是通过安装在传动电机转轴上高分辨率的分度装置，对回转窑和轮带每转动小于 1mm 的弧长分别计数，并将其差值换算为滑移量，进而获得回转窑与轮带之间的间隙值。为准确掌握垫板磨损量及窑筒体及轮带受热膨胀所引起的间隙变化提供数据。

该检测装置的特点是：

(1) 能实时在线测量，回转窑每转动 1 周完成一次检测，无累积误差。计数式测量，无测量误差；信号传输采用 RS485 串口传输数字信号，信号抗干扰，不失真；滑移量测量精度高达 1mm，间隙量测量精度为 0.3mm；

(2) 接收端三路 4 ~ 20mA 信号输出，安装方便，可靠性高；

(3) 采用非接触检测方法，无磨损；使用寿命达 60000h（约 8 年）。

该仪器正在试用。

12.3　磨辊磨盘自动明弧堆焊机

随着立磨与辊压机的应用广泛，耐磨件自动堆焊设备在生产实践中发挥着越来越重要的作用。

（1）自动明弧堆焊机的高性能标准

1）离线堆焊机

①自动化程度高，焊接效率高，占地面积小。

②能适应 Φ2.4 ~3.2mm 的各种国产和进口自保护药芯焊丝。

③大功率变频整流电源运行平稳，堆焊过程飞溅小、焊道成型好。

④适合各种形状的磨辊磨盘堆焊，多个自由度调节可满足形状复杂的工作堆焊需要。

⑤配备焊枪摆器和焊枪高度跟踪系统，可实现焊炬高度跟踪和对局部缺陷的修复。

2）在线堆焊机

除了有上述离线堆焊的要求外，还应该具备以下特点：

①结构紧凑，体积小，重量轻，便于搬运、安装；

②设备能在高温、高烟尘恶劣环境下工作，狭窄空间操作自如、简便，实现全位置焊，可达性好，运行平稳。

★　*推荐优秀制造商*

北京嘉克新兴科技有限公司

该公司研发生产的 ARC-NMG7-1 及 ARC-NMP7-1 分别为离线及在线用的堆焊机，含有多项专利技术，已经在电力行业与水泥行业磨辊的修复中得到证实，不仅代替了手工繁重劳动，而且焊接质量可靠、效率提高。

12.4　便携式短电弧切削机

在水泥生产易磨损设备的配件更换中，首先应剔除磨坏的旧部件，但有些较硬的金属或非金属导电材料很难剔除，如磨损后的立磨与辊压机磨辊辊套等。为了排除这种困难，短电弧切削机应运而生。

（1）短电弧切削技术的原理

短电弧切削技术是指，在一定比例带压力水气混合物工作介质中，利用两个电极之间产生的短电弧放电，完成对金属或非金属导电材料切削的技术。它属于特种加工行业电加工技术，是一种新型的强电流切削技术和新的工业学名。

短电弧切削技术的八个要素分别是：短电弧切削工作电压、工作电流、工作介质混合比（水气混比）、工件线速度、工件材料、工具电极线速度、工具电极材料、电源极性等，根据工作情况对它们进行合理选择，每一要素间都有不容忽视的相互影响。

（2）便携式短电弧切削机的特点

依据短电弧切削技术的原理开发的短电弧切削设备有便携式及机床式两大类。在水泥企业现场应该选用便携式。

①短电弧切削机可以高效切削各种硬度≥HRC40 导电的金属或非金属，被切削物的导电性能越高，切削效率越高。工具电极材料可以是金属或石墨。而且切削效率高，不论何种超硬超强的物料，都能以最低 1.5～2kg/min 的速度将废料切削干净，一次切削的废金属厚度可达 15～20mm，最厚可达 35mm。这是任何切削工具所无法比拟的。

②短电弧切削机无切削力或只有微小切削力，它的机床式设备与同类机床相比，传动简单、低速、振动小、外形小巧、经济高效、控制方便、操作安全简单、劳动强度低、无环境污染。可实现手动、自动、仿形、数控等多种形式的切削加工。

③便携式机无需专业培训及操作证书，只要按照说明书进行操作，便可独立掌握。便于在任何现场使用，对于笨重磨辊无需搬运便可施工。

④短电弧切削设备的工作介质为水气混合物。

⑤短电弧切削设备切削工件表面粗糙度可达到 $R_A = 12.5 \sim 50$，加工尺寸精度可达到 IT8～IT12。

⑥短电弧切削机的电效能高，即耗电量最小。每切削下 1kg 金属物，所用电约 1～1.5kW・h。且工具电极损耗小、噪声小。

（3）短电弧切削设备的应用范围

短电弧切削设备主要用来切削各种硬度≥HRC40 导电材料的外圆、内圆、平面、切割、大螺距、小孔、开坡口及其他异型成型加工，在通用机械加工设备“车磨铣刨镗切割”上均可实现高效切削，可广泛应用于冶金轧辊、矿山机械、航空航天、船舶、军工、汽车、石油机械等行业，水泥行业中生料、煤粉、水泥立磨、辊压机的旧磨辊的切除。

由于其加工工艺可与传统加工工艺有机结合，因此其工艺适用范围及高效实用性将更加明显，延伸和拓展了传统机械加工工艺，是超常规技术的常规化应用。

★　发明人及制造商

新疆短电弧科技开发有限公司

该制造技术专利的发明人为新疆工学院的周碧胜教授，经过近二十年的潜心研究，不仅研制成功了短电弧切削车床，而且使该原理应用于便携式短电弧的切削，使其应用范围成功扩展到工厂的现场施工中。

用户使用报告

我公司是国内辊压机三大制造企业之一，辊轴的辊面处理采用英国威尔（WA）公司的技术，长年进行水泥辊轴的制造加工工作。2005 年 5 月 18 日，我公司选用的“DHZ17030ZT 短电弧切削机床”切削加工ϕ1400mm×800mm（重 13t）的水泥辊轴一次调试成功，该辊子表面硬度 HRC57～63 度，芯部硬度 HRC28～35 度，加工效率明显高于碳弧刨技术，该机床单边切削尝试每刀均可达 10mm 以上，并且噪声很小，工作稳定，安全可靠，易于操作学习，我公司员工在短电弧技术人员的指导下，当天就可以直接上机操作，解决了我公司加工水泥磨辊的一大难题。

以前我公司采用碳弧刨技术加工水泥磨辊，虽然能解决加工问题，但存在加工效率低、烟尘大、表面夹碳、渗碳、不圆度高等问题和不足。2003 年通过业内人士了解到“短电弧切削技术”可以高效率加工此类产品，2004 年底，经过我公司管理层认真调研和到新疆现场实地考察，决定订购“DHZ17030ZT 短电弧机床”一台。

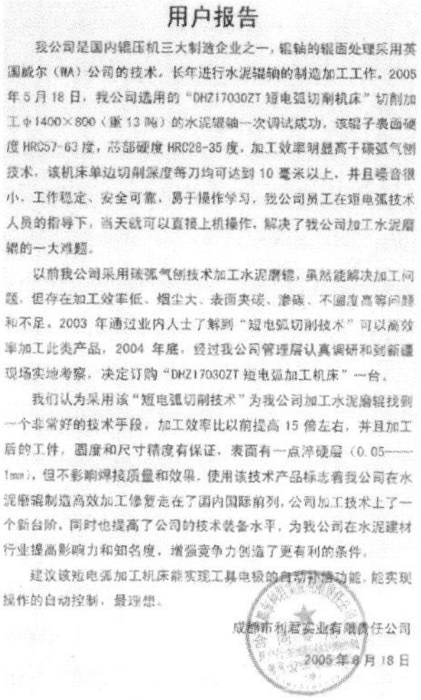
用户报告

我公司是国内辊压机三大制造企业之一，辊轴的辊面处理采用英国威尔（WA）公司的技术，长年进行水泥辊轴的制造加工工作。2005 年 5 月 18 日，我公司选用的“DHZ17030ZT 短电弧切削机床”切削加工 φ1400×800（重 13 吨）的水泥辊轴一次调试成功，该辊子表面硬度 HRC57-63 度，芯部硬度 HRC28-35 度，加工效率明显高于碳弧气刨技术，该机床单边切削深度每刀均可达到 10 毫米以上，并且噪音很小，工作稳定、安全可靠，易于操作学习，我公司员工在短电弧技术人员的指导下，当天就可以直接上机操作，解决了我公司加工水泥磨辊的一大难题。

以前我公司采用碳弧气刨技术加工水泥磨辊，虽然能解决加工问题，但存在加工效率低、烟尘大、表面夹碳、渗碳、不圆度高等问题和不足。2003 年通过业内人士了解到“短电弧切削技术”可以高效率加工此类产品，2004 年底，经过我公司管理层认真调研和到新疆现场实地考察，决定订购“DHZ17030ZT 短电弧加工机床”一台。

我们认为采用该“短电弧切削技术”为我公司加工水泥磨辊找到一个非常好的技术手段，加工效率比以前提高 15 倍左右，并且加工后的工件，圆度和尺寸精度有保证，表面有一点淬硬层（0.05——1mm），但不影响焊接质量和效果，使用该技术产品标志着我公司在水泥磨辊制造高效加工修复走在了国内国际前列，公司加工技术上了一个新台阶，同时也提高了公司的技术装备水平，为我公司在水泥建材行业提高影响力和知名度，增强竞争力创造了更有利的条件。

建议该短电弧加工机床能实现工具电极的自动补偿功能，能实现操作的自动控制，最理想。

成都市利君实业有限责任公司

2005 年 8 月 18 日

我们认为采用该短电弧切削技术为公司加工水泥磨辊找到一个非常好的技术手段，加工效率比以前提高 15 倍左右，并且加工后的工件，圆度和尺寸精度有保证，表面有一点淬硬层（0.05～1mm）但不影响焊接质量和效果，使用该技术产品标志着我公司在水泥磨辊制造高效加工修复走在了国内国际前列，公司加工技术上了一个新台阶，同时也提高了公司的技术装备水平，为公司在水泥建材行业提高影响力和知名度，增强竞争力创造了更有利的条件。

建议该短电弧加工机床能实现工具电极的自动补偿功能，能实现操作的自动控制，最理想。

成都利君实业有限责任公司　2005.8.10

参考文献

[1] 谢克平. 新型干法水泥生产精细操作与管理 [M]. 成都：西南交通大学出版社，2011.

[2] 谢克平. 新型干法水泥生产问答千例　操作篇　管理篇 [M]. 北京：化学工业出版社，2011.

[3] 谢克平. 新型干法水泥中控室操作手册 [M]. 北京：化学工业出版社，2012.

[4] 谢克平. 水泥、新世纪水泥导报、水泥技术、水泥工程等杂志相关论文.

后　　记

在编写该书的过程中，深感不少制造商对自身产品及为用户服务的意识和重要性认识不够。在此，仅向所推荐的优秀供货商献上如下建议：

1. 即使都是优质产品的供货商，但在重视产品的跟踪服务上有相当大的差距。读者可以从本书提供的使用报告中看到有如以四类不同水平的报告：

（1）调查统计类：向用户发放意见调查表，让用户按规定内容的三、四种答案选择。这类调查统计的目的是制造商调查自己产品赢得用户的满意程度。

（2）表扬肯定类：用户将使用体会或制造商产品特点，用表扬及感谢之类的词汇给予肯定，有的是制造商写完请用户签字。

（3）数据对比类：用户以使用该产品前后的数据对比，说明该产品的性能优越之处，令人心服口服。

（4）明确方向类：用户不仅在理论与实践中证明该产品的先进性，还提出该产品提高与继续改进性能的方向。

本书搜集的使用报告大多为前两类。更有制造商认为自己的产品不愁销售，无需提供使用报告从而拒绝。其实，搜集用户使用的过程及意见，不只是为了宣传需要，更是自身产品性能不断提升的需要。优秀制造商只有对自身产品使用全过程的纵深了解，才会赢得用户的信赖，也才能确定产品改进的方向。

严格说，使用报告的收集，不只是反映用户对该产品使用效果的认可，更是反映制造商对用户跟踪的程度、服务的理念、水平与档次，还能反映出制造商提高质量的内在潜力。因此，读者完全可以认为，不能出示用户使用报告的制造商或是因产品性能没有用户认可，或是该制造商对售后服务意识不强。为此，本书所推荐的制造商特别增加了用户使用报告，高知名度的企业因用户众多，暂且省去此项要求。但也有一些知名度不高的装备企业，未提供用户使用报告，希望在下次修订，能弥补此缺憾。

2. 制造商要重视打击仿照自身产品性能的假冒行为。生产高性价比产品的企业，有义务帮助用户识别真假，这不仅是保护自己辛勤开发的产品声誉，更是为了保护用户的利益，不辜负市场的信任。除非自己的产品性能并不领先，还准备随时效仿别人的技术。

需要反复强调的是，本书所介绍的并不一定涵盖了全部性价比最高的产品，尽管这是我的愿望，但由于信息资源的不对称以及调研工作的不全面，难免会引起歧义。这虽然是本书的遗憾，但正说明我的工作不能止步，故本书将每两年修订一次，补充新的高性价比产品，剔除落后的产品，在此作者也希望广大水泥装备企业的同仁支持和参与这项造福于社会与行业的大好事，使水泥装备企业不断创新，积极探索，为水泥生产的节能、降耗、环保、减排而贡献最高性价比的装备，使水泥装备市场健康发展。

最后，特别说明本书编写体例是：后一级标题所叙述的设备均是前一级标题所述设备的附属设备，因此出现有些标题只有 1 而没有 2 的情况，但这不影响阅读。

2012 年 2 月